VOM GUTEN ESSEN

Anbau und Genuss in Berlin und Brandenbrug

Felix Fröhlich & Lukas Freitag

THE GENTLE TEMPER

Inhalt

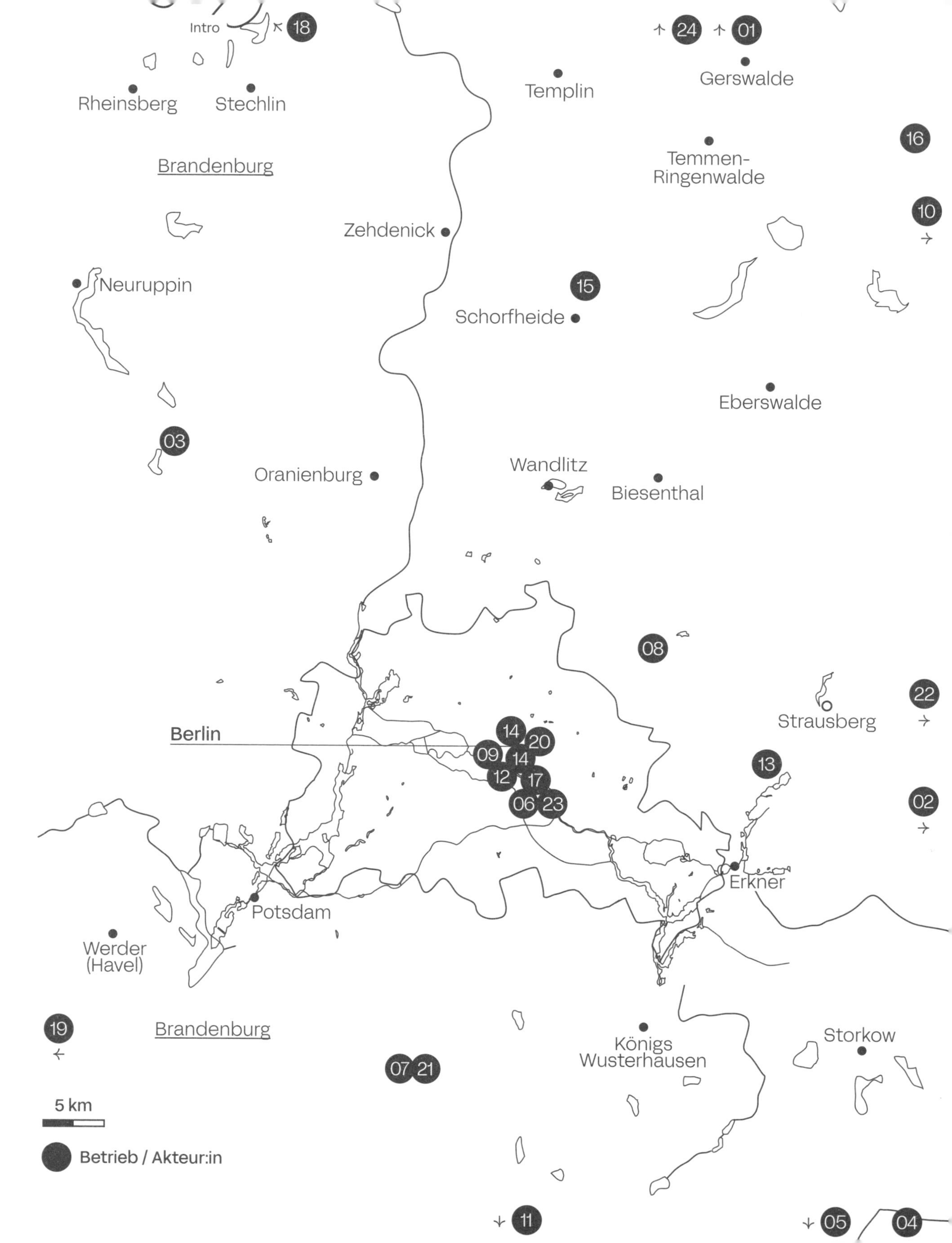

Intro
18
24
01
Rheinsberg
Stechlin
Templin
Gerswalde
16
Brandenburg
Temmen-
Ringenwalde
10
Zehdenick
Neuruppin
15
Schorfheide
Eberswalde
03
Oranienburg
Wandlitz
Biesenthal
08
22
Strausberg
Berlin
14
20
09
14
12
17
06
23
13
02
Erkner
Potsdam
Werder
(Havel)
19
Brandenburg
07
21
Königs
Wusterhausen
Storkow
5 km
Betrieb / Akteur:in
11
05
04

Vorwort

Kulinarischer Wandel in Berlin und Brandenburg

Es ist noch nicht allzu lange her, dass das Teltower Rübchen eine Wurzel von Welt war. Größen wie Kant, Fontane und Napoleon wird nachgesagt, der kleinen märkischen Rübe verfallen gewesen zu sein. Goethe war von der Gemüsespezialität sogar so begeistert, dass er sich das süßlich-scharfe Wurzelgewächs stets im Herbst und Winter eigens von einem Eilboten nach Weimar bringen ließ. Fast 200 Jahre nach dem Ableben des rübenliebenden Dichters nähert sich heute auch das Teltower Rübchen seinem Ende. Weil der Anbau arbeitsintensiv und die Erträge mager sind, ist die Sorte vom Aussterben bedroht. Die Industrialisierung und Vereinheitlichung der Landwirtschaft hat dazu geführt, dass die wenigen verbliebenen identitätsstiftenden Spezialitäten in der Region Berlin-Brandenburg fast gänzlich verschwunden sind. Ein recht langweiliger kulinarischer Ruf war die Folge, der Brandenburg bis heute anhaftet. Auch Berlin wurde lange auf ein Currywurstimage reduziert. Seit den 2010er-Jahren lässt sich jedoch ein allmählicher Wandel beobachten, der die kulinarische Landschaft Berlins umkrempelt und eine neue Nachfrage im Umland in Gang setzt. Innovative Küchen nehmen regionale Produkte und Saisonalität in den Fokus und bauen Partnerschaften mit Brandenburger Erzeuger:innen auf.

Das globale Ernährungssystem und die Umwelt

Die Weichen für unser globales Ernährungssystem wurden in einer Zeit gestellt, zu der die mangelnde Verfügbarkeit von Nahrungsmitteln ein präsentes Problem war und der Umweltschutz eine untergeordnete Rolle spielte. Der Fokus der Lebensmittelpolitik lag auf der Steigerung der landwirtschaftlichen Produktivität und der Liberalisierung der Märkte, um einen globalisierten Handel zu ermöglichen – was dazu führte, dass das Angebot an landwirtschaftlichen Erzeugnissen enorm gestiegen ist, viel mehr kalorienreiche Lebensmittel verfügbar sind als nötig und die Preise sinken. Ebendiese billigen Kalorien sind zunehmend die Ernährungsgrundlage vieler Menschen und führen zu Mangelernährung und Fettleibigkeit.

Zudem belohnt der globale Wettbewerb die Erzeuger:innen, die am meisten und billigsten produzieren können, was in aller Regel mit Umweltschäden verbunden ist. Die aktuelle Nahrungsmittelproduktion hängt in hohem Maße vom Einsatz externer Faktoren ab: dem Einbringen von Düngemitteln, Pestiziden und Energie sowie der Verfügbarkeit von Land und Wasser. Nicht nachhaltige Praktiken wie Monokulturanbau und schwere Bodenbearbeitung prägen die moderne Landwirtschaft. Getreide, insbesondere Soja und Mais, ist billig genug, um damit Tiere füttern zu können. Niedrigpreise für Futtermittel haben zur Erhöhung des Tierbestands beigetragen. Gleichzeitig ist unser Lebensmittelsystem einer der Hauptverursacher der weltweiten Treibhausgasemissionen und beschleunigt so den Klimawandel. Machen wir weiter so wie bisher, wird sich auch der Verlust der biologischen Vielfalt beschleunigen. Gleichzeitig bedroht die Zerstörung von Ökosystemen und Lebensräumen die menschliche Bevölkerung direkt.

Auf unser Ernährungssystem sind über ein Drittel der weltweiten menschengemachten Treibhausgasemissionen zurückzuführen. Auch wenn sich dieses Buch größtenteils mit der landwirtschaftlichen Situation in Brandenburg beschäftigt, lohnt es sich, den Blick zu weiten und das globale Ernährungssystem zu betrachten. So ziemlich alles hängt zusammen, ob Fleisch- und Milchwirtschaft oder Grundwasserentnahme und Gemüseanbau. Verantwortlich für die Zerstörung der Umwelt, den Raubbau an der Natur und die Verschärfung der Klimakrise sind unsere Essgewohnheiten. Zwei Dinge sind dabei besonders verheerend für den Planeten: die Verschwendung von Lebensmitteln und der Fleischkonsum. Entlang der Wertschöpfungskette vom Acker bis auf den Teller landen bis zu 40 Prozent der Erzeugnisse und Produkte im Müll. Jedes Jahr werden auf einer Fläche, die so groß wie ganz Europa ist, Lebensmittel für die Tonne produziert. Das allein entspricht zehn Prozent der menschengemachten Treibhausgase. Ebenso verheerend für unseren Planeten sind die Folgen des Hungers auf Fleisch. Weitere 15 Prozent der Treibhausgasemissionen gehen auf das Konto der Fleisch- und Milchwirtschaft, die zusätzlich für 80 Prozent der Entwaldung auf der Erde verantwortlich ist. Die Liste der Probleme, die auf die Erzeugungsweise eines Großteils der tierischen Produkte zurückgehen, ließe sich an dieser Stelle problemlos fortführen. Erst kürzlich erwirkte die 400 Milliarden Dollar schwere Fleischindustrie die Streichung des Passus aus dem aktuellen Bericht des Weltklimarats, der eine pflanzenbasierte Ernährung empfehlen wollte. Die Branche sieht ihr Geschäftsmodell in Gefahr. Wie so oft siegen kurzfristige Profite für eine Handvoll Menschen über langfristige Lösungen für viele. Erschwerend kommt hinzu, dass die Umwelt- und Klimabelastungen, die aus unseren Ernährungsgewohnheiten resultieren, nicht mit in die Lebensmittel eingepreist sind. Die unsichtbaren Folgekosten tragen wir als Gesellschaft kollektiv, und die dadurch entstehenden Schäden liegen in Europa im dreistelligen Milliardenbereich.

Unser landwirtschaftliches System ist in großen Teilen linear gedacht und richtet sich ausschließlich nach ökonomischen Parametern. Eine zukunftsfähige Landwirtschaft muss sich wieder weg von der abgekoppelten und spezialisierten Agrarindustrie und hin zu einer flächengebundenen Kreislaufwirtschaft entwickeln. Letztere orientiert sich an der Natur, um im Einklang mit dem Planeten gute Lebensmittel zu erzeugen und unsere Lebensgrundlage zu erhalten. Das bedeutet ein Stück weit auch, unseren Komfort einzuschränken und gewisse vermeintliche Errungenschaften aufzugeben. Nur so können wir einen mutigen Schritt vorwärts in eine lebenswerte Zukunft für die nachfolgenden Generationen machen. Längst ist bekannt, was zu tun ist und wie die Konsequenzen aussehen, wenn wir es nicht tun. Dennoch hat die Fülle an alarmierenden Forschungsergebnissen bislang keine substanzielle Verhaltensänderung bewirkt. Zu lange leben wir schon im Überfluss und mit ständiger Verfügbarkeit. Dieses Buch legt nahe, dass der Schlüssel zu einer zukunftsfähige Landwirtschaft in einem starken regionalen Bezug der Verbrauchenden liegt. Vielleicht lernen wir so auch, dass es ein lohnenswerter Verzicht ist, wenn wir im Januar noch keine Erdbeeren essen.

Es wird höchste Zeit, unser Ernährungssystem zu reformieren. In diesem Buch soll es nicht darum gehen, Lesenden ein schlechtes Gewissen zu machen. Vielmehr wird ein Status quo gezeichnet: Wo stehen wir aktuell in der Gesellschaft? Welche zukunftsfähigen Lösungen sind bereits erprobt? Und was braucht es, um sie in die breite Masse zu bringen? Anhand dieser Fragestellungen gibt *Vom guten Essen* Lesenden relevante Informationen mit auf den Weg, damit sie informierte und bewusste Entscheidungen beim Thema regionale Lebensmittel treffen können. Um die aktuellen Voraussetzungen der Landwirt:innen zu verstehen, lohnt sich jedoch zunächst ein Blick in die Vergangenheit.

Geschichte der Landwirtschaft in Berlin und Brandenburg

Im 12. Jahrhundert begann der mittelalterliche Landesbau. Deutsche Siedler:innen ließen sich östlich der Elbe nieder, von Brandenburg über Böhmen bis ins Baltikum und nach Rumänien. Dort galt von nun an germanisches Recht und bestehende slawische Siedlungen wurden umstrukturiert. Aus den Rittersitzen entwickelten sich mit der Zeit Gutsbetriebe mit riesigen landwirtschaftlichen Flächen, die teilweise bis heute bestehen. Gründungsjahr der Mark Brandenburg war das Jahr 1157, als Albrecht der Bär das Gebiet eroberte und in das Heilige Römische Reich Deutscher Nation eingliederte. Die Stadt Berlin findet erst etwa 100 Jahre später ihre erste urkundliche Erwähnung. Was als kleines Dörfchen innerhalb der Brandenburg begann, entwickelte sich nach und nach zu einer weltstädtischen Metropole. Vom bedeutenden Handelsplatz im Mittelalter wuchs Berlin zur Hauptstadt der Mark Brandenburg, Preußens und schließlich der heutigen Bundesrepublik Deutschland.

Bis zum Ende des Zweiten Weltkriegs blieben die großen bäuerlichen Strukturen in und um Brandenburg bestehen. Ab 1945 begann dann die Enteignung der etwa 12.000 Betriebe in Ostdeutschland, die jeweils mehr als 100 Hektar Land besaßen. 50 Prozent der Flächen wurden an Neubauern und -bäuerinnen vergeben und die anderen 50 Prozent in Volkseigene Güter (VEG) überführt. Menschen, die unter 100 Hektar Land besaßen, blieben vorerst verschont, bis 1952 die zehn Jahre andauernde Zwangskollektivierung durch das SED-Regime durchgesetzt wurde. Hierbei wurden nun alle Betriebe in sogenannte landwirtschaftliche Produktionsgenossenschaften (LPG) zusammengefasst. Dabei wurde in drei verschiedene Typen unterschieden. Typ 1 bedeutete, dass Bäuerinnen und Bauern nur ihren Boden einbrachten. Bei Typ 2 wurden zusätzlich auch Maschinen gemeinsam genutzt. Und bei Typ 3 gehörte auch das Vieh zum Gemeingut. Den LPG wurden Produktionsziele und Verkaufspreise vorgeschrieben. In der Zeit der Zwangskollektivierung flohen viele Menschen aus der Landwirtschaft in die damalige Bundesrepublik, um der drohenden Enteignung zu entkommen.

Mit der Wende begann ein neuer Abschnitt für die Landwirtschaft im Osten. Sämtliche Güter, die zwischen 1945 und 1949 enteignet worden waren, wurden vom Staat nicht zurückgegeben, um den Rückfall in feudale Strukturen zu verhindern. Die Flächen und Betriebe jedoch, die anschließend und bis zur Wiedervereinigung enteignet worden waren, gingen wieder in die Hand ihrer ursprünglichen Besitzer:innen über. Die LPG mussten eine mit dem bundesdeutschen Recht einhergehende Form wählen oder sich auflösen. Ebenso stand es einzelnen Mitgliedern zu, ihre individuellen Flächen auf Wunsch wieder zurückzuerlangen. Allerdings war es ein schweres Unterfangen für Ostdeutsche, sich zu diesem Zeitpunkt in der Geschichte selbstständig zu machen, denn der Investitionsbedarf war hoch und das Sparbuch in der Regel leer. Zudem musste eine Adaption des kapitalistischen Systems innerhalb kürzester Zeit umgesetzt werden. Die Volkseigenen Güter gingen an die Treuhand, die bis heute etwa 1,5 Millionen Hektar Land veräußert hat. Von den etwa 4500 Betrieben haben sich ein Drittel in Genossenschaften umgewandelt, ein Drittel in GmbHs, und ein weiteres Drittel hat sich aufgelöst.

Berlin und Brandenburg heute

Mit seinen knapp 30.000 Quadratkilometern (2,95 Millionen Hektar) umschließt Brandenburg das Land Berlin gänzlich. Obwohl Brandenburg flächenmäßig 30-mal so groß ist wie Berlin, leben in der Mark deutlich weniger Menschen – gerade mal 2,5 Millionen. Die nach außen hin als Einheit kommunizierte Metropolregion Berlin-Brandenburg ist zwar politisch getrennt, doch sind die beiden Bundesländer eng miteinander verflochten. Was auf der Karte klar definiert scheint, ist vor Ort ein fließender Übergang – von Stadt zu Land, von Land zu Stadt. Je weiter man sich allerdings von den Grenzen entfernt, desto ruhiger und einsamer geht es zu. Trotz der geografischen Nähe könnten die Lebensrealitäten von Menschen in der Uckermark und Berlin-Mitte unterschiedlicher wohl kaum sein.

Wie wird die Fläche Brandenburgs genutzt?

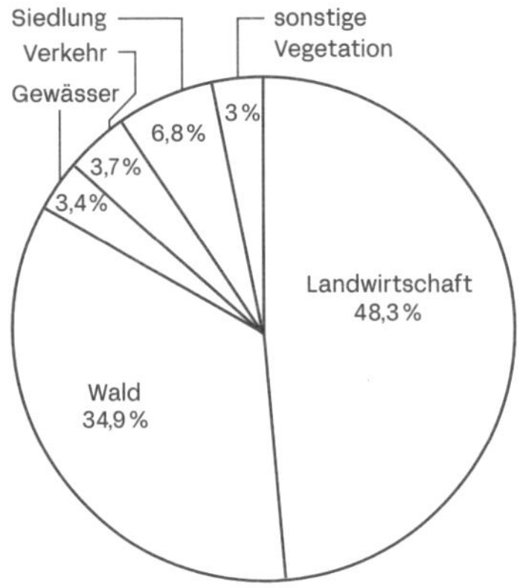

Verbunden wird beides aber mittlerweile unter anderem durch Essen: Um dem Wunsch von mehr Regionalität auf den Tellern der Berliner:innen nachzukommen, sind die Felder Brandenburgs die zentrale Ressource. Die Landwirtschaft und das verarbeitende Gewerbe sind in Brandenburg weiterhin ein wichtiger Arbeitgeber und Wirtschaftsfaktor. Knapp 50 Prozent der gesamten Fläche der Mark werden landwirtschaftlich genutzt. Drei Viertel davon sind Ackerland und ein Viertel besteht aus Grünlandfläche. Neben den Landwirtschaftsflächen machen Wälder einen Großteil der Landesfläche aus.

Was wird in Brandenburgs angebaut?

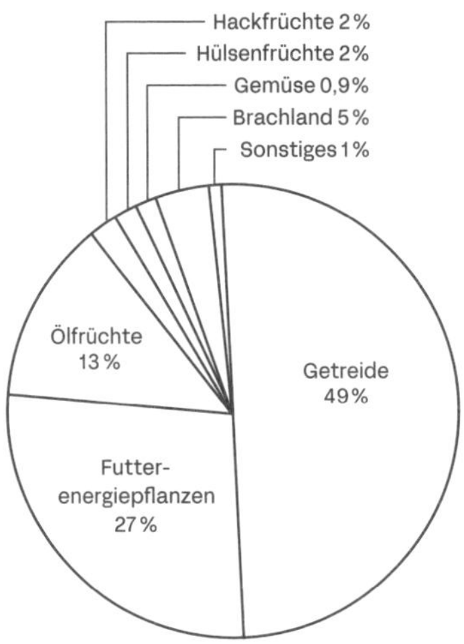

Die knapp 5400 landwirtschaftlichen Betriebe beackern durchschnittlich jeweils eine Fläche von 238 Hektar. Von der gesamten landwirtschaftlichen Fläche Brandenburgs werden aktuell circa 13 Prozent ökologisch bewirtschaftet. Brandenburg ist bekannt für seine kargen Böden, die der Mark den Namen „Streusandbüchse" eingebracht haben. Angebaut wird hauptsächlich Getreide, das entweder für die menschliche oder die tierische Ernährung bestimmt ist. Auf einem Viertel der Fläche wird außerdem Silomais für die Rinderfütterung und den Gebrauch in Biogasanlagen angebaut. Eine dritte wichtige Säule ist der Anbau von Ölfrüchten, hauptsächlich Winterraps. Hülsen- und Hackfrüchte spielen keine wesentliche Rolle im Ackerbau. Auch der regionale Gemüsebau ist mengenmäßig kaum erwähnenswert. Neben den landwirtschaftlichen Flächen sind vor allen Dingen die Gewässer und Wälder von großer Bedeutung für die regionale Erzeugung von Produkten.

Wem gehört das Land?

Zwei Drittel der bewirtschafteten Flächen Brandenburgs entfallen auf verpachtetes Land, das andere Drittel besteht aus selbst bewirtschafteten Eigenflächen. Der durchschnittliche Pachtpreis pro Hektar lag 2022 bei 182 Euro, was einem Preisanstieg von fast 100 Prozent in den letzten zehn Jahren entspricht. Häufig werden die landwirtschaftlichen Subventionen der EU schon in die Pacht mit eingepreist. Bei den Kaufpreisen ist der Anstieg noch extremer: In den letzten 15 Jahren haben sich die Preise für einen Hektar Boden teilweise verdreifacht.

Großbetriebe mit über 1000 Hektar dominieren und bewirtschaften über 70 Prozent der Gesamtflächen. Viel Besitz ist nach der Wiedervereinigung in den Händen von überregionalen Investmentfonds und Firmen gelandet. Laut einer Studie des Thünen-Instituts befinden sich in Brandenburg knapp 40 Prozent der landwirtschaftlichen Betriebe in

Besitz von überregionalen Investoren, Tendenz steigend. Eigentlich ist das Grundstücksverkehrsgesetz dafür da, den Landkauf durch Finanzinvestoren zu begrenzen. Landwirt:innen, die eine verpachtete Fläche bestellen, haben ein Vorkaufsrecht. Doch wenn ein Investor die Mehrheitsanteile an einer Agrargesellschaft übernimmt, die das Land besitzt, greift das Gesetz nicht (bei sogenannten Share Deals). Beim Verkauf von Unternehmen an einen Investor werden die Behörden nicht einmal darüber informiert, dass das Land den Besitzer gewechselt hat. Und wenn nicht mehr als 95 Prozent eines landwirtschaftlichen Unternehmens erworben werden (in der Regel sind es 94,9 Prozent), entfällt die Grunderwerbsteuer auf den Kauf von neuem Land komplett und das Grundstücksverkehrsgesetz ist de facto ausgehebelt.

So findet die Wertschöpfung nicht mehr in der ohnehin strukturschwachen Region statt, und ein Großteil des Kapitals fließt in den Westen der Republik in große private Verwaltungen. Daraus resultiert die Verödung und Entsiedlung ganzer Dörfer. Es gibt kaum Arbeit, die Wirtschaften schließen und die jungen Leute ziehen in die Stadt. Angesichts dieser Besitzverhältnisse ist eine regional orientierte Landwirtschaft für die breite Menge der Menschen in der Region Berlin-Brandenburg nur eine Wunschvorstellung. Viele der großen Betriebe vermarkten ihre Produkte auf dem anonymen Weltmarkt, sodass sie auf irgendwelchen Tellern landen, ohne eine Geschichte erzählen zu können, denn ihr Ursprung ist den Verbrauchenden unbekannt.

Über dieses Buch

Leuchttürme

Herzstück dieses Buches sind 24 Porträts kleiner und mittelgroßer Betriebe aus der Lebensmittelerzeugung. Wir stellen Menschen vor, die mit Leidenschaft, Idealismus und Freude gute landwirtschaftliche Produkte erzeugen, verarbeiten und verkaufen. Die Erzeugnisse dieser kleinen Gruppe gehen nicht im Einheitsbrei von Discounterregalen unter, sondern erzählen Geschichten. Was diese Akteur:innen gemeinsam haben? Auf den ersten Blick recht wenig – sie kommen aus der Landwirtschaft, der Fischerei, der Fleisch- und Milchviehhaltung, arbeiten als Köche, Imker, Müller und Gemüsegärtnerinnen oder im Einzelhandel. Was sie eint, sind regenerative, handwerkliche und oft kleinteilige Arbeitsweisen, die Gegenentwürfe zur konventionellen internationalen Lebensmittelindustrie darstellen.

Es wäre an dieser Stelle ein Leichtes, das Bild vom gallischen Dorf zu bedienen, von den märkischen Rebellen im Kampf gegen übermächtige Großkonzerne, die Regionalität und Saisonalität als Waffen gegen fatale Klimawirkungen einer kaputten Industrie einsetzen. Das mag ein dankbares Storytelling und eine unterhaltsame Erzählung sein, doch ganz so simpel ist es nicht. Beinahe alle vorgestellten Akteur:innen stehen vor der ständigen Herausforderung, ökologisch und sozial zukunftsfähig arbeiten zu wollen, sich aber gleichzeitig auf einem schwierigen, anonymisierten Lebensmittelmarkt behaupten zu müssen. Viele finden sich in einem täglichen Spannungsfeld wieder: zwischen ihrer Rolle als Arbeitgeber:in, dem Abrufen wirtschaftlich lohnenswerter Preise, fehlender Nachfolge, aufwendiger Kommunikation mit Kund:innen und bürokratischen Hürden. Diese Ambivalenzen führen zu ungewöhnlichen Arbeitsweisen, kreativen Experimenten und strahlenden Leuchtturmprojekten, bei manchen Betrieben aber genauso zum Kampf ums Überleben. *Vom guten Essen* begleitet diese Menschen an ihren Wirkungsstätten und gibt Einblicke in ihre Arbeitsweisen und alltäglichen Herausforderungen.

Für uns als Verbrauchende ist es dringender denn je, uns damit zu beschäftigen, was wir essen und essen wollen. Im Lauf des Lebens nimmt jede:r 30 Tonnen Nahrung und 50.000 Liter Flüssigkeit zu sich – unsere Physis besteht aus dem, was wir materiell aufnehmen. „Du bist, was du isst“, wusste schon Ludwig Feuerbach – oder wie der Berliner LPG Biomarkt titelt: „Feed the person you want to be.“ Mittlerweile ist klar, dass das, was für den Körper wirklich gut ist, meistens auch gut für die Erde ist. Neben der Suche nach einer persönlichen Antwort auf die Frage nach guter Ernährung ist es höchste Zeit, auch als Gesellschaft eine Position dazu zu finden. Wie wollen wir unsere gemeinsame Zukunft gestalten? Wer übernimmt in einem enkeltauglichen System welche Verantwortung? Viele tragenden Probleme werden aktuell den Landwirt:innen zugeschoben: umwelt- und klimaverträgliche Lösungen für den Anbau zu finden, Ernährungssicherheit zu garantieren, gleichzeitig aber bitte schön die Preise niedrig zu halten. Es kann niemanden ernsthaft überraschen, dass angesichts dieser Erwartungshaltung jedes Jahr im Januar Tausende Traktoren im Protestzug durch Berlin fahren.

Vom guten Essen zeigt Ansätze auf, die aus Partnerschaften zwischen Erzeuger:innen, Verarbeitenden und Köch:innen entstanden sind. Manche taugen als Beispiele im Kleinen, andere sind auch im Großen skalierbar. Die Porträts erzählen die Geschichten von Menschen aus Berlin und Brandenburg und würdigen ihre Arbeit für einzigartigen Geschmack und regionale Identität sowie ihren Einsatz für die lokale Wertschöpfung und gegen den Klimawandel.

Herangehensweise

Ausgehend von den Produkten, die a uf den Tellern der Hauptstadt landen, begibt sich Vom guten Essen auf Spurensuche durch Brandenburg. Dabei sind acht Kapitel entstanden, die mit einer fachlichen Einführung in die Grundlagen des jeweiligen Themas beginnen und einer Vertiefung enden. Dazwischen finden sich die Porträts verschiedener Akteur:innen, die unterschiedliche Teile der Wertschöpfungsketten abdecken. Am Anfang dieser Suche steht das Kapitel zum Boden, der Grundlage, auf die alle anderen Lebensmittel unweigerlich aufbauen.

Vom guten Essen entwickelt eine Perspektive auf die Identität der Region und macht regionale Wirtschaftskreisläufe und Handels- und Geschäftsbeziehungen sichtbar, um ein Verständnis für regionale Wertschöpfungsketten zu schaffen. Die Menschen hinter den Produkten aufzuspüren, bedeutet auch, ein Schlaglicht auf ihr oft unsichtbares Wirken zu werfen. Wenn im Restaurant gute Produkte Wertschätzung erfahren, geht dieses Lob an den Produzent:innen meist vorbei; oft sind Gästen nicht einmal ihre Namen bekannt. Ein Verständnis für die Arbeit der Menschen zu schaffen, die für uns auf dem Acker stehen, und ihnen Sichtbarkeit zu verleihen, ist Anspruch dieses Buches. Denn diese Menschen stellen die Landwirtschaft der Zukunft sicher, schützen die Natur, zelebrieren den Genuss und schaffen unsere wichtigste Lebensgrundlage.

Die Kapiteleinführungen und -vertiefungen sind durch eine Vielzahl von Hintergrundgesprächen mit Akteur:innen aus der Wissenschaft, aus NGOs und aus Thinktanks entstanden. Sie helfen, die Porträts in einen größeren Zusammenhang einzuordnen. Für Expert:innen werden diese Texte keine neuen Erkenntnisse beinhalten, sie machen aber verständlich, was die großen Fragen der Lebensmittelerzeugung für Berlin und Brandenburg konkret bedeuten und in welchem Kontext die vorgestellten Betriebe und Personen jeden Tag arbeiten. Die Liste spannender Akteur:innen in der Region ist lang – die Karte lässt das erahnen.

Grund genug also, um voller Vorfreude auf die Zukunft des guten Essens in Berlin und Brandenburg zu blicken.

Über die Autoren

Felix Fröhlich und Lukas Freitag haben gemeinsam an der Hochschule für nachhaltige Entwicklung Eberswalde studiert, wo sie 2021 den Studiengang Nachhaltiges Tourismusmanagement mit einer gemeinsamen Masterarbeit zu kulinarischen Wertschöpfungsketten in Berlin und Brandenburg abgeschlossen haben. Seit 2021 beraten sie Akteur:innen aus Tourismus, Lebensmittelerzeugung und Gastronomie zu Kommunikation und Nachhaltigkeitsstrategien. *Vom guten Essen* ist ihr erstes Buch.

Wie dieses Buch funktioniert

Ausgehend vom Thema Boden (Kapitel 1), der Grundlage unserer Ernährung, werden in den Kapiteln 2 bis 6 die Lebensmittelgruppen abgedeckt, die in Brandenburg erzeugt werden: Korn, Gemüse, Milch, Fleisch und Fisch. In den zusammengehörenden Kapiteln 7 und 8 werden die Relevanz von Bienen und Streuobstwiesen besprochen.

Jedes Kapitel beginnt mit einer Einführung, die in thematische Absätze unterteilt ist. Darin finden sich nummerierte Verweise auf die Seitenzahlen eines weiterführenden Abschnitts im Vertiefungstext am Ende des entsprechenden Kapitels. So kann man bei Interesse direkt weiterlesen und anschließend zur Einführung zurückkehren. Ebenso kann jedes Kapitel linear gelesen werden. Auf die Einführungen folgen die Porträts und schließlich die ebenfalls nach Themen unterteilten Vertiefungen, zu denen auch erklärende Grafiken und informative Tabellen gehören.

Jedes Porträt beginnt mit Angaben zur Lage des jeweiligen Betriebs, der Akteurin oder des Akteurs, einem Verweis auf die Position auf der Übersichtskarte vorn im Buch und einer Entfernungsangabe ab Berlin. Dazu werden Aktivitäten in der Umgebung und Produkte empfohlen und die Websites und/oder Instagram-Kanäle gelistet. So kann man den nächsten Ausflug ins Umland gleich dafür nutzen, seinen Lebensmittelhorizont zu erweitern und gutes Essen aus der Region aus nächster Nähe kennenzulernen.

Zum Abschluss finden Lesende ab Seite 320 eine Quellenauflistung, um nachzuvollziehen, woher das Hintergrundwissen stammt, und sich bei Interesse selbst weiterbilden zu können.

01 BODEN

Einführung

Der Boden ernährt uns alle. Böden sind der wichtigste Produktionsfaktor in der Landwirtschaft und eine der wichtigsten Voraussetzungen, dank derer wir Menschen sesshaft werden konnten. Böden sind Wegbereiter menschlicher Zivilisation. Nicht umsonst heißt unser Planet Erde. Ohne gesunde Böden wird es in Zukunft noch mehr Dürren, Hungersnöte und Überschwemmungen geben. Je weniger wir sie bearbeiten, desto intakter bleiben sie, denn Kohlenstoff ist ein flüchtiger Gast: Sobald der Boden gepflügt wird, werden Mikroorganismen angeregt, die CO_2 in die Atmosphäre freisetzen. Ob Kohlenstoff in die Atmosphäre entweicht oder im Boden gebunden bleibt, entscheidet also die Landwirtschaft.

Böden als Kohlenstoffspeicher

Nach den Weltmeeren ist der ① Boden die zweitwichtigste ② Kohlenstoffsenke der Erde. Im ersten Meter Boden ist knapp dreimal so viel Kohlenstoff gespeichert wie insgesamt in der Atmosphäre vorhanden ist. Die deutschen Böden speichern mit 2,4 Milliarden Tonnen doppelt so viel Kohlenstoff wie der gesamte Waldbestand und die ③ Biomasse in unserem Land zusammen. Wir Menschen bringen den ④ Kohlenstoffkreislauf jedoch massiv aus dem Gleichgewicht. Dabei ist der Boden eines unserer wertvollsten Werkzeuge im Kampf gegen den ⑤ Klimawandel, und die Landwirt:innen sind die dazugehörigen Handwerker:innen. Ackerböden speichern im ersten Meter Boden in etwa 95 Tonnen Kohlenstoff pro Hektar, Dauergrünlandflächen wie Weiden sogar 181 Tonnen. Am meisten Kohlenstoff können Moore speichern: sagenhafte 507 Tonnen pro Hektar. Der Kitt, der den Kohlenstoff im Boden bindet, ist der Humus. Humusaufbau ist aber viel mehr als nur Klimaschutz. Er bereitet die Böden auch auf den Klimawandel vor, da sie mehr Wasser halten können und vor Erosion geschützt werden.

01 → S. 51: Aufbau, Typen und Arten / Böden in aller Welt
02 → S. 57: Mehr zu Böden als Kohlenstoffspeicher
03 → S. 59: Biomasse und Kohlenstoff
04 → S. 53: Kohlenstoffkreislauf
05 → S. 53: Kohlenstoffkreislauf: Ozeanversauerung

„Nicht umsonst heißt unser Planet Erde.“

Fruchtbarkeit

Im historischen Sinne bedeutet [6] Bodenfruchtbarkeit, einen guten Pflanzenertrag zu erzielen. Im Allgemeinen wird sie beschrieben als die Eignung des Bodens, Pflanzenwachstum zu ermöglichen und zu fördern. Ein fruchtbarer Boden bietet den Pflanzen Halt, ist leicht durchwurzelbar und versorgt die Wurzeln mit Wasser, Luft und Nährstoffen. Die Bodenfruchtbarkeit hängt unter anderem mit dem Verwitterungsgrad zusammen und wird außerdem durch verschiedene Bodeneigenschaften beeinflusst. Durch den Einsatz von chemisch-synthetischen Düngern ist es allerdings mittlerweile auch möglich, auf degradierten Böden einen hohen Pflanzenertrag zu erzielen.

Generell besteht ein enger Zusammenhang zwischen Bodenfruchtbarkeit, organischer Substanz und Bodenaktivität, also der Gesamtheit aller durch Lebewesen bewirkten Stoffumsetzungen im Boden. Es ist ein weitverbreitetes Missverständnis, dass fruchtbare Böden sich vor allem durch Nährstoffe und [7] Stickstoff auszeichneten. Vorrangig brauchen sie eine krümelige Struktur. So werden Sauerstoff und Wasser darin gespeichert und es werden gute Arbeitsbedingungen für das sogenannte Edaphon (das Bodenleben) geschaffen, das wiederum die Arbeit im Boden für uns erledigt. Es wird in zwei Arten von Böden unterschieden, die besonders wertvoll für unser Ökosystem sind. Das sind auf der einen Seite fette Böden, die einen hohen Humusanteil haben und viel Kohlenstoff und Wasser speichern können. Sie sind ertragreich und wichtig fürs Klima. Doch auf der anderen Seite sind auch magere Böden mit geringem Nährstoffgehalt wertvoll, weil dort viele Pflanzen und seltene Blumen (etwa Orchideen) wachsen. Diese sind besonders wichtig für Bienen und Insekten, für die Biodiversität also. Häufig werden diese mageren Böden aber besonders stark gedüngt, und als Resultat wachsen darauf nur noch bestimmte Pflanzen, sogenannte Zeigerpflanzen wie Brennnesseln.

06 → S. 51: Mehr zu Bodenfruchtbarkeit
07 → S. 54: Stickstoffkreislauf

Humus, Garant fürs Leben

⑧ Humus ist kein Stoff, sondern ein Prozess, definiert als der Anteil aller organischen Masse im Boden sowie der darin befindlichen Lebewesen. Er ist wichtig, weil er Nährstoffe, Wasser und Luft speichert und an die Pflanzen weitergibt. Sein Anteil verbessert die Struktur und erhöht die Fruchtbarkeit des Bodens, bindet Kohlenstoff und verhindert Überschwemmungen. Humus macht nur einen kleinen Teil des Bodens aus, hat aber eine große Wirkung. Man unterscheidet in Nähr- und Dauerhumus. Beide werden durch das Edaphon gebildet. Wie hoch der Humusanteil im Boden ist, hängt auch von der landwirtschaftlichen Nutzung ab. Dabei werden Nutzpflanzen in Humusmehrer und Humuszehrer unterteilt. Humusmehrer sind Pflanzen, die nach der Ernte Humusbestandteile hinterlassen. Ein Klassiker ist das Kleegras, das in der Landwirtschaft auch als Zwischenfrucht angebaut wird. Humuszehrer hingegen sind etwa Möhren oder Kartoffeln, die eine intensive Bodenbearbeitung erfordern. Das wiederum führt zu einer Verringerung des Humusgehalts.

Dünger

Für ihr Wachstum brauchen Pflanzen neben Wasser, Licht und Wärme auch Nährstoffe und Spurenelemente, die nicht immer ausreichend im Boden vorhanden sind – hier kommt ⑨ Dünger ins Spiel. Die Nutzung von Dünger geht bis in die Antike zurück. Schon die alten Ägypter, Griechen und Römer verwendeten Mist und Kompost, um ihre Felder mit Nährstoffen zu versorgen. Im Mittelalter nahm die Bedeutung von Düngemitteln ab, da die Bevölkerungsentwicklung zu dieser Zeit rückläufig war. 1909 erfanden Fritz Haber und Carl Bosch ein Verfahren zur künstlichen Synthese von Ammoniak, kurz darauf war das Haber-Bosch-Verfahren geboren. Ursprünglich gedacht für die Dynamitherstellung, wurde es schnell zu einer Säule der Ernährungssicherheit. Zu Beginn des 20. Jahrhunderts entwickelte sich die Düngemittelindustrie rasant. Seit 1960 hat sich der Gebrauch synthetischer Dünger verneunfacht und der Einsatz von ⑩ Phosphatdüngung verdreifacht.

08 → S. 52: Humifizierung
09 → S. 56: Mehr zu Dünger
10 → S. 54: Phosphorkreislauf / Phosphor, ein rares Gut

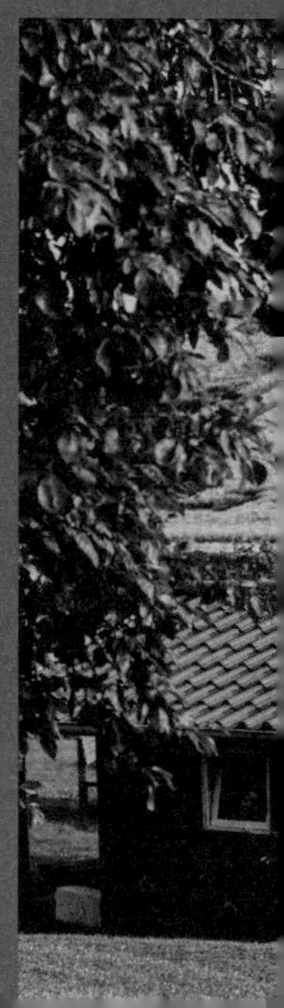

Konventionelle Landwirtschaft und Ökolandbau

In der konventionellen Landwirtschaft wird auf zwei Weisen gedüngt: entweder mit industriellen mineralischen Düngemitteln wie Stickstoffphosphat oder Kalidünger oder durch das Ausbringen von organischem Dünger wie Gülle auf die Felder. Entscheidend für die menschliche Gesundheit und den Schutz der Umwelt ist, dass nicht mehr gedüngt wird, als von den Pflanzen aufgenommen werden kann. Gerade die (11) übermäßige Stickstoffdüngung hat drastische Folgen für Mensch, Natur und Klima. Die planetaren Belastungsgrenzen sind dabei längst überschritten.

Während Düngung in der konventionellen Landwirtschaft dazu dient, Pflanzen mit direkt löslichen Mineralstoffen zu versorgen, stehen bei der biologischen Bewirtschaftung viel mehr die Förderung von Stoffwechselprozessen sowie die Wechselwirkung zwischen Boden, Mikroorganismen und Pflanzen im Vordergrund. Ein erklärtes Ziel der ökologischen Landwirtschaft ist die Förderung der Bodenfruchtbarkeit, indem sie den bestehenden Humus bewahrt und sich bemüht, diesen zu vermehren. Durchdachte Fruchtfolgen unterstützen diesen Prozess. Als Fruchtfolge bezeichnet man den abwechselnden Anbau verschiedener Pflanzen auf einer Ackerfläche. Dieser Wechsel der Pflanzen ist wichtig für den Erhalt der Bodenfruchtbarkeit.

11 → S. 54: Stickstoffüberschuss

„Seit 1960 hat sich der Gebrauch synthetischer Dünger verneunfacht."

Moore

[12] Moore finden wir überall dort, wo es viel Wasser gibt. Organisches Material wie Pflanzenreste werden durch das Überangebot an Wasser und den damit einhergehenden Sauerstoffmangel nicht abgebaut und sinken auf den Grund. Die überschüssige Biomasse wird zu [13] Torf, der den in den Pflanzen gebundenen Kohlenstoff langfristig im Boden bindet.

Moore werden eine Hauptrolle im [14] Kampf gegen den Klimawandel spielen. Sie sind einer der effektivsten Hebel, um Kohlenstoff für lange Zeit im Boden zu speichern – es sei denn, sie werden entwässert. Über 90 Prozent der deutschen Moore wurden trockengelegt. Das Problem dabei: Durch die Entwässerung kwommt der Sauerstoff aus der Atmosphäre in Kontakt mit Kohlenstoff, sie verbinden sich und es entsteht Kohlenstoffdioxid.

Böden in Berlin & Brandenburg

In vielen Regionen Deutschlands gibt es fruchtbare Böden, allerdings wird ein Großteil durch intensive Landwirtschaft und die Verwendung von chemischen Düngemitteln und Pestiziden überstrapaziert, was langfristig zu einem Verlust der Bodenfruchtbarkeit führt. Brandenburg macht dabei im landesweiten Vergleich leider keine Ausnahme.

Während des Quartärs herrschten im norddeutschen Tiefland drei große Kaltzeiten, die weite Teile der Landschaft mit Gletschern bedeckten. Dabei lagerten sich große Gesteinsbrocken sowie feines Material in Brandenburg ab. Die Eismassen drangen unterschiedlich weit ins Landesinnere vor, sodass verschiedene Platten, Hochflächen und Urstromtäler mit unterschiedlichen Böden entstanden. In Brandenburg finden wir überwiegend ertragsschwache sandige Böden. Nicht umsonst also wird Brandenburg auch „Europas Sandkasten“ oder „märkische Streusandbüchse“ genannt. Es gibt allerdings auch Ausnahmen, beispielsweise im Fläming oder im Oderbruch, wo es nährstoffreiche Braunerdeböden gibt.

Bereits ab dem Spätmittelalter wurden die einst als nutzlos und öde geltenden Moore nach und nach trockengelegt. So erging es etwa dem brandenburgischen Oderbruch im 18. Jahrhundert unter Friedrich dem Großen. Dadurch konnten sich Hunderttausende Menschen ansiedeln, neue landwirtschaftliche Flächen wurden erschlossen, um die wachsende

12 → S. 56: Moorarten
13 → S. 56: Torf
14 → S. 57, 58: Paludikultur / Biomasse und Kohlenstoff: Carbon Farming / Biomasse und Kohlenstoffe: Weitere Ansätze

„Moore werden eine Hauptrolle im Kampf gegen den Klimawandel spielen."

Bevölkerung zu ernähren, und der wertvolle Torf konnte abgebaut werden. Lange wurde das als Sieg des Menschen über die Natur gefeiert. Auch Berlin ist aus einem Sumpf-Moor-Gebiet entstanden. Insgesamt waren vier Prozent der Landfläche Deutschlands mit Mooren bedeckt. Brandenburg ist hinter Schleswig-Holstein und Niedersachsen das Bundesland mit der drittgrößten Moorfläche. Doch nur 2,5 Prozent der Brandenburger Moorfläche befinden sich noch in ursprünglichem Zustand. Bis in die Zeiten der deutsch-deutschen Teilung wurden sowohl im Westen als auch im Osten als Zeichen des Fortschritts Moorflächen trockengelegt.

Brandenburg hat relativ wenig Humus, was auch daran liegt, dass es so sandig zugeht. Bodentextur und Humus hängen direkt zusammen: Ton und Schluff können Kohlenstoff im Boden besser halten als Sand. In sandigen Böden ist es also auch schwieriger, Humus aufzubauen. Zusammen bilden diese beiden Prozesse den natürlichen Kohlenstoffkreislauf im Boden und tragen zur Bodenfruchtbarkeit bei.

Stein-Häger-Hof

Permakultur

→ Lage
Norden | Gerswalde, Uckermark
Karte: 01
73 km von Berlin

→ Empfehlungen
In Johannas Oase übernachten, Tomaten probieren, beim Permakultur-workshop mitmachen, die interaktive Kompostkomposition erleben

In der Herberge Groß Fredenwalde einkehren, die Straußenfarm Berglatten besuchen, entlang der Seen rund um das Gut Temmen spazieren, auf dem Gutshof Fredenwalde übernachten

→ Kontakt
johannahaeger.net
edaphon-kontakte.net

Zwischen ausgelaugten Feldern und einem Terrain, das an Sanddünen erinnert, liegt der Stein-Häger-Hof von Johanna Häger. In einer recht lebensfeindlich anmutenden Gegend hat die studierte Landschaftsarchitektin und Permakulturdesignerin hier ein Kleinod auf 2,5 Hektar geschaffen. Gerswalde ist geprägt von leichtem Sandboden ohne viel Humusaufsatz, was ihn für die Landwirtschaft nur schwer nutzbar macht, es sei denn man bringt sehr viel Dünger aus. Boden ist Hägers Lebensthema und der Grund, aus dem sie aufs Land gezogen ist. „Der Boden steht am Anfang allen Lebens", sagt sie.

Johanna Häger ist bereits seit Mitte der Nullerjahre in der Uckermark, davor war sie in den Neunzigern als Punkerin auf den Straßen Berlins unterwegs und schob gelegentlich eine Freundin ihrer Großmutter namens Ilse Hans durch Kreuzberg. Die Dame vermachte ihr später unerwarteterweise das Startkapital für ihr Projekt im Norden Brandenburgs. Ihr Umzug in die Uckermark sei auch politisch motiviert gewesen, erklärt sie, denn sie habe den Rechten nicht einfach kampflos das Feld überlassen wollen.

Den damaligen Roggenacker übernahm sie mit elf Bodenpunkten – ab 35 kann man Gemüseanbau betreiben – und transformierte ihn Stück für Stück. Anfangs gab es keine Vögel, keine Insekten, keine Bäume, kurzum: kein Leben. Jahrzehntelanger industrieller Roggenanbau in Monokultur hatte eine Mondlandschaft hinterlassen. Heute sind die Wiesen grün, die Gemüsebeete üppig und der Waldgarten lockt mit allerlei Köstlichkeiten wie Mirabellen oder Bronzefenchel.

Mit dem Prinzip der Permakultur, einer Planungsmethode für Nachhaltigkeit, und dem Wissen aus ihrem Studium legte sie los. Permakultur orientiert sich an drei Zielen: sich um die Erde zu kümmern, um die Menschen und einen umsichtigen Umgang mit Ressourcen zu pflegen. Es gibt keine festgelegten Vorgehensweisen. Man darf alles und es ist niemals dogmatisch. Bei der Planung eines solchen Projekts sei es wichtig, langfristig zu denken, meint Häger: „Wo setze ich Pionierbäume, wo kultiviere ich fette Böden und wo eher magere?“

Fette, humusreiche Böden sind gut zum Anbau von Gemüse, die eher leichteren Böden hingegen sind wichtig für die Artenvielfalt und Biodiversität. Auf ihnen wachsen seltene Wildpflanzen wie Orchideen, die von allerlei Insekten umgarnt werden. Es kommt also darauf an, ein Gleichgewicht herzustellen. Dieser lange Entwicklungsprozess war notwendig, um überhaupt an Gemüseanbau denken zu können. Dafür mussten im ersten Schritt die degradierten Böden durch Gründüngung und Kompost aufgebaut werden. Seither drängen Hägers Hühner das Gras zurück und düngen den Boden mit Phosphor, wodurch das Leben in den Hecken explodiert. Die Pferde Bente und Olivia helfen beim manuellen Pflügen und liefern wertvollen Mist für die Kompostwirtschaft, brauchen aber kein Benzin und verdichten den Boden im Gegensatz zu großen Traktoren nicht.

„Heute sind die Wiesen grün, die Gemüsebeete üppig und der Waldgarten lockt mit allerlei Köstlichkeiten.“

„Der Regenwurm ist der Ingenieur des Bodens."

Gemüse war Hägers Aufhänger, um die Wichtigkeit von guten Böden zu vermitteln. Denn die Menschen seien mehr an Gemüse als am Boden interessiert. Mit dem Ziel, Menschen satt zu bekommen, wurden auf einer Fläche, die kleiner war als ein Fußballfeld, mithilfe der Pferde und intensiver Kompostwirtschaft besonders üppige Erträge erzielt. Mit ihrem herausragend leckeren Gemüse belieferte sie Berliner Spitzenrestaurants wie das Nobelhart & Schmutzig (→ S.116).

Doch die Realität konnte mit der weitverbreiteten romantisierten Vorstellung des Gärtner:innendaseins nicht Schritt halten. Die Gärtnerei Ilse + Hans gibt es deshalb nicht mehr. Zu hoch war der Preisdruck, zu niedrig der Erlös, und auch die Mitarbeitenden konnten nicht angemessen bezahlt werden. Stets musste Häger das Geschäft über ihre Permakulturseminare querfinanzieren. Schließlich hatte sie keine Lust mehr, die Schieflage der Gesellschaft auf ihrem Rücken auszutragen und wollte außerdem auch mal wieder Urlaub machen. Gemüse und Lebensmittel seien in Deutschland zu billig, findet sie. Die Folgekosten unserer heutigen Lebensmittelherstellung würden dabei nicht eingepreist. Gleichzeitig wäre regional und umweltfreundlich erzeugtes Gemüse nicht für alle erschwinglich, sollte es teurer und die Gärtner:innen besser bezahlt werden.

Doch am Ende ist Häger noch lange nicht. Auch wenn der Fokus nicht mehr auf dem erwerbsmäßigen Gemüseanbau liegt, blüht und gedeiht der Stein-Häger-Hof. Er entwickelt sich weiter und mit ihm auch seine Gründerin. Sie hat einen neuen Weg gefunden, die Menschen für den Boden zu begeistern. Einerseits gibt die Humushüterin ihren praxisorientierten „Humus Humanitas"-Kurs, der sich um Bodenaufbau, Erdverbindung, Klimaschutz und das Bodenleben, das Edaphon, dreht. Erst kürzlich gab Häger im Rahmen des Karnevals der Kulturen außerdem eine interaktive Ackerperformance zum Besten, die das Edaphon zum Superstar machte. Als inszenierter Akt des Klimaschutzes soll ihre kulturelle Darbietung Menschen miteinander und mit der Erde verbinden. Die Hauptrollen in der Performance namens „Kollektive Kompostkomposition" spielten der Regenwurm und die Assel. „Wenn wir uns gut um sie kümmern, ihnen genug zum Fressen geben und anständige Räume für sie schaffen, übernehmen sie die ganze Arbeit im Boden für uns", verspricht Häger.

Gut&Bösel

Multifunktionale Landnutzung

→ Lage
Osten | Briesen (Mark), Oder-Spree
Karte: 02
62 km von Berlin

→ Empfehlungen
Ein Steak vom Weiderind im Onlineshop bestellen, eine Hoftour unternehmen, in Bösels Buch *Rebellen der Erde* schmökern

Durch die Altarme der Spree bei Fürstenberg paddeln, das Spa im Gut Klostermühle besuchen, eine Bootstour auf dem Scharmützelsee machen, im Helenesee baden, die Oderberge erkunden (6 km nördlich von Frankfurt (Oder))

→ Kontakt
gutundboesel.org
Instagram: @gutundboesel

Benedikt Bösel hat geschafft, woran derzeit die meisten deutschen Landwirt:innen scheitern: junge Menschen für die Arbeit in der Landwirtschaft zu begeistern. Gut zwei Dutzend Festangestellte arbeiten hier, dazu kommen einige junge Erwachsene, die für ein paar Wochen mitarbeiten, der Großstadt entfliehen und Landluft schnuppern. Was führt sie in den Osten Brandenburgs, 15 Kilometer vor Frankfurt an der Oder? Erste Antworten liefert der Blick ins Hofprogramm: Neben dem regulären landwirtschaftlichen Betrieb stechen allerlei Events und Kooperationen ins Auge. Hochschulen schicken Studierende, es werden Workshops und Vorträge angeboten, Start-ups kommen vorbei. Der Madlitzer Hof wird so zum Tummelbecken für Forschende, Kreative und Anpacker:innen.

„Der Madlitzer Agroforst ist ein fortlaufendes großes Reallabor."

Mit 22 begann Benedikt Bösel seine Karriere in der Finanzwirtschaft, schloss nach der Finanzkrise seinen Master in Agrarökonomik ab und arbeitete danach einige Jahre in der Wirtschaft, zuletzt im Agri-Tech-Bereich. 2016 tauschte er den Laptop gegen den Traktor: Er übernahm den Familienbetrieb und gründete 2021 die Finck Stiftung, um multifunktionale Landnutzungsmodelle und Methoden der regenerativen Landwirtschaft zu erforschen. Für das Angehen der großen Fragen der Landwirtschaft wurde er 2022 zum Landwirt des Jahres gekürt.

Auf dem Papier leitet Bösel einen recht klassischen Familienbetrieb, auch wenn die Dimensionen beachtlich sind. Bewirtschaftet werden hier 1000 Hektar Ackerfläche und 100 Hektar Grünland, dazu kommen 2000 Hektar Wald. Ganz oben steht das Ziel, nach einem möglichst ganzheitlichen Ansatz Kreisläufe zu schaffen und zukunftsfähige Landwirtschaft zu gestalten – „beyond farming" wird das hier genannt. Deshalb werden Arbeitsbereiche nicht isoliert beackert und alle acht Standbeine sind eng miteinander verzahnt: Forst, Baumschule, Kompost, Ackerbau, Agroforst, Forschung, Park und Weidemanagement. Alle verfolgen unterschiedliche Teilaufgaben, unterliegen speziellen Bedingungen und haben doch einen gemeinsamen Nenner: den Boden. Wie in den meisten Regionen Brandenburgs ist dieser auch hier herausfordernd. Nährstoffarmut, ein hoher Sandanteil und wenig Niederschläge resultieren in 30 bis 35 Bodenpunkten. Das sind für Brandenburger Verhältnisse recht durchschnittliche Werte, im deutschlandweiten Vergleich aber desaströse Zahlen.

Für Bösel ist der Boden eine langfristige Investition: „Es gibt keine bessere Versicherung für unsere Zukunft als einen gesunden Boden." Nehme man neben den schlechten geologischen Voraussetzungen Klimaprognosen und die letzten Dürresommer mit in den Blick, werde schnell klar, dass es eine radikale Transformation brauche, so Bösel. Diese hat hier einen Namen: Sie heißt syntropischer Agroforst. Arbeitsfelder, die im konventionellen System getrennt bearbeitet werden – etwa Acker- und Obstbau, Viehhaltung und Holzproduktion – werden auf einer Fläche zusammengeführt. Die Mehrfachnutzung führt zu positiven Wechselwirkungen zwischen den einzelnen Bereichen. So reduziert sich die Wasser- und Winderosion, der Humusgehalt im Boden steigt und es wird mehr Kohlenstoff im Boden gespeichert. Auch könne mehrfach im Jahr geerntet werden, erklärt Bösel in seinem lesenswerten Buch *Rebellen der Erde*.

Konkret bedeutet das in den meisten Fällen, dass das Land zunächst in Streifen unterteilt wird. Die Bepflanzung folgt oft einer Logik von Stufensystemen, die einander ergänzen. Größere Bäume brechen den Wind, liefern später Holz und spenden kleineren Arten Schatten, die es in Hitzesommern sonst schwer haben. Auf rund 30 verschiedene Sorten von Obstbäumen folgen 20 Beerensorten, danach Grünwuchs und Kräuter. Auf den dazwischenliegenden Flächen wachsen Getreidearten oder aufbauende Pflanzen, etwa Luzerne, Knaulgras oder Spitzwegerich.

Der Madlitzer Agroforst ist ein fortlaufendes großes Reallabor. Es wird untersucht, was sich gut ergänzt. Welche Arten harmonieren miteinander und wie entstehen gute

Nährstoffkreisläufe? Welche Sorten könnten auch auf größeren Flächen Erfolg haben? Schon jetzt, wenige Jahre nach dem Start, ist klar, dass die Humusschicht wächst, Lebensraum für Mikroorganismen, Vögel und Bodentiere entsteht und die Biodiversität auf die Äcker zurückkehrt. Das Konzept ist nicht neu – im Prinzip ist es schließlich nichts anderes als der Versuch, Strukturen aus der Natur nachzubilden. Dafür hat Bösel den Agroforst-Rockstar Ernst Götsch einfliegen lassen, der in Brasilien über Jahrzehnte Pionierarbeit mit diesem System geleistet hat. Bei Workshops und Arbeit auf den Feldern hat er gemeinsam mit Bösel und seinem Team eine Brandenburger Version davon entworfen. Der Entwurf soll über die nächsten Jahre weiterentwickelt und dann anderen Landwirt:innen zur Verfügung gestellt werden.

Neben den Versuchsflächen grasen hier 200 Angus- und Salers-Rinder. Sie aufzuspüren ist nicht ganz leicht, weil sie jeden Tag an einem anderen Ort zu finden sind. Die Tiere leben in Mutterkuhhaltung und fressen als zusammenstehende Herdengemeinschaft das ganze Ackerfutter ab, auf dem sie stehen, bevor sie am nächsten Tag weiterbewegt werden. Übrig gebliebene Halme werden von ihnen umgetrampelt, mulchen den Boden und werden zur Nahrungsquelle für Mikroorganismen. Das gleichmäßige Entfernen der Blattmasse regt das Wurzelwachstum extrem an, schließlich ist steigende Biomasse der bestmögliche Humusaufbau und CO_2-Speicher. Umherziehende große Herden haben so historisch gesehen die fruchtbarsten Böden weltweit geschaffen.

Wie beim Agroforst ist die Rotationsbeweidung gewissermaßen eine Imitation natürlicher Prozesse und wird nicht isoliert betrachtet. Was heute Weide für die rotbraunen und schwarzen Vierbeiner ist, wird nächstes Jahr als Ackerland genutzt. Auch die Forschung der Tierärztin und Wissenschaftlerin Anita Idel spielt bei Gut & Bösel eine Rolle. Diese weist darauf hin, dass rund 40 Prozent der weltweiten Landfläche nicht ackerfähig seien. Die Pflege einer guten Grasnarbe sei aber essenziell für den Klimaschutz, weil nur durch sie relevante Mengen von CO_2 im Boden gespeichert werden könnten – und das sei nur mit guter Beweidung zu stemmen.

Die Angus-Rinder sind für ihr zartes und marmoriertes Fleisch berühmt, das in Madlitz durch den sogenannten Weideschuss zusätzlich von Stresshormonen verschont bleibt. Einmal geschossen und zerteilt, findet es seinen Weg etwa ins Berliner Restaurant Merold (→ S. 206) und neuerdings auch in den hauseigenen Onlineshop. Vermarktet wird aber nicht nur das Fleisch, sondern das ganze Konzept hinter „beyond farming“, also Kreisläufe zu schließen, zukunftsfähige Landwirtschaft aufzubauen und Erkenntnisse zu teilen.

„Umherziehende große Herden haben historisch gesehen die fruchtbarsten Böden weltweit geschaffen.“

Moorhof

Paludikultur

→ Lage
Nordwesten | Kremmen, Oberhavel
Karte: 03
41 km von Berlin

→ Empfehlungen
Ur-Wiesenheu für die Vierbeiner daheim kaufen

Durch den historischen Stadtkern von Kremmen schlendern, das Kürbisfest im Kremmener Scheunenviertel besuchen, zu Fuß oder mit dem Kanu den Rhinluch erkunden, Kraniche beobachten in Linum, das ursprüngliche Rhinluch von einem der vielen Aussichtstürme bewundern

→ Kontakt
naturwiesenheu.de

Das Moor summt. Kleine und große Insekten, vor allem Mücken, umschwirren den Moorhof bei Kremmen, nicht weit vom Kranichparadies Linum. Der Betrieb hat keine Rezensionen bei Google Maps, führt keinen hippen Instagram-Account und ist auch vor Ort einigermaßen schwer zu finden. Das passt eigentlich gut zur stillen Rettung des Ökosystems, die unaufgeregt und zumeist unsichtbar von hier ausgeht. Sebastian Petri lebt hier mit seiner Familie, hat eine Handvoll Pferde, Gänse, Hunde und Wasserbüffel um sich geschart und pflegt rund 250 Hektar Niedermoor – eine Fläche größer als der Berliner Tiergarten. Im Kampf gegen den Klimawandel gelten der Erhalt und die Wiedervernässung von Mooren als einer der ganz großen Hebel.

„Das aus Klimasicht optimale Moor erkennt man erst, wenn man reinstapft und nasse Füße bekommt.“

Sebastian Petri führt den Landwirtschaftsbetrieb in zweiter Generation. Nach der Ausbildung zum Landwirt und dem anschließenden Studium war er schon auf halbem Weg zur Promotion, als er sich doch für die Abzweigung in die Praxis entschied und in Baden-Württemberg Rinderbetriebe in Zuchtfragen beriet. Zurück auf dem elterlichen Hof übernahm er nach einigen Jahren, die er fern der Brandenburger Heimat verbracht hatte, 2016 schließlich Flächen, die er kaum wiedererkannte. Er erinnert sich an den Schock: „Total verrückt, wie die Wasserstände gefallen sind. Überall waren offene Grasnarben zu sehen.“ Dürreperioden und trockene Kontinentalwinde heizen die Kondensation immens an und setzen den Nassflächen mehr und mehr zu. Für 2022 resümiert Petri: „Der längste gemessene Sonnentag ging 17 Stunden – das ist fast Wüstenniveau.“ Heute ist die Wiese hier wieder Teil des Moors. Petri hat den Wasserpegel auf zehn Zentimeter unterflur angestaut, das kühle Nass ist also versteckt. „Das aus Klimasicht optimale Moor erkennt man erst, wenn man reinstapft und nasse Füße bekommt“, meint der 38-Jährige. Pro Hektar bindet er circa zehn Tonnen CO_2 im Jahr.

Der Rückgang des Moors hat sich in den intensiven Hitzesommern der letzten Jahre beschleunigt, fand seinen Anfang aber tatsächlich bereits vor über 200 Jahren. Gegen Ende des 18. Jahrhunderts erstreckte sich das Moor hier über 46.000 Hektar (das entspricht der Hälfte der Fläche von Berlin). Unter Friedrich dem Großen schritt die Moorkolonisierung voran, und damit die Trockenlegung und Urbarmachung. Für diese Aufgabe holte er sich Hilfe von den Niederländern, die Erfahrung in dem Metier hatten. Einige Generationen später versucht Moorwirt Petri nun, das Werk des alten Fritz zunichtezumachen. Der Luftkontakt einer entwässerten Torfschicht setzt nämlich gigantische Mengen umweltschädlicher Treibhausgase frei. Weil Torf ähnlich wie ein Schwamm austrocknet, sinkt das Porenvolumen und der Moorboden sackt großflächig ab. Petri kämpft dagegen an, indem er Wasser durch Stauanlagen zurückhält, Drainagen schließt und Gräben staut.

Die größte Herausforderung dabei: Grünland zu verwässern ist für Landbesitzer:innen wirtschaftlich auf den ersten Blick reichlich unattraktiv. Die vernässten Flächen eignen sich weder für Ackerbau noch für klassische Viehzucht und sind, in konventionellen Kategorien gedacht, verlorenes Land. Was aus unternehmerischer Perspektive also nach einer Schnapsidee klingt, sichert neben CO_2-Speicherfähigkeit langfristig aber das Überleben von fruchtbaren Böden. Sobald nämlich die Torfschicht fehlt, ist der Boden humusfrei, ohne Struktur und damit faktisch tot. Die meisten Flächen rund um Kremmen sind bereits stark degradiert: Aktuelle Prognosen gehen davon aus, dass sie spätestens in 30 bis 50 Jahren vollständig unbrauchbar sein werden. Doch gilt es für Petri nicht nur, Überzeugungsarbeit beim Land, der Treuhand und unter Landwirt:innen zu leisten, sondern auch, praktische

Hürden zu überwinden – allem voran die Wasserversorgung. Zwar ist das Thema mittlerweile in der Politik angekommen, doch es fehlt nach wie vor an realistischen, durchschlagskräftigen Konzepten. „Alle wollen das Moor wieder nass machen, aber keiner überlegt sich ernsthaft, wo das Wasser herkommen soll", wundert er sich. Dabei hat die norddeutsche Wasserdynamik über Jahrhunderte gut funktioniert: Die Müritz, die traditionell zu viel Wasser führte, drückte dieses über ein Netz aus Kanälen in den Rhin, von wo aus es über die unbefestigten Ufer des Rhinluch auf die umliegenden Felder gelangte. Heute ist dessen Lauf begradigt, damit Schifffahrt und Wassertourismus leichtes Spiel haben, was aber der eigenständigen Regulierung des Wasserpegels im Wege steht. Hinzu kommt, dass Petris Familie für die Aufgabe der Vernässung über viele Jahre keine adäquaten Wasserrechte eingeräumt wurden. Die mittlerweile erlaubte Entnahmemenge ist zwar höher, allerdings sind jetzt die Pegelstände des Rhin nicht mehr ausreichend, um alle Flächen zu bedienen. Damit ist man auf Regenwasser angewiesen, was angesichts der vergangenen Dürreperioden eine risikoreiche Strategie ist.

Was lässt sich nun also anstellen mit einem Niedermoor? Wie bei verwildernden Streuobstwiesen oder denkmalgeschützten Gebäuden gilt auch hier: Erhalt durch Nutzung. Petri macht in erster Linie Naturwiesenheu, das wegen seiner Langwüchsigkeit und dem hohen Anteil von Wildkräutern besonders gut geeignet ist für die Versorgung von Pferden. Da die Vierbeiner heute oft keine schwere Arbeit mehr leisten müssen und in vielen Fällen das falsche Futter bekommen, sind Verfettung und Stoffwechselkrankheiten weitverbreitet. „Bei diesen Wohlstandskrankheiten ist das Heu das perfekte Futter, nicht zu nährstoffreich und das ganze Jahr über geeignet", erklärt Petri. In einem weiteren Projekt erforscht er mit Partner:innen aus der Wissenschaft die Verarbeitung der Paludikulturen als Baumaterialien. Der Bedarf sei riesig: „Material, das CO_2-neutral ist oder wie hier sogar eine positive Bilanz hat, gibt's in der Größenordnung einfach noch nicht." Der Bausektor hat in Sachen Klimaverträglichkeit immensen Handlungsbedarf, denn die Emissionsziele

setzen die Branche unter Druck. Zu Platten gepresste Rohrglanzgräser aus dem Rhinluch kämen für die Dämmung und den Auf- und Trockenbau infrage und könnten vieles zum Positiven verändern, führt Petri aus.

Für die Bewirtschaftung der Flächen hat er in Österreich eine Pistenraupe gekauft, die eigentlich für Skihänge ausgelegt ist. Durch einen individuellen Umbau kann sie nun durchs Wasser fahren, ohne einzusinken, und hat alle gängigen Anschlüsse, die für landwirtschaftliche Maschinen gebraucht werden. Mit dieser an ein Mondgefährt erinnernden Raupe lassen sich die Moorflächen bewirtschaften, ohne im Boden Schaden anzurichten oder darin zu versinken, was den Traktoren der benachbarten Agrargenossenschaft gelegentlich passiert. Durch die breite Auflagefläche der Ketten ist der Bodendruck pro Quadratzentimeter niedriger als bei einem Fußabdruck.

Nicht weniger imposant kommt die 30-köpfige Herde Wasserbüffel daher, die auf dem benachbarten Sumpfland grast. Die Tiere kommen auf dem Terrain gut zurecht und fühlen sich auch mit nassen Füßen wohl, was sie zur einzigen Art macht, mit der eine Nutztierhaltung im Moor möglich ist. Was vor einigen Jahren als aussichtsreiches Standbein begann, findet mit der Schließung zweier regionaler Schlachthöfe nun jedoch ein jähes Ende. Andere Schlachthöfe wollen die Wasserbüffel nicht annehmen, zu unterschiedlich sei die Prozedur im Vergleich zum sonst verarbeiteten Vieh. Hinzu kommt die Herausforderung, dass die Kremmener Büffel nur per Weideschuss erlegt werden können. Vorschriften, deren Zweck niemand so genau kennt, besagen nämlich, dass die Tiere nur durch einen extra Eingang in den Schlachthof gebracht werden dürfen – eine bauliche Voraussetzung, die kaum ein Betrieb erfüllt. Alternativen, etwa der Bau eines eigenen Schlachthauses, scheiterten bisher an finanziellen Hürden.

Vertiefung

Aufbau, Typen und Arten

Als Boden bezeichnen wir den obersten Teil der Erdkruste, der über Jahrtausende durch physikalische und chemische Prozessen entstanden ist. Während der Entstehung treffen vier Sphären aufeinander: die Pedosphäre (das Gestein im Erdboden), die Biosphäre (alle Tiere und Pflanzen), die Hydrosphäre (das Wasser auf der Erde) und die Atmosphäre (die gasförmige Hülle der Erde).

Nur dort, wo alle vier Sphären aufeinandertreffen, kann sich Boden bilden: die sogenannte Lithosphäre. Im Durchschnitt dauert es circa 15.000 Jahre, bis ein Meter Boden auf natürliche Weise entstanden ist. Bei der Kategorisierung von Böden unterscheidet man Bodentyp und Bodenart. Ersterer ist eine Einordnung von Böden basierend auf ihren morphologischen (also die Form betreffenden) und physikalischen Eigenschaften wie Struktur, Farbe, Feuchtegehalt und Bodenhöhe. Ermittelt wird der Bodentyp durch ein Bodenprofil (eine Bodenaufgrabung). Häufige Bodentypen sind Braunerde, Podsol, Rendzina, Schwarzerde oder Pseudogley.

Die Bodenart hingegen bezieht sich auf die chemische Zusammensetzung eines Bodens und hängt mit dem Gehalt an Nährstoffen, dem pH-Wert und der organischen Materie zusammen. Ein Boden besteht aus einer bunten Mischung aus kleinen und großen Teilen. Von Groß nach Klein sind das Kies, Sand, Schluff und Ton. Entlang dieses Gradienten nehmen Eigenschaften wie Durchlüftung, Durchwurzelbarkeit, Wasserdurchlässigkeit und Eignung für die Bodenbearbeitung ab. Der Kationenaustausch, der Nährstoffgehalt und das Wasserhaltevermögen hingegen nehmen zu. Minerale, die kleiner als 0,002 Millimeter sind, heißen Tonminerale und sind entscheidend für die Fruchtbarkeit des Bodens, weil sie Pflanzennährstoffe speichern. Sie sind negativ geladen und können die positiv geladenen Kationen an sich binden, die wiederum von den Pflanzen als Nährstoffe aufgenommen werden. Das Maß für die Fähigkeit, Kationen festzuhalten, nennt sich Kationenaustauschkapazität.

Mehr zu Bodenfruchtbarkeit

Relevante Faktoren für die Fruchtbarkeit sind beispielsweise die Zusammensetzung des Bodens, der Gehalt an nährstoffreichem Humus, die Korngröße und Anordnung der festen Bodenbestandteile und der pH-Wert des Bodenwassers. Bei naturbelassener Nutzung sind die vorhandenen Pflanzennährstoffe gegeben und reichen für den natürlichen Bewuchs aus. Bei einer landwirtschaftlichen Nutzung werden dem Boden allerdings ständig Nährstoffe entzogen. Diese müssen durch Düngung wieder eingesetzt werden.

Optimal für eine hohe Bodenfruchtbarkeit ist ein tiefgründiger, ausgewogen strukturierter Bodenkörper mit guter Durchlüftung, ausreichender Bodenfeuchte, hohen Humusgehalten und ausgeprägter Krümelstruktur, der eine schwach saure Bodenreaktion (pH-Wert 5 bis 6,5) aufweist, frei von Hemm- und Schadstoffen ist und sich durch eine hohe Bodenaktivität auszeichnet.

Böden in aller Welt

Am Nil wird seit Jahrtausenden Ackerbau betrieben und die Böden gelten als besonders fruchtbar. Aufgrund des jährlichen Hochwassers aus dem Victoriasee stauen sich Nährstoffe, Ton und organische Materialien an, die sich bei den Überschwemmungen über den Boden legen. Sie versorgen ihn so regelmäßig mit Nährstoffen und machen ihn fruchtbar.

In Teilen von Südamerika findet man einen speziellen Bodentyp, die sogenannte Terra Preta. Die Böden wurden höchstwahrscheinlich schon von indigenen Völkern im präkolonialen Zeitalter angelegt und sind bekannt für ihre hohe Fruchtbarkeit, die bis heute anhält. Aus unter anderem Kompost, Kohle, Exkrementen, Tonscherben und Dung wurden sie künstlich hergestellt. Terra-Preta-Böden werden oft als Modell für eine zukunftsgerichtete Landbewirtschaftung betrachtet. Sie ermöglichen es, dass Bodenproduktivität und Bodenleben über lange Zeiträume erhalten werden. Aktuell wird erforscht, wie diese Prinzipien auch auf anderen Erdteilen angewandt werden können.

Durch den Krieg in der Ukraine hat sich eine weitere Bodenart zu einem Machtinstrument entwickelt: die Schwarzerdeböden, die in Russland und der Ukraine vorkommen. Sie sind durch den Krieg und die dadurch ausbleibenden Exporte in das mediale Interesse gerückt. Die Böden sind aufgrund ihrer hohen Erträge ein wichtiger Wirtschaftsfaktor und leisten einen bedeutenden Beitrag zur nationalen und internationalen Ernährungssicherheit. Sie zeichnen sich durch eine tiefe, lehmhaltige Schicht aus und sind reich an organischen Stoffen und Nährstoffen.

Humifizierung

Wichtig für den Prozess der Zersetzung ist das Edaphon. Sobald es Material zum Fressen gibt (etwa Totholz, Kadaver oder Pflanzenschnitt), legt das Edaphon los. Damit sind etwa Regenwürmer, Kellerasseln oder Käfer gemeint, die eine Art erste grobe mechanische Zerkleinerung vornehmen, indem sie die organische Substanz zerbeißen, zernagen oder zerkauen. Hierbei werden neue organische Stoffe gebildet. Infolge biochemischer Prozesse werden die einzelnen Bestandteile wie Kohlenhydrate, Proteine, Zellulose, Gerbstoffe und viele andere in braun bis schwarz gefärbte hochmolekulare organische Stoffe transformiert. Der Humus ist nur schwer abbaubar, bleibt langfristig im Boden und erhöht die Fruchtbarkeit. Böden mit hohem Humusgehalt haben ein erhöhtes Wasserspeicherungsvermögen und halten Nährstoffe besser fest. Der Grund dafür ist eine zwei- bis dreimal größere Kationenaustauschkapazität wie bei Tonmineralen. Die Kationen (positiv geladene Teilchen), die am Humus adsorbiert sind, dienen den Pflanzen als Nährstoffe.

Bei der Mineralisierung werden organische Stoffe unter Freisetzung von Energie zu anorganischen Verbindungen abgebaut. Bei diesem Prozess wirken vor allem Mikroorganismen mit. Sie dienen als Mineralisierer und binden einen Teil dieser anorganischen Verbindungen in ihrem Körper und bewahren diese so vor der Auswaschung in tiefere Bodenhorizonte. Der andere Teil der anorganischen Verbindungen geht in den Nährstoffkreislauf ein und wird erneut von den Pflanzen als Nährstoff aufgenommen. Die Mineralisierungsrate ist entscheidend für den Nährstoffhaushalt von Böden. Im Fall von Nässe, Luftabschluss und Kälte kommt die Mineralisierung fast zum Stillstand. Folglich häuft sich unter diesen Bedingungen in und auf den Böden eine Menge organisches Material an. Zu beobachten ist dies bei den Torfen, Rohhumusdecken in den Tundren oder in den europäischen borealen Nadelwäldern. Auf der anderen Seite werden unter warmfeuchtem Klima die anfallenden organischen Substanzen in kürzester Zeit umgesetzt. Aus diesem Grund sind die Humusgehalte in tropischen Regenwäldern trotz enormer Biomasseproduktion äußerst bescheiden. Die großen Nährstoffmengen, die in der Biomasse des Regenwaldes festgesetzt sind, stehen dafür nach dem Absterben und der raschen Mineralisierung schnell wieder für das Pflanzenwachstum zur Verfügung. Da Maßnahmen zur Bodenverbesserung durch eine beschleunigt ablaufende Mineralisierung begrenzt sind, können der Humusgehalt von Böden und damit die Bodenfruchtbarkeit in Deutschland durch Kompostwirtschaft und Gründüngung nicht ins Unendliche steigen. Mittelfristig werden 90 Prozent der dem Boden zugeführten pflanzlichen Biomasse wieder mineralisiert und in die Atmosphäre zurückgegeben. Nur ein kleiner Teil der zugeführten Biomasse wird also zu Humus, und bei dem

Prozess von langfristigem Humusaufbau rechnet man am besten in Jahrzehnten. Bei Kompost oder tierischen Düngern ist das anders, dabei wird langsamer und nur ein kleinerer Teil der Biomasse mineralisiert.

Kohlenstoffkreislauf

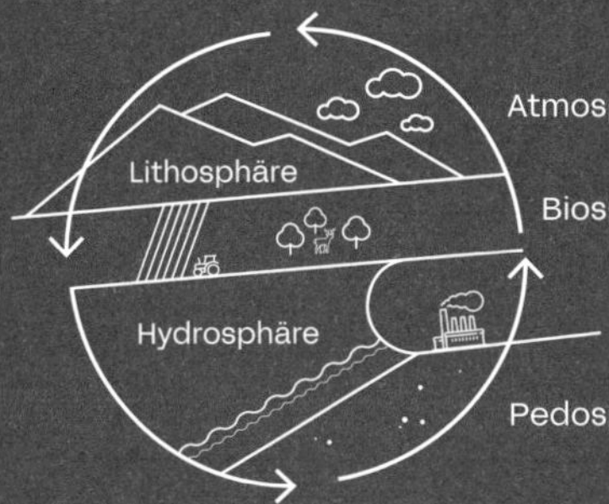

Kohlenstoffdioxid ist das wichtigste Treibhausgas, das in der Atmosphäre für den Treibhauseffekt sorgt. Wenn Sonnenlicht auf die Erde fällt, wird ein Teil davon als Wärme reflektiert. Das CO_2 kann diese Wärme eine Zeit lang speichern, was die Atmosphäre zu einem Wärmespeicher macht. Ohne diesen Effekt würden die Temperaturen auf der Erde im Minusbereich liegen. Zu viel CO_2 führt hingegen zu starker Erwärmung. Zu den daraus resultierenden Auswirkungen zählen Dürreschäden, Flutkatastrophen, Hitzetote, Hungersnöte und Millionen Menschen auf der Flucht – Probleme, die allein in Deutschland jährlich Kosten von vielen Milliarden Euro verursachen.

Ende dieses Jahrhunderts werden wir eine zwei- bis viermal so hohe Konzentration an CO_2 in der Atmosphäre haben wie zu Beginn der Industrialisierung. Aktuell ist der Wert erstmals auf über 400 ppmv (Teilchen pro Millionen Teile Luft) angestiegen. Jüngste Erkenntnisse deuten darauf hin, dass die Erde mit diesem Wert in der Atmosphäre bereits die planetarischen Grenzen überschritten hat und sich somit mehreren Schwellenwerten des Erdsystems nähert.

Kohlenstoffkreislauf: Erderwärmung

Wir haben einen Punkt erreicht, an dem der gänzliche Verlust des sommerlichen polaren Meereises mit ziemlicher Sicherheit nicht mehr zu stoppen ist. Die dadurch entstehenden physikalischen Rückkopplungseffekte werden mit hoher Wahrscheinlichkeit sowohl die Temperaturen auf der Erde als auch den Meeresspiegel deutlich erhöhen. Gleichzeitig steuern wir durch die Schwächung der terrestrischen Kohlenstoffsenken, etwa durch die fortschreitende Zerstörung der weltweiten Regenwälder zum Anbau von Soja, das auch hier in Deutschland in der Massentierhaltung verfüttert wird, auf einen weiteren potenziellen Kipppunkt zu, was bedeutet, dass die Rückkopplung zwischen Klima und Kohlenstoffkreislauf die Erderwärmung beschleunigen und die Klimaauswirkungen noch verstärken kann.

Kohlenstoffkreislauf: Versauerung der Ozeane

Die Versauerung der Ozeane ist der böse Zwilling der Erderwärmung. Unsere Meere nehmen ein Viertel des jährlich ausgestoßenen CO_2 auf. Damit ergibt sich ein weiteres Problem, das auf die chemischen Eigenschaften des CO_2 zurückgeht: Dadurch, dass stets ein Konzentrationsausgleich zwischen Atmosphäre und Ozean stattfindet, führen Steigerungen des CO_2-Gehalts in der Luft automatisch zu Steigerungen im CO_2-Gehalt des Oberflächenwassers. Das gelöste Kohlenstoffdioxid reagiert mit Wasser und verwandelt sich in Kohlensäure. Dadurch wird, vereinfacht gesagt, das Wasser saurer. Die Folgen dieser Versauerung sind aktuell noch nicht pauschal abzuschätzen, werden aber weltweit intensiv erforscht. Was allerdings unstrittig ist: Der steigende Säuregehalt verhindert ab einer bestimmten Konzentration das Wachstum und Überleben von Organismen wie Korallen und einigen Muscheln sowie Planktonarten. Der Verlust dieser Arten würde die Struktur und Dynamik der Meeresökosysteme verändern und könnte möglicherweise zu einem drastischen Rückgang der Fischbestände führen. Im Vergleich zum vorindustriellen Zeitalter hat der Säuregehalt der Ozeane bereits um 30 Prozent zugenommen.

Stickstoffkreislauf

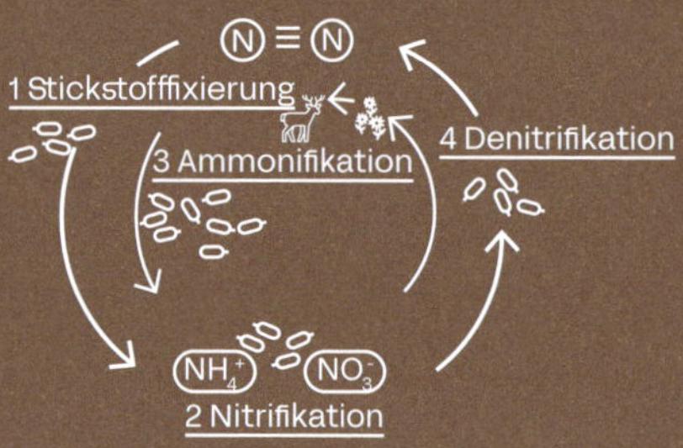

Die Atmosphäre um uns herum besteht zu fast 80 Prozent aus molekularem Stickstoff (N_2). Dieser ist ein wichtiger Bestandteil von Tier- und Pflanzenzellen und spielt eine Schlüsselrolle bei Lebensprozessen. Pflanzen benötigen Stickstoff, um Proteine und andere Zellbestandteile wie Chlorophyll, Chromosomen (DNA) und Vitamine zu bilden. Drei wesentliche Stickstoffspeicher auf unserer Erde speisen den Kreislauf: der atmosphärische Luftstickstoff (in der Luft befinden sich circa 80 Prozent N_2), der in Lebewesen fixierte Stickstoff und der in der organischen Substanz des Bodens (Humus) gebundene Stickstoff. Zwischen diesen drei Akteuren erfolgt ein mehr oder weniger intensiver Stickstoffaustausch. Pflanzen nehmen Stickstoff aus dem Boden auf.

Stickstoffüberschuss

Die Massentierhaltung hat dazu beigetragen, dass Stickstoff als Schadstoff und nicht mehr als wertvolles Düngemittel angesehen wird. Zwei von drei Hauptursachen für Stickstoffüberschüsse in Böden sind auf Massentierhaltung zurückzuführen. Ein Überschuss an Stickstoff, der durch künstliche Zufuhr verursacht wird, stellt eine Gefahr für das ökologische Gleichgewicht dar, weil er die Biodiversität und die Bodenfruchtbarkeit gefährdet und zur Verschmutzung und zum Eintrag von Nährstoffen in Grund- und Oberflächenwasser führen kann (Eutrophierung). Stickstoff und Phosphat haben auch verheerende Auswirkungen auf umliegende Gewässer. Schon seit Jahren halten sich auch in der Ostsee Zonen mit extrem niedrigem oder nicht vorhandenem Sauerstoffanteil (sogenannte Todeszonen). Nitrat aus Düngemitteln kann von Feldern direkt in Flüsse und Seen gelangen. Eine der sichtbaren Folgen ist etwa extremes Algenwachstum. Bei übermäßiger Düngung können außerdem Ammonium und Nitrat ins Grundwasser gelangen. Ammoniak entweicht bei der Tierhaltung und der Ausbringung von Dünger in die Luft. In Deutschland ist die Landwirtschaft für rund 95 Prozent der Ammoniakemissionen verantwortlich.

Phosphorkreislauf

Phosphor ist nach Stickstoff der zweitwichtigste Pflanzennährstoff. Er ist ein zentraler Bestandteil von Zellmembranen, DNA und RNA und spielt eine wichtige Rolle bei der Energiegewinnung in den Zellen. Außerdem ist er Bestandteil von vielen Enzymen und anderen Biomolekülen. Mit jeder Ernte wird dem Boden Phosphor ent-

zogen und muss danach als Düngemittel wieder zugeführt werden, um das Pflanzenwachstum zu fördern. Im Naturkreislauf zirkuliert Phosphor in Form von Phosphationen (PO_4^{3}–). Diese Phosphate können den Pflanzen entweder durch Auswaschung aus dem Muttergestein oder durch Bergbaubetriebe zur Verfügung gestellt werden. Ähnlich wie beim Stickstoff wird nur ein kleiner Teil des Phosphordüngers, der in der Lebensmittelproduktion eingesetzt wird, von Pflanzen aufgenommen; ein Großteil des vom Menschen mobilisierten Phosphors gelangt stattdessen ebenfalls in aquatische Systeme.

Der Phosphorkreislauf läuft wie folgt ab: Pflanzen nehmen Phosphat auf und geben Phosphor über ihre Wurzeln an den Boden ab, wo es von Bakterien wieder in Phosphate umgewandelt wird. Durch Auswaschung gelangt das Phosphat über Flüsse und Grundwasser in die Meere. Im Meer wird das Phosphat von Phytoplankton verstoffwechselt und Phosphor und Phosphate werden an das Meer (beziehungsweise an das Zooplankton) abgegeben. Fische sind ebenfalls in den Kreislauf eingebunden, da sie Zooplankton aufnehmen. Durch die Entnahme von Meereslebewesen wird der Kreislauf schließlich wieder geschlossen. Dieser ist durch menschliche Eingriffe aber mittlerweile so stark gestört, dass eine künstliche Überbrückung notwendig geworden ist und von einem natürlichen geschlossenen Kreislauf längst nicht mehr die Rede sein kann.

Phosphor, ein rares Gut

Die Vorkommen dieses unersetzlichen Grundstoffs gehen zur Neige. Die Prognosen, wann die weltweiten Vorräte erschöpft sein werden, schwanken zwischen 100 bis 300 Jahren. Klar ist, dass der Hunger einer stetig wachsenden Weltbevölkerung die Nachfrage nach dem kostbaren Nährstoff, der in nahezu jedem Mehrkomponentendünger steckt, weiter anheizen wird. Von den weltweit abgebauten 190 Millionen Tonnen pro Jahr werden 80 Prozent zu Dünger verarbeitet. Abgesehen von den enormen Problemen beim Abbau in den Bereichen Bevölkerungs-, Arbeits- und Umweltschutz weisen Dünger aus Rohphosphaten von Natur aus meist hohe Schwermetallgehalte (vor allem Cadmium und Uran) auf, die oft auf den Ackerflächen landen. Vor allem der Fleischhunger der westlichen Welt und der neue Wohlstand in aufstrebenden Ländern wie China oder Indien treiben die Nachfrage nach Dünger für Futtermittel aber weiter in die Höhe. Die Preise am Weltmarkt zeigen, wie knapp der Rohstoff mittlerweile ist. In den letzten zwei Dekaden hat sich der Wert einer Tonne Phosphor verdreifacht.

Anlässlich des Werts dieses Rohstoffes ist es verwunderlich, dass wir Menschen oftmals derart verschwenderisch damit umgehen. Ackerpflanzen nehmen meist nur einen Bruchteil der gedüngten Menge an Nährstoffen auf, doch viele Landwirt:innen düngen nach dem Grundsatz: Viel hilft viel. Den Überschuss spült der Regen in Oberflächengewässer, wo der sonst so segensreiche Stoff zur Gefahr für Pflanzen und Tiere wird – Stichwort Eutrophierung. Noch größere Verluste verursacht jedoch die menschliche Verdauung: etwa 1,8 Gramm Phosphor scheiden wir am Tag aus. Rechnen wir das hoch auf acht Milliarden Menschen, kommt täglich ganz schön was zusammen in den Kloschüsseln der Welt (14.400 Tonnen – das ist etwa das Gewicht des Berliner Fernsehturms). Über die Toilette gelangt der Phosphor in die Kläranlagen, wird dort aus dem Abwasser herausgeholt und endet im Klärschlamm, der heutzutage samt den kostbaren Nährstoffen häufig verbrannt oder deponiert wird und den Phosphor so unwiederbringlich in die Atmosphäre entlässt.

Mit Inkrafttreten der neuen Klärschlammverordnung sind Städte und Gemeinden in Deutschland ab 2029 verpflichtet, Teile des Phosphors zurückzugewinnen. Würde man den

gesamten Phosphor recyceln, könnte Deutschland seinen Bedarf an Phosphormineraldünger rund zur Hälfte decken. In den letzten Jahren gab es einige Lichtblicke bezüglich der Rückgewinnung von Phosphor. In Eberswalde beispielsweise entwickelt die junge Firma Finizio Komposttoiletten, die menschliche Ausscheidungen recyceln und zu einwandfreiem Humus verarbeiten. Eine Hürde stellen bisher Vorschriften dar, die es verhindern, mit diesem Humus aus menschlichen Exkrementen Felder zu bestellen. Eberswalder Forschungsprojekte erproben nun aber erstmals die Nutzung des Recyclinghumus auf landwirtschaftlichen Flächen.

Mehr zu Dünger

Heute hängt die Lebensmittelversorgung von etwa 3,5 Milliarden Menschen vom Einsatz künstlichen Stickstoffdüngers ab. Die Produktion dieses Grundstoffs für Kunstdünger weist einen hohen Ressourcenverbrauch auf, verbunden mit negativen Auswirkungen auf die Umwelt. Ungefähr fünf Prozent des weltweit geförderten Erdgases werden für die Ammoniakproduktion verwendet, wodurch jedes Jahr 200 Millionen Tonnen Kohlendioxid in die Atmosphäre geblasen werden. Das ist in etwa so viel, wie die gesamten Niederlande jedes Jahr ausstoßen.

Verschiedene Pflanzen geben unterschiedliche Nährstoffe an den Boden ab oder nehmen sie auf. Bei der Fruchtfolge kommt es auf ein ausgewogenes Verhältnis zwischen humuszehrenden und humusmehrenden Pflanzen an. Stark humuszehrende Pflanzen sind etwa Kartoffeln, während Getreide beispielsweise nur schwach humuszehrend ist. Kulturen wie Linsen, Klee oder Ackergras gehören zu den humusmehrenden Pflanzen. Die Stickstoffdüngung geschieht bei dieser Art der Bewirtschaftung durch natürliche Prozesse. Leguminosen (Hülsenfrüchte) spielen dabei eine zentrale Rolle. Ihre Wurzeln bilden Symbiosen mit speziellen Bakterien (Knöllchenbakterien), die Stickstoff aus der Luft binden können. Der Stickstoff wird dann unterirdisch von den Bakterien an den Wurzeln in Aminosäuren umgewandelt und den Pflanzen zur Verfügung gestellt. Klingt simpel, ist aber ein ziemliches Meisterwerk der Natur. Leguminosen haben drei wichtige Verwendungszwecke: Sie dienen als eiweißreiche Futterpflanzen für Tiere, als Nahrungspflanze für uns Menschen und sie werden als Zwischen-frucht zwischen zwei Hauptkulturen angebaut. Wenn im Ökolandbau beispielsweise zwei Jahre lang Luzernegras auf dem Acker steht, können in dieser Zeit dort keine Kartoffeln wachsen. Das wiederum spiegelt sich schließlich unweigerlich im Preis der ökologisch angebauten Kartoffeln wider.

Moorarten

In 1000 Jahren wächst in einem Moor nur ein Meter Torf. Dafür muss die organische Masse stets mit Wasser bedeckt sein. Der Unterschied zwischen Sumpf und Moor ist, dass Sümpfe auch ab und zu austrocknen und dementsprechend keinen Torf bilden. Man unterscheidet in drei Arten von Mooren: Niedermoore, Hochmoore und Übergangsmoore. Niedermoore speisen sich überwiegend aus Grundwasser, haben einen vergleichsweise hohen Nährstoffgehalt und sind deswegen relativ artenreich. Hochmoore hingegen sind autark und speisen sich allein durch Regenwasser. Aufgrund ihres niedrigen pH-Wertes bestehen sie quasi aus Essigwasser und sind äußerst nährstoffarme und entsprechend lebensfeindliche Orte, an denen sich nur wenige Tier- und Pflanzenarten zurechtfinden. Das Übergangsmoor ist eine Mischung aus den beiden anderen Moorarten und speist sich sowohl aus Grund- als auch aus Regenwasser.

Torf

Trockengelegte Moore erkennt man gut an Gräben, die um und durch die Felder gezogen sind, durch die das Wasser abgeleitet wird. Moore sind or-

ganische, keine mineralischen Böden, wie sie in der Landwirtschaft üblich sind. Sie bestehen aus abgestorbenen Pflanzen und nicht aus Sand, Schluff oder Ton. Der Torf, der sich Schicht für Schicht in den Mooren auf die mineralische Substanz setzt, wurde lange Zeit auch in Deutschland abgebaut. Teilweise geschieht das selbst heute noch, aber von den Behörden werden schon lange keine neuen Abbaurechte mehr vergeben. Deutschland deckt etwa 50 Prozent seines Bedarfs mit Torf aus dem Baltikum. Es ist also lediglich zu einer Verlagerung gekommen, die das Problem nicht löst.

Der Weltklimarat kategorisiert Torf als fossilen Brennstoff. In jeder spanischen Gewächshaustomate und in beinahe jedem in der EU verspeisten Salatkopf steckt Torf aus dem Baltikum. Der sogenannte Weißtorf, der von Torfmoosen gebildet wird, steht vor allem beim Gartenbau hoch im Kurs. Ziel der deutschen Politik ist es, im Hobbygartenbau ab 2026 und im Erwerbsgartenbau bis 2030 torffrei zu sein. Besonders groß sind die Herausforderungen beim Kultivieren von Champignons. Hier scheint der Torf noch unersetzlich. Doch langfristig müssen beim Torf auch die Klimakosten eingepreist werden, und dann ist er nicht mehr der billige, stets verfügbare Rohstoff.

Paludikultur

Es gibt bereits Alternativen und es wird fleißig geforscht, allerdings können diese bislang nur begrenzt eingesetzt werden. Paludikultur heißt ein Zauberwort, also die nasse Bewirtschaftung von Mooren zum Torferhalt oder im Idealfall sogar zur Torfbildung. Ein Kandidat, der den Torf im Pflanzenbau ersetzen könnte, ist das Torfmoos aus Dauerkultur. Erste Versuche stimmen die Wissenschaft hoffnungsvoll. Außerdem lassen sich aus Paludikultur auch Baumaterialien, Dämmmaterialien, Heizmaterialien und Tierfutter gewinnen. Allerdings müssen von der Politik erst Anreize geschaffen werden, damit sich das Modell für Landwirt:innen lohnt und neue Märkte entstehen. Denn die Wiedervernässung ist wie damals die Trockenlegung eine wahre Mammutaufgabe, die mit viel Bürokratie und baulichem Aufwand verbunden ist. Es gilt, eine Million Hektar wiederzuvernässen. Wenn wir das durch die Jahre bis 2045 teilen, sind wir bei 50.000 Hektar pro Jahr. Zum Vergleich: Das entspricht einer Fläche so groß wie der Bodensee, die in den nächsten zwei Dekaden jedes Jahr wiedervernässt werden muss. In den letzten 40 Jahren sind jedoch gerade mal 80.000 Hektar wiedervernässt worden. Die Aufgabe der Politik muss es sein, die Menschen, die in den Moorgebieten arbeiten und leben, mitzunehmen und Perspektiven für sie zu schaffen.

Mehr zu Böden als Kohlenstoffspeicher
Die Forschung zeigt, dass der einzig wirklich große Hebel in der Zuführung von Biomasse liegt. Also müssen wir mehr Biomasse produzieren und erhalten, anstatt zu versuchen, die Mineralisierungsprozesse im Boden aufzuhalten. Es gibt auch Fälle, in denen auf degradierten Böden nichts mehr vorhanden ist, dort kann natürlich auch nichts mineralisiert werden.

Biomasse und Kohlenstoff: Carbon Farming

Ein Begriff, der in letzter Zeit in diesem

Zusammenhang in Mode gekommen ist, ist Carbon Farming. Die Idee besteht darin, durch landwirtschaftliche Maßnahmen Kohlenstoff aus der Atmosphäre in Böden, Wald oder Biomasse zu speichern, etwa durch den Aufbau von Humus, das Anlegen von Grünstreifen und Gehölz auf dem Acker oder das extensive Bewirtschaften von Grünlandflächen, um eben eine echte Kohlenstoffsenke zu schaffen. In der Debatte um diese Idee kursiert eine sagenumwobene Zahl: Wenn jährlich nur 0,4 Prozent mehr Kohlenstoff im Boden gespeichert würde, könnten wir alle Treibhausgasemissionen auf einen Schlag auf null bringen. Der Gedanke ist verlockend, doch herrscht wissenschaftlicher Konsens darüber, dass die Zahl utopisch ist. Denn auf unserer Erde gibt es zu wenig Biomasse und die Photosyntheseleistung der Pflanzen ist zu gering, um diese Menge jemals zu erreichen.

Biomasse und Kohlenstoff: Weitere Ansätze

Wo aktuell Potenzial liegen gelassen wird, ist bei den Zwischenfrüchten – also bei Gewächsen, die zwischen zwei Hauptnutzungskulturen angepflanzt werden. Zwischen der Getreideernte und der Wiederaussaat im selben Jahr kann man etwa Leguminosen pflanzen. Die Wochen im Jahr, in denen nichts auf dem Acker gepflanzt ist, können also genutzt werden, um ihn in der Zeit zu begrünen. Währenddessen geschieht nämlich Photosynthese, also der Aufbau von Biomasse. Diese Biomasse wiederum speichert Kohlenstoff und hilft dadurch Klima und Boden. Studien haben gezeigt, dass Wurzeln von dem Edaphon viel effektiver zu Humus umgebaut werden können als Gräser.

Ein anderes Thema, an das sich bislang die wenigsten Landwirt:innen trauen, ist die Untersaat, also das Aussäen von einer zweiten Frucht zusätzlich zu der früher erntereifen Hauptfrucht. Auch das hilft beim Aufbau zusätzlicher Biomasse. Ansonsten können Agroforstsysteme, Hecken und Bauminseln dazu beitragen, mehr Kohlenstoffdioxid aus der Atmosphäre zu ziehen. Ein weiteres Verfahren, das seit Kurzem wieder diskutiert wird, ist die Pyrolyse, also das Verbrennen von Pflanzenresten bei mindestens 400 Grad in einem Ofen unter Sauerstoffausschluss. So könnten Heckenschnitt und andere Biomasseabfälle zu Pflanzenkohle weiterverarbeitet werden, die den Kohlenstoff über Jahrhunderte speichern kann. Bringt man die Pflanzenkohle zurück in den Boden, dient sie als Bodenverbesserer.

02

KORN

Einführung

Ob türkische Pide, vietnamesische Reisbandnudeln, indisches Naan, mexikanische Tortillas oder deutsches Sauerteigbrot – Produkte aus Getreide, ob aus Weizen, Reis oder Mais, sind zentraler Bestandteil nahezu jeder Landesküche. ① Korn ist vielfältig und unterscheidet sich in Form, Farbe, Geschmack und Struktur. Zudem besitzt es die unterschiedlichsten Verwendungsmöglichkeiten, vom Backen und Brauen bis hin zum Schroten. Heutzutage werden fast nur noch einfache und gleichartige Sorten genutzt. Diese unterscheiden sich kaum in Anbau, Geschmack und Aussehen und sind getrimmt auf möglichst viel Ertrag, ohne Berücksichtigung anderer Nutzungsmöglichkeiten. Der Anbau ist meist unkompliziert und günstig, und durch ihre vielen Kohlenhydrate sind sie ein schneller Energielieferant für den Körper.

01 → S. 89: Geschichte des Korns

Backhandwerk in Deutschland

Tatsächlich ist Deutschland eine Nation mit langer ② Brottradition und einem sehr heterogenen Sortiment. Von Dinkel über Roggen und Weizen findet sich eine bunte Mischung in den Regalen der Backstuben wieder. Diese Vielfalt an Getreidearten und Bäckereien hat sehr unterschiedliche und diverse Geschmacksbilder geformt, eine Art immaterielles Kulturerbe unserer Nation.

Getreide-produktion

Weltweit gibt es etwa zehn relevante Produktionsländer für den Anbau von Weizen, zumeist im globalen Norden. Der Rest der Welt ist auf den Export aus diesen Ländern angewiesen. Wenig verwunderlich ist, dass China und Indien die beiden ersten Plätze der Weizenerntemenge belegen. Beide Länder exportieren kaum bis gar nichts, da sie ihre eigenen Milliardenbevölkerungen ernähren müssen. Deutschland ist hinter Frankreich der zweitgrößte ③ Getreideproduzent in der EU. Fast 40 Prozent der Getreideproduktion in der EU entfallen auf die beiden Staaten. Neben der EU sind vor allem die Ukraine und Russland wichtige Getreideproduzenten. Besonders beim Verkauf von Weizen ins Ausland sind die beiden Länder essenzielle Akteure und decken fast ein Viertel des weltweiten Exports ab. Unter dem Aspekt der weltweiten Ernährungssicherheit betrachtet, ist das Getreideabkommen zwischen den beiden sich im Krieg befindenden Staaten daher sehr wichtig.

02 → S. 89: Entwicklung des Backhandwerks in Deutschland
03 → S. 89: Getreideproduktion in Deutschland
04 → S. 90: Weizen und Food Power

Getreide, Politik und Wirtschaft

Auch die internationale Politik ist an Getreide interessiert. Als ④ Food Power bezeichnet man den Einsatz von Landwirtschaft als politisches Machtinstrument, etwa wenn eine Nation einer anderen Rohstoffe anbietet oder vorenthält, um sie zu manipulieren. Da Lebensmittel einen großen Einfluss auf das politische Handeln einer Nation haben, kann Food Power als politische Waffe eingesetzt werden.

Neben der Politik interessiert sich vor allem die ⑤ Finanzwelt für Getreide. Auf einem sehr volatilen Markt kann sich der Preis für Korn schnell verdoppeln. Viele Landwirt:innen haben mittlerweile neben ihren Feldern auch die Börsenkurse im Blick, denn ausufernde Spekulationen auf den Rohstoffmärkten haben zur Folge, dass Nahrungsmittel auf dem Markt nicht mehr direkt gekauft und verkauft werden, sondern zukünftige Ernten auf einem Terminmarkt gehandelt werden.

05 → S. 90: Getreide und Spekulation am Finanzmarkt

„Weltweit gibt es etwa zehn relevante Produktionsländer für den Anbau von Weizen."

Getreideanbau: Jahreszeiten und Regionen

Beim Anbau wird unterschieden in Wintergetreide, das im Herbst ausgesät wird, und Sommergetreide, das im Frühling unter die Erde kommt. In unseren Breitengraden wird Getreide in der Regel im Herbst ausgesät und hat über den Winter hinweg eine Ruheperiode, treibt im Frühjahr aus und wird im Sommer geerntet. Ausnahmen bilden etwa Hafer oder Gerste, die recht kurze Zyklen haben und in einem Jahr von Frühling bis Sommer reifen. Hartweizen mag es warm und wird überwiegend im Mittelmeerraum angebaut. Daraus werden Nudeln, Bulgur oder Couscous hergestellt. Weichweizen hingegen wächst in den gemäßigten Zonen wie bei uns in Brandenburg und wird für Mehl, Brot und andere Backwaren verwendet. Die ⑥ Weizenpflanze braucht viele Nährstoffe. Optimal für ihren Anbau sind schwere Löss- und Lehmböden mit hoher Wasserspeicherfähigkeit. Hierfür sind die Schwarzerdeböden in der Ukraine und in Russland besonders gut geeignet.

Anbau und Erträge in Brandenburg

Über 50 Prozent der landwirtschaftlichen Fläche in Brandenburg werden für den Getreideanbau genutzt, weitere 25 Prozent werden mit Silomais bepflanzt. Silomais wird als ganze Pflanze geerntet, klein gehäckselt und anschließend in Silos konserviert. Verwendet wird es als Kraftfutter in der Rindermast oder als Substrat für Biogasanlagen.

06→ S. 90: Getreidesorten
07 → S. 90, 91: Getreidesorten (und ihre Ertragswerte) / Wie viel Acker braucht man für einen Laib Brot?

Der Weltrekord bei der Weizenernte liegt bei 17 Tonnen pro Hektar; bei Mais sind es sogar rund 40 Tonnen Ertrag pro Hektar. In Brandenburg sind die Erträge aufgrund der ertragsarmen Böden teilweise deutlich unter den ⑦ durchschnittlichen deutschen Ertragswerten.

Vom Korn zum Mehl

Mitten im Sommer, sobald der Wassergehalt des Korns bei etwa 14,5 Prozent liegt, wird ⑧ geerntet. Wäre noch mehr Wasser im Korn, müssten die Körner erst getrocknet werden, weil sie sonst anfangen zu gammeln, bei Regen wird die Ernte deshalb unterbrochen. Im nächsten Schritt wird die Ernte weiter an den Landhandel, an eine Genossenschaft oder direkt an einen Müllerbetrieb verkauft. Einen kleinen Teil des Korns halten die Landwirt:innen als Saatgut für die nächste Ernte zurück. Nach einer Qualitätsprüfung werden die Körner bei Urgetreide gereinigt und vom Spelz getrennt, bevor sie im Walzenstuhl gemahlen werden. Der Vorgang bricht den Mehlkörper des Weizenkorns auf und trennt ihn von der Kleie und vom Keim. Letzterer kann zu Öl verarbeitet werden.

Vom Mehl zum Brot

⑨ Mehl wird direkt im Silo verfrachtet oder kommt im Sack bei der Bäckerei an; alternativ landet es als kleines Paket im Supermarkt. Besonders für Bäcker:innen ist es interessant, ob und wie viel es im Erntejahr geregnet hat. Mehl aus einem feuchten Jahr nimmt im Teig lange nicht so viel Wasser auf wie Mehl aus einem trockenen Jahr. Beim handwerklichen Backen kann also nicht einfach jedes Mal gleich viel Wasser auf den Teig gegossen

08 → S. 92: Getreideernte
09 → S. 92: Mehltypen

„Über 50 Prozent der landwirtschaftlichen Fläche in Brandenburg werden für den Getreideanbau genutzt."

werden – jeder Teig ist stets individuell zu betrachten. Anders verhält es sich beim industriellen Backen: Hier werden hohe Eiweiß- und Klebegehalte benötigt und standardisiertes Mehl verwendet, um immer gleiche Ergebnisse zu erzielen. Sind die Eiweißwerte zu niedrig, wird das Getreide als unverwertbar eingestuft und an Tiere verfüttert. Obwohl es durchaus für die menschliche Ernährung geeignet wäre, entspricht es eben nicht der gewünschten industriellen Norm.

Wird Mehl einfach nur mit Wasser gemischt und gebacken, entsteht ein hartes Fladenbrot, wie es einst in der Steinzeit verzehrt wurde. Das lässt sich zwar gut essen, schmeckt aber nicht besonders toll. Deswegen gibt es verschiedene Wege, Teig lockerer zu machen. Eine der ältesten Methoden ist die ⑩ Säuerung.

Getreide und Gesundheit

Getreide ist gut für die ⑪ Gesundheit, insbesondere wenn Vollkorngetreide verwendet wird. Die äußere Schicht des Getreidekorns enthält B-Vitamine, Vitamin E und Mineralien.

Dass sich immer mehr Menschen für ⑫ Urgetreide entscheiden, liegt einerseits an der besseren Verträglichkeit, denn mehr und mehr Menschen haben Probleme mit modernem Weizen beziehungsweise mit der schnellen Teigführung und den Enzymen, die dem Teig zugeführt werden. Andererseits geht es vielen auch um die Inhaltsstoffe und den Geschmack. Alte Mehlsorten bringen einen einzigartigen Geschmack und andere Aromatiken ins Brot.

10 → S. 92: Säuerung
→ S. 95: Mehr zu Getreide und Gesundheit
12 → S. 93: Moderne Sorten und Urgetreide

Regionales Mehl

Unser Brot heute hat Geschmack und Charakter häufig gegen günstige Preise und ständige Verfügbarkeit eingetauscht. Dabei ist das Spannende am Brot gerade der einzigartige Geschmack, den es entwickeln kann. Lange geführte Teige führen zu komplexen Geschmacksstrukturen.

Jeder Sauerteig ist anders. Die individuelle Zusammensetzung aus Mikroorganismen und Bakterien gibt es jeweils nur an einem einzigen Ort auf der Welt. Ganz ähnlich wie Winzer, die ihre Weine spontan vergären, bekommt Brot auf diesem Wege seinen einzigartigen Charakter. Doch die Zeit, in der regionstypische Brote Standard waren, ist passé – längst dominieren Reinzuchtkulturen und perfekte Reproduzierbarkeit.

Um Mehl aus der Anonymität zu holen, ist es wichtig, lokale Wirtschaftsstrukturen wiederaufzubauen, um vom Korn über die Mühlen bis hin zu den Bäckereien alles in einer Region zu vereinen. Resiliente Strukturen aufzubauen, macht die Akteur:innen unabhängig vom Weltmarkt, hält die Preise stabil, fördert lokale Wirtschaftskreisläufe und wirkt sich positiv auf das soziale Leben in den ländlichen Regionen aus. Zusätzlich schützen diese kleinteiligen lokalen Strukturen das Klima. Weil viele Kund:innen lieber regional kaufen, verschafft das einer Bäckerei ein Alleinstellungsmerkmal und den Landwirt:innen mehr Geld. Beim Anbau ist es wichtig, auf ⑬ samenfeste Sorten zu setzen, um eigenes ⑭ Saatgut selbstständig vermehren und an den Standort angepasste Sorten züchten zu können. Zwar haben diese Sorten häufig einen geringeren Ertrag, dafür brauchen sie weniger Pestizide, sind gut für Boden und Fruchtfolge und punkten über Geschmack und gesündere Inhaltsstoffe. Beispiele hierfür sind Rispenhirse, Rauweizen oder Imperialgerste. Vereine wie der VERN (Verein zur Erhaltung und Rekultivierung von Nutzpflanzen) setzen sich auf lokaler Ebene für den Erhalt und den Anbau alter Sorten ein. Bäcker:innen und Brauer:innen können dann regionale Produkte handwerklich mit altem Wissen verarbeiten. So kann ein regionaltypischer Geschmack entstehen, während gleichzeitig die ökonomische Wertschöpfung in der Region bleibt und Kreisläufe geschlossen werden.

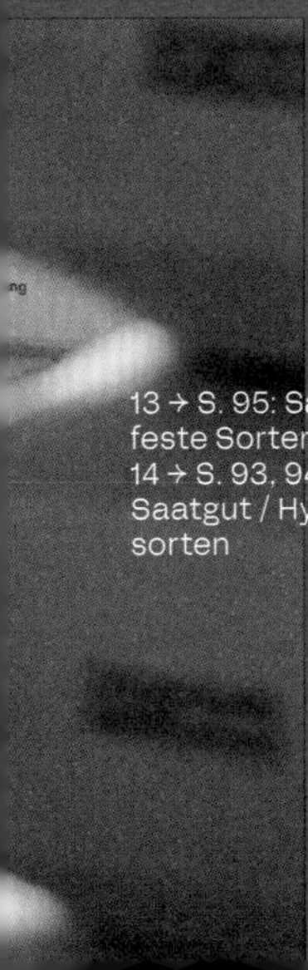

13 → S. 95: Samenfeste Sorten
14 → S. 93, 94: Saatgut / Hybridsorten

Landgut Pretschen

Biodynamische Landwirtschaft für den Handel

→ Lage
Südosten | Pretschen, Dahme-Spreewald
Karte: 04
94 km von Berlin

→ Empfehlungen
Knuspriges Uckermarker von Märkisches Landbrot, Chicorée und Leindotteröl aus dem Biomarkt sowie Fünf-Kräuter-Senf und frisches Gemüse aus dem Hofladen kaufen

Fisch aus der Region essen im Fischhaus am Kleinen Glubigsee, im Wolzinger See baden, die Binnendüne Waltersberge erklimmen, von Wendisch Rietz um die fünf kleinen Seen wandern

→ Kontakt
landgut-pretschen.de

Im Norden des Spreewalds leben Nutrias und Rotwild, an manchen Tagen kann man sogar einen Wiedehopf entdecken. Inmitten dieser Landschaft liegt ein fast vollständig erhaltener Gutskomplex aus dem späten 18. Jahrhundert mit Mühle und Brennerei. Die als Doppelhof konzipierte Anlage ist eine Rarität in Brandenburg. Rund 40 Mitarbeitende produzieren auf Sascha Philipps Landgut Pretschen biodynamische Lebensmittel für die Region. Im Gewächshaus sprießen Salate, Tomaten und Gurken. In der abgedunkelten Treiberei fühlt sich die weiß-hellgrüne Spezialität des Demeter-Betriebs wohl: der Chicorée. Währenddessen wächst auf den Feldern zwischen Lübben und Frankfurt an der Oder Roggen, der seinen Weg erst in die Biobäckerei Märkisches Landbrot und später auf Berliner Teller finden wird.

Nach Ende des Zweiten Weltkriegs wurde der Betrieb enteignet und als Volkseigenes Gut (VEG) bis zur Wiedervereinigung weitergeführt. Zusammen mit der Schweizer Stiftung Edith Maryon erwarb die Familie Philipp das Gut 1999 von der BVVG (einer Nachfolgeeinrichtung der Treuhandanstalt) und bewirtschaftet es seitdem auf biodynamische Weise. Vor dem Hintergrund steigender Boden- und Pachtpreise in der Landwirtschaft verfolgt die Stiftung unter anderem das Ziel, Grundstücke der Spekulation zu entziehen, damit Menschen sie dauerhaft sozialverträglich nutzen können. Dafür hat sich die Stiftung verpflichtet, das Land nie wieder zu veräußern.

Der Mikrokosmos des Landguts Pretschen umfasst eine bewirtschaftete Fläche von gut 900 Hektar, von denen 540 Hektar Ackerland, 240 Hektar Grünland und 60 Hektar Wald sind. 2012 wurde hier zudem das größte Biogewächshaus Brandenburgs in Betrieb genommen und auch für seine Chicoréetreiberei ist Sascha Philipp bis nach Berlin bekannt. Ein weiter es erklärtes Ziel des Betriebs ist es, den Ort Pretschen im Spreewald durch die Schaffung von Arbeitsplätzen lebendig zu halten. Auf knapp 300 Einwohner kommen in dem kleinen Ort über 100 Arbeitsplätze, was für die strukturschwache Region durchaus beachtlich ist.

Die etwa 270 Milchkühe des Landguts und deren Kälber produzieren Milch, die in die Demeter-Molkerei nach Brodowin geliefert wird, aber Geld lässt sich damit schon lange nicht mehr verdienen. Die Tiere wachsen in muttergebundener Kälberaufzucht auf und auch die männlichen Tiere bleiben bis zur Mastreife auf dem Hof. Vielmehr bilden die Kühe ein entscheidendes Glied für den möglichst geschlossenen Betriebskreislauf. Sie haben die Aufgabe, die leichten Böden mit ihrem Mist fruchtbar zu machen. Alle zwei Jahre wird mit dem Mist gedüngt, um das Bodenleben zu füttern. Zur Stickstoffbindung findet auch Luzernegras seinen Platz in der Planung der Fruchtfolgen. Von Zeit zu Zeit führt das zu beachtlichen Erfolgen: Über die letzten fünf Jahre lag der Humuszuwachs bei 15 Prozent, die Wasserhaltefähigkeit der Böden ist gestiegen und auch die Winderosion setzt später ein als beim Nachbarn.

Im deutschlandweiten Vergleich hat der Spreewald mit die schlechtesten landwirtschaftlichen Voraussetzungen, im Schnitt gibt es hier gerade einmal 24 Bodenpunkte zu verzeichnen. Weil sandige und leichtere Böden dominieren, ist Roggen für den Anbau eine der wenigen lohnenswerten Getreidearten. Mit 2,4 Tonnen Roggen pro Hektar ist der Getreideertrag im Vergleich mit beispielsweise

„Auf knapp 300 Einwohner kommen in dem kleinen Ort über 100 Arbeitsplätze."

„Das regionale Modell bringt augenscheinlich nur Gewinner:innen hervor."

Bayern (5,4 Tonnen Roggen pro Hektar) jedoch wirklich bescheiden. Und dabei gehört das Landgut mit diesen Werten noch zu den Spitzenreitern im regionalen Vergleich. Durch die kontinuierliche Arbeit an den Böden und vielseitige Fruchtfolgen ist der Roggenertrag im Schnitt 20 Prozent höher als bei den umliegenden Biolandwirt:innen.

Rund 40 Prozent der Ackerfläche werden mit Triticale oder Gerste als Futter für die eigenen Tiere bestellt, weitere 40 Prozent dienen dem Roggenanbau. Auf den übrigen 20 Prozent werden Linsen, Senf und Ölfrüchte kultiviert. Auch hier sind die Herausforderungen durch den Klimawandel spürbar, denn wo früher auch Sommerroggen gelang, wird heute nur noch Winterroggen angebaut. Vermarktet wird das Getreide dann über lokale Partner, die am „Runden Tisch Demeter-Getreide“ zusammenkommen. Philipp ist zudem Mitglied im Märkischen Wirtschaftsverbund. Hier haben sich 61 ökologisch orientierte Unternehmen aus Berlin und Brandenburg zusammengeschlossen, um die Herstellung und Vermarktung ihrer Lebensmittel aus der Region voranzubringen. Ein zentrales Element sind die runden Tische für jede Produktgruppe (Getreide, Kartoffeln, Gemüse, Milch oder Fleisch), in der jährlich alle Beteiligten von den Erzeuger:innen über die Verarbeiter:innen bis hin zu den Händler:innen zusammenkommen. Dann wird über Getreidequalität, prognostizierte Erntemengen und zu verarbeitende Mengen der Bäckereien diskutiert. Außerdem werden gemeinsam Getreidepreise abseits des Weltmarktes ausgehandelt, um eine faire Bezahlung für die Landwirt:innen zu garantieren. Wichtigster Abnehmer des Getreides ist die Lieferbäckerei Märkisches Landbrot, die ausschließlich mit Mehl von Demeter-Qualität backt.

Die Dezitonne Roggen (100 Kilogramm) wurde 2022 für 58 Euro aufgekauft, wohingegen konventioneller Roggen auf dem freien Markt aufgrund des Überangebots für teilweise unter 30 Euro je Dezitonne von den Höfen ging. Das regionale Modell bringt augenscheinlich nur Gewinner:innen hervor. Allerdings sei es kein Konzept, das Schule machen werde, sagt Philipp. Denn diese Art von Beziehung untereinander aufzubauen sei zwar ein hohes Ideal, koste aber viel Zeit, Kraft und Vertrauen. Offen Bedürfnisse und Kapazitäten preiszugeben bedeute, voreinander die Hosen runterzulassen – und das machten aktuell nur wenige.

Paulicks Mühle

Regionales Mehl

→ Lage
Südosten | Burg (Spreewald), Spree-Neiße
Karte: 05
94 km von Berlin

→ Empfehlungen
Dinkelmehl (zum Kuchenbacken) kaufen und das jährliche Mühlenfest am Pfingstmontag besuchen

Auf der Michelberger Farm übernachten und schlemmen, den Cottbuser Tagebau und den künftig größten Deutschen Binnensee (den Ostsee) besichtigen

→ Kontakt
paulicks-muehle.eu

Paulicks Mühle gehört zu den wenigen verbliebenen kleinen Mühlen im Land. Mithilfe des gemächlich plätschernden Greifenhainer Fließ wird hier seit 1981 regionales Getreide verarbeitet, seit 1993 ausschließlich in Bioqualität. Das Getreide kommt aus der Umgebung und wird zu 20 verschiedenen hochwertigen Mehlen vor allem aus Dinkel, Weizen, Roggen, Hafer und Gerste und zu Schroten gemahlen. Verbacken wird es in der Region, von Cottbus bis Berlin, so bleiben die Wege kurz und die Wertschöpfung lokal.

Seit 1890 ist die Wassermühle in Familienbesitz. 1903 wurde sie von einem enttäuschten Müllergesellen in Brand gesteckt, ein Jahr später aber mit überholter Technik neu aufgebaut. Zwei Kriege hat sie überstanden und der geplanten Schließung kam 1989 die Wende zuvor, sodass Dirk Paulick den Betrieb nach langen Verhandlungen übernahm. Besucht man heute das Innere der Mühle, verläuft man sich schnell im Dschungel der vertikal verlaufenden Rohre. Über drei Etagen wird das Getreide gereinigt, gesiebt und von Staub und Schmutz befreit, bevor es dann von massiven Walzstühlen zu feinem Mehl verarbeitet wird. Zehn bis zwölf Durchgänge braucht es bei einigen Getreidesorten, bis das Mehl schließlich beim Sieben für gut befunden wird.

Jahrelang war Paulick im ganzen Land unterwegs, um Ersatzteile aufzuspüren und Technik aus stillgelegten Mühlen auszubauen, in den Spreewald zu verfrachten und in seiner Wassermühle zum Einsatz zu bringen. Dieser Teil des Berufs stand nicht auf dem Lehrplan, als er anfangs zum Facharbeiter für die Be- und Verarbeitung pflanzlicher Produkte ausgebildet wurde, bevor er die Fachhochschule für Getreideverarbeitung erfolgreich abschloss. Und auch wenn die jetzt verbauten Maschinen mit der historischen Mühlentechnik wenig zu tun haben, ist der Wasserantrieb im Kern unverändert geblieben. Dafür wurde die Mühle ins Verzeichnis des immateriellen Kulturerbes aufgenommen.

Wer Paulick nach der Situation seiner Wassermühle fragt, erlebt einen sachlichen, mahnenden und doch zuversichtlichen und zuweilen verschmitzten Müller. 2020 stand der Betrieb fast still: Aufgrund des Wassermangels in der Lausitz drosselten die Behörden den Zufluss von 600 Litern pro Sekunde auf 30. Das brachte die Mehlproduktion quasi zum Erliegen, die Versorgung der Kund:innen stand genauso wie die Anstellung von fünf Mitarbeitenden auf der Kippe. Die Lokalpresse berichtete und schließlich lenkten die Behörden ein. Der Wasserstand an sich sei nicht das Problem – vielmehr sei es eine Frage der fairen Verteilung und des „ordentlichen Wassermanagements", meint der Müller. Die Flutung von Tagebaurestlöchern etwa müsse hintenangestellt werden.

Paulick scheut keine Auseinandersetzung mit den Behörden. Er erzählt Anekdoten von der Durchsetzung seines Wasserrechts von 1919, von Diskussionen über den Wolf und von strittigen Eingriffen in die Landschaftsgestaltung. Schnell kann man erahnen, dass sich die Liste leicht verlängern ließe. Trotz all der kleinen und großen Hürden hat er sich einen gewissen Optimismus bewahrt. Dass dieser nicht von ungefähr kommt, zeigt der Blick zurück auf die turbulenten Zeiten, die der Betrieb schon überstanden hat.

„Zehn bis zwölf Durchgänge braucht es bei einigen Getreidesorten, bis das Mehl schließlich beim Sieben für gut befunden wird.“

„Dass Kunden den Geschmack einer bestimmten Region in ihrem Brot wiederfinden können, ist ohne die Arbeit kleiner Betriebe nicht möglich."

Von den rund 10.000 Mühlen, die um 1900 deutschlandweit in Betrieb waren, sind heute nur noch etwa 200 aktiv. Dafür gibt es eine Vielzahl von Gründen. Neben Effizienzsteigerung durch modernere Technik gehört vor allem die wachsende Marktmacht einiger industrieller Akteure zu den einschneidendsten Entwicklungen. Ein Beispiel für die sich verschärfenden ungleichen Verhältnisse ist die unterschiedliche Wehrhaftigkeit gegen die jüngste Energiekrise. Große Industriebetriebe werden als systemrelevant eingestuft und erhalten Förderungen und Zugang zu vergünstigten Strompreisen, während Paulicks Mühle – immerhin Versorgerin von 30 Bäckereien in der Umgebung – durchs Raster fällt und weitestgehend auf sich allein gestellt ist. Diese Struktur der politischen Förderung hinterlässt sichtbare Auswirkungen auf dem Markt: Kleine, unabhängige Betriebe sind kaum mehr existent. Die Region Berlin-Brandenburg etwa wird weitestgehend von einigen wenigen großindustriellen Mühlen versorgt. Dass eine Handvoll großer Akteure den Markt kontrolliert, ist aber nicht nur für den Wettbewerb problematisch.

Ein großer Vorteil seiner kleinteiligen Arbeitsweise sei nämlich das gezielte Vermahlen, erklärt Paulick. Damit ist die Herkunft der Getreideprodukte jederzeit nachvollziehbar. Korn von einem bestimmten Acker kann so von einer einzelnen Bäckerei für ein bestimmtes Brot genutzt werden. In Zeiten, in denen Mehl üblicherweise in einer anonymen Masse untergeht, ist das eine Besonderheit. Dass Kunden den Geschmack einer bestimmten Region in ihrem Brot wiederfinden können, ist ohne die Arbeit kleiner Betriebe nicht möglich. Wie die genaue Arbeitsweise auch aussieht, klar ist in jedem Fall, dass es ohne Müller:innen nicht geht.

2023 wurde in Müschen das 175-jährige Bestehen der Mühle gefeiert. Paulicks Sohn Stephan hat sich bereits zum Meister des Müllerhandwerks qualifiziert und wird die Wassermühle wohl eines Tages übernehmen. Dann wird er als Lebensmittelhandwerker, Geschäftsmann, Versorger, Mechaniker und als Arbeitgeber in die Fußstapfen seines Vaters treten – und sicherlich den ein oder anderen Briefwechsel mit der Obrigkeit führen dürfen.

Endorphina Backkunst

Backen mit Zukunft

Lage
Berlin | Kreuzberg/Neukölln
Karte: 06

→ Empfehlungen
Dinkelcroissant, Berry Scone und Schwedenkruste kaufen

Die Schwedenkruste als Kimchi, bei der Kinderdisco im Hinterhof tanzen, dem Ableger in der Markthalle Neun einen Besuch abstatten

→ Kontakt
endorphina.de
Instagram: @endorphinaback-kunst

Etwas versteckt in einem zweiten Hinterhof im Norden Neuköllns befindet sich die Bäckerei Endorphina Backkunst, die das Prinzip der gläsernen Backstube begründet hat. Draußen laden Palettenbänke und allerlei Sitzgelegenheiten zum Kaffeetrinken ein, in Sandkästen können Kinder spielen; drinnen wird gebacken – vor allem mit Sauerteig. Dass Bäckerin, Müller und Landwirt:innen einander kennen, Hand in Hand arbeiten und die Brötchen und ihr Weg rückverfolgbar sind, ist im konventionellen Backbetrieb undenkbar. In Katharina Rottmanns Bäckerei jedoch sind aus dieser Zusammenarbeit Partnerschaften entstanden, auf die sich die Beteiligten seit vielen Jahren verlassen können. Die Backwaren tragen den Geschmack der Region. Das hat auch die Nachbarschaft verstanden.

„Um mit Natursauerteig konsistente Produkte zu erreichen, ist eine enge Abstimmung von Mühle und Backstube nötig."

Lange bevor Gentrifizierung und Biowelle in der Hauptstadt Fahrt aufnahmen, startete Katharina Rottmann 2002 mit zwei Freunden eine Biobäckerei zwischen besetzten Häusern in Friedrichshain. Das Trio wollte zunächst einfach nur hochwertige und gesunde Backwaren herstellen. Nach einiger Zeit im Pharmaziestudium und als Heilpraktikerin entschied Rottmann damals, dort anzusetzen, wo sich das Erkranken von Menschen noch verhindern lässt: beim guten Essen. Einige gute Ideen scheiterten an zu strengen Vorgaben, so etwa der Versuch, Johanniskraut ins Brot zu bringen. „Das bringt dich gut durch den Winter und die Depressionen" – dass diese Formulierung gegen das Arzneimittelgesetz verstößt, musste sie damals lernen. Die beiden Bäcker kümmerten sich um Croissants und Baguette, derweil übernahm Rottmann Organisation und Verkauf. Dem ist sie bis heute treu geblieben, auch wenn sich mittlerweile das Team und der Standort geändert haben.

2011 zog sie an den aktuellen Standort in Neukölln um. Für die wenigen Schritte quer über ihren Hof braucht sie manchmal gute zehn Minuten. Sie wird von Nachbarinnen angesprochen, koordiniert ankommende Mehllieferungen, bespricht sich kurz mit einer Kiezinitiative oder rettet das Planschbecken vor dem Auslaufen. Die Stammkundschaft kommt nicht nur wegen Dinkelcroissants und herrlich klebriger Berry Scones, sondern auch weil der Hof längst zum Kieztreffpunkt geworden ist. Viermal in der Woche verwandelt er sich in eine Ausgabestelle für Initiativen aus der solidarischen Landwirtschaft und beheimatet die Neuköllner Marktschwärmer, über die viele Anwohnende Gemüse direkt von den Erzeuger:innen beziehen. Auch ist die Endorphina fester Bestandteil des Kulturfestivals 48 Stunden Neukölln. Kunst spielt hier eine wichtige Rolle, ob in der gläsernen Backstube oder als Installation auf dem Hof. Das Endorphina-Netzwerk erstreckt sich quer durch den Kiez und bis in den Süden Brandenburgs zu den Zuliefer:innen. Im Norden Berlins schließt es die Hochschule für nachhaltige Entwicklung in Eberswalde mit ein, mit der seit einigen Jahren eine Kooperation besteht.

Während es in manchen Lebensmittelhandwerken vergleichsweise leicht ist, konventionelle Prozesse auf Bio umzustellen – etwa indem man einfach Zutaten austauscht –, ist das beim Backen herausfordernder. „Biospezifische Prozesse muss man lernen. Auch fertige Meister, die hier anfangen, müssen das manchmal erst verinnerlichen“, erklärt Rottmann.

Das liegt vor allem an den Eigenheiten der Biomehle und des Sauerteigs. Die lange Teigführung ist zeitintensiv und im Backprozess vergleichsweise fehleranfällig, schließlich fermentiert der Teig in drei Stufen über 24 Stunden. Der dadurch reduzierte Glutengehalt führt aber zu einem Brot, das besser bekömmlich ist und länger satt macht. Damit das gelingt, ist Rottmann ständig im Austausch mit ihren Produzent:innen. Um mit Natursauerteig konsistente Produkte zu erreichen, ist eine enge Abstimmung von Mühle und Backstube nötig. Rottmann kennt den Spreewalder Müller Dirk Paulick (→ S. 76) schon lange und weiß auch, wo das Biogetreide wächst.

Deutschlandweit hat das Bäcker:innenhandwerk ein dramatisches Nachwuchsproblem. 2021 blieb etwa jede dritte Ausbildungsstelle unbesetzt. Rottmann hingegen hatte in dem Jahr für ihre zwei Ausbildungsplätze fast 20 Bewerber:innen. Wer eine Lehre bei Endorphina antrete, werde nicht zum Fachidioten. Das Ausbildungsprinzip mit rotierenden Besetzungen stellt sicher, dass die Lehrlinge einen ganzheitlichen Blick aufs Backen bekommen. Maschinelle Produktionsweisen und Industriehefen sucht man hier vergebens, die Auszubildenden lernen das Handwerk in seiner ursprünglichen Form. Für dieses Konzept ist die Bäckerei 2019 vom Bundeswirtschaftsministerium als deutschlandweit bester Ausbildungsbetrieb ausgezeichnet worden. Das liege vor allem daran, dass das Zwischenmenschliche stimme, erklärt Rottmann: „Wir sind nicht deshalb bester Ausbildungsbetrieb geworden, weil wir so einen tollen Meister haben, sondern weil wir so ein tolles Team haben.“

In der Backstube haben bereits Menschen aus 18 Nationen gearbeitet. Der jüngste Mitarbeiter ist 16, der älteste 70 Jahre alt. Rottmann kennt ihre Geschichten und hat manche in schwierigen Zeiten auch schon mal auf der eigenen Couch untergebracht.

„Wir sind nicht deshalb bester Ausbildungsbetrieb geworden, weil wir so einen tollen Meister haben, sondern weil wir so ein tolles Team haben."

Vertiefung

Geschichte des Korns

Bereits vor über 10.000 Jahren fingen die Menschen in verschiedenen Teilen der Welt an, Korn zu kultivieren. Am Anfang stand der Fladen, bis 4000 Jahre später der Sage nach eine ägyptische Sklavin den Sauerteig entdeckte. Versehentlich ließ sie den Getreidebrei in der Sonne stehen, backte ihn aber trotzdem, um ihn nicht zu verschwenden. Der Fladen ging im Ofen auf – das Brot war geboren. Vom arabischen Halbmond breitete sich das Getreide langsam bis nach Europa aus. Anfangs wurden vor allem im Mittelmeerraum Einkorn und Emmer angebaut, bis im 11. Jahrhundert weißes Brot bei den Reichen in Mode kam und alte Nutzpflanzen verdrängte. Bis heute ist der Weizen in unseren Breitengraden die dominante Getreidesorte und daher wird ihm auch am meisten Aufmerksamkeit in diesem Buch zuteil. Weltweit liegt der Weizen hinter dem Mais und vor dem Reis auf Platz zwei der am meisten angebauten Getreidesorten.

Entwicklung des Backhandwerks in Deutschland

Seit dem zweiten Weltkrieg hat die Industrie auch im Backhandwerk an Bedeutung gewonnen. Die Arbeit in der Backstube war beschwerlich und die Automatisierung und Technisierung von Abläufen erleichterte einiges – mit dem Ergebnis, dass die Bäckereien sich entscheiden mussten: Entweder setzten sie auf die Industrialisierung ihrer Betriebe oder sie blieben beim aufwendigen, aber besonderen klassischen Handwerk. Die meisten entschieden sich für einen Mittelweg und sind halb industrialisiert, was vielen zum Verhängnis geworden ist. Im Vergleich zu den großen Ketten sind sie preislich zu teuer und für das Premiumsegment der handwerklichen Backkunst sind ihre Produkte nicht gut genug. Das Resultat ist, dass immer mehr kleine Bäckereien schließen.

Ein weiteres Problem, mit dem das Bäcker:innenhandwerk konfrontiert ist, ist der Nachwuchs. Die klassische deutsche Bäcker:innenausbildung hat in den meisten Betrieben nur noch wenig mit dem traditionellen Handwerksberuf zu tun. Angepasst an die Bedürfnisse der Industrie, müssen Bäcker:innen heutzutage vor allem fit im Bedienen von Maschinen und industriellen Fertigungsstraßen sein, weniger im Ansetzen von Sauerteig. So ist mit der Industrialisierung ein standardisiertes Verständnis des Backens entstanden, das weitestgehend frei von natürlichen Prozessen ist und sich lediglich auf die Praktiken der letzten Jahrzehnte bezieht. Der Wissensschatz traditioneller Techniken geht zunehmend verloren und findet auf aktuellen Lehrplänen kaum mehr Platz. Natürlich gibt es aber auch Betriebe, die weiterhin handwerklich backen und dieses alte Wissen an den Nachwuchs weitergeben. Die Regel ist das allerdings nicht. Eine Gegenbewegung zu den vielen Brotwüsten hat sich in den letzten Jahren vor allem im urbanen Raum entwickelt. Hier gibt es zunehmend engagierte Backende und Quereinsteiger:innen, die das Konzept Bäckerei neu denken und andere Wege gehen. Allerdings ist es schwer, als Nicht-Bäckermeister eine eigene Bäckerei aufzumachen. Es gibt zwar Ausnahmegenehmigungen, aber der Weg darüber ist steinig.

Getreideproduktion in Deutschland

Wer ist der Weltmeister im Brotessen? Natürlich die Deutschen. Mit rund 90 Kilogramm Backwaren pro Jahr verzehren die Deutschen in etwa ein Brötchen und drei Schnitten Brot pro Tag. Der EU-Durchschnittswert liegt bei rund 71 Kilogramm.

Auch versorgungstechnisch steht Deutschland in Sachen Getreide gut da. Auf den ersten Blick wird mehr Getreide produziert, als verbraucht wird. Getreide ist aber nicht gleich Getreide – es lohnt sich also, genauer hinzuschauen. Produziert werden 43,3 Millionen Tonnen Getreide, während 43 Millionen Tonnen davon im

Inland verbraucht werden. Überschüsse werden vor allem bei Weichweizen (für Brotteig) und Gerste erwirtschaftet. Diese werden exportiert. Beim Import von Hartweizen (für Nudelteig), Mais oder Hafer ist Deutschland von Importen abhängig. Von den oben genannten Mengen werden nur gut 20 Prozent direkt für die menschliche Ernährung genutzt. Knapp 60 Prozent des in Deutschland angebauten Getreides wird an Tiere in der Mast verfüttert. Außerdem werden circa neun Prozent für die Energiegewinnung in Biogasanlagen eingesetzt, und acht Prozent nutzt die Industrie, etwa für Braugerste oder die Gewinnung von Stärke. Die restlichen zwei Prozent werden als Saatgut zurückgehalten. Weil Deutschland ein so ertragreiches Getreideanbauland ist, kaufen die deutschen Mühlen ihre Rohstoffe weitestgehend im Inland ein. 95 Prozent des in den Mühlen verarbeiteten Getreides stammt aus Deutschland, vier Prozent aus dem EU-Ausland. Wollen Kornbäuerinnen und -bauern allerdings eigenes Getreide von kleinen Biomühlen mahlen lassen, haben sie im Nordosten der Republik nur noch zwei Möglichkeiten: im Spreewald und im Erzgebirge.

Weizen und Food Power

Getreide und vor allem Weizen dienen der Politik als Figuren auf dem Schachbrett ihrer Interessen. Weizen wird an der Börse gehandelt und ist zu einem Machtinstrument geworden, heute allen voran von Russland genutzt. Doch Korn ist schon seit jeher ein Machtmittel, ob bei den alten Griechen, den Nationalsozialisten oder im US-amerikanischen Marshallplan.

90 Prozent der Brot- und Backwaren weltweit bestehen aus Weizen. Weltweit importiert Nordafrika am meisten Weizen. Die Region ist massiv abhängig von dessen Einfuhr. Seit den 1960er-Jahren hat sich der Bedarf dort aufgrund des enormen Bevölkerungswachstums versechsfacht. Der arabische Frühling hat außerdem gezeigt, dass Getreide mitverantwortlich dafür sein kann, dass Regime gestürzt werden, und dass daraus Revolutionen entstehen können.

Getreide und Spekulation am Finanzmarkt

Bäuerinnen und Bauern, die nicht wissen, was ihre Ernte im nächsten Jahr wert sein wird, können sich am Terminmarkt gegen Preisschwankungen absichern. Etwa ein Viertel der etwa 800 Millionen Tonnen Weizen, die global produziert werden, wird international gehandelt. Der weitaus größere Teil wird dort gekauft, verarbeitet und gegessen, wo er produziert wird. Weltweit gibt es zwei wichtige Börsen, eine in Chicago und eine in Paris. Sie sind eine Art Preisbarometer mit festgelegten Standards und Regularien, die den weltweiten Handel erst ermöglichen. Dabei dominieren die „großen Vier“ den Weltmarkt: Archer Daniels Midland, Bunge, Cargill und Louis Dreyfus (auch „ABCD-Gruppe“ genannt) haben einen Weltmarktanteil von 70 Prozent des Handelsvolumens. So wurde vor allem der Weizen zum Spielball der freien Marktwirtschaft mit allen Vor- und Nachteilen. Für die Landwirt:innen ist das häufig auch zum Problem geworden, denn Weizen wurde zu einem globalen Massenprodukt: anonym und leicht austauschbar. Wenn die Bauern und Bäuerinnen nicht zu den genannten Preisen verkaufen wollen, dann wird eben woanders gekauft. Wettbewerbsfähig auf dem Weltmarkt sind die heimischen Betriebe zuletzt nur dank der Flächensubventionen der GAP (der gemeinsamen Agrarpolitik der EU).

Getreidesorten

Es gibt eine große Vielfalt an Getreidesorten, die sich durch unterschiedliche Eigenschaften, Anbauzyklen und Ertragsmengen pro Hektar auszeichnen und sich für verschiedene Zubereitungsformen eignen. Einige der bekanntesten Sorten sind in der Tabelle rechts gelistet.

Charakteristika der Getreidesorten

SORTE	CHARAKTERISTIKA	VON AUSSAAT BIS ERNTE	ERTRAG (t) pro Hektar
Weizen	→ nussig, fein säuerlich, variiert je Sorte → Einfach zu lagern und gut zu verarbeiten → Beliebtestes Mehl, besonders backstark mit hohem Eiweißgehalt	260–320 Tage	7–8 t/ha
Einkorn	→ Eine der ersten Kulturpflanzen der Welt → Ernährungsphysiologisch sehr wertvoll → Einzigartiger, ausgeprägt nussiger Geschmack	280–320 Tage	1–2 t/ha
Emmer	→ Gut geeignet für den Anbau auf trockenen und mageren Böden → Natürliche Resistenz gegenüber Schädlingen → Verleiht Brot eine dunkle Färbung und angenehme Würze	280–320 Tage	2–4t/ha
Kamut	→ Verleiht Gebäck eine nussig-buttrige Note → Enthält deutlich mehr Eiweiß als Weizen → Das Korn ist doppelt so groß wie ein Weizenkorn	260–320 Tage	1–2 t/ha
Dinkel	→ Kreuzung aus Einkorn, Emmer und Wildgras → Gute Verdaulichkeit → Gemahlen, geschrotet oder als ganzes Korn vielseitig einsetzbar	220–260 Tage	4–5 t/ha
Grünkern	→ Spezialität aus Franken → Unreif geernteter Dinkel, der dann über dem Feuer getrocknet wird → Geschmack und Aroma von gerösteten Nüssen mit rauchiger Holznote	180–220 Tage	4–5 t/ha
Roggen	→ Erdiger, leicht würziger Geschmack → Reich an Ballaststoffen und Spurenelementen → Gut geeignet für die Herstellung von Brot und anderen Backwaren	240–320 Tage	5–6 t/ha
Triticale	→ Kreuzung aus Weizen und Roggen → Hauptsächlich Futter für Nutztierhaltung → Kann auch der menschlichen Ernährung dienen, hat aber ungünstige Backeigenschaften	240–300 Tage	6–7 t/ha
Gerste	→ Glutenfrei, reich an Vitaminen und Mineralstoffen → Teilweise in Vergessenheit geraten, gut geeignet in ganzen Körnern für Risotto oder Suppe → Wird häufig als Futtermittel für Tiere eingesetzt	< 100 Tage	6–8 t/ha
Hafer	→ Glutenarm, nicht zum Backen geeignet → Eine der gesündesten geläufigen Getreidesorten → Besonders schmackhaft im Müsli, in Flockenform oder als Brei	110–130 Tage	4–5 t/ha
Mais	→ Nur etwa 20 Prozent des Anbaus ist Körnermais, der Rest Futtermais → Beliebt in der Tiermast → Glutenfrei bei guten Nährwerten → Angenehme Süße und leicht mehlige Konsistenz	90–100 Tage	10–12 t/ha
Hirse	→ Relativ anspruchslos, gedeiht auch auf mageren Böden → Gute Nährwerte und hoher Eiweiß- beziehungsweise Eisengehalt → Das Wort stammt aus dem germanischen und bedeutet ‚Sättigung'	100–120 Tage	2–4 t/ha
Reis	→ Findet meist als ganzes Korn Verwendung → Guter Reis riecht wie frisches Getreide (riechen die Körner sauer oder muffig, deutet das auf mindere Qualität hin) → Weiße Reissorten sind häufig aromatisch-nussig, brauner Reis ist ungeschält und gesünder	100–250 Tage	3–6 t/ha

Getreideernte und Mehltypen

Geerntet wird mit einem Mähdrescher, der die Getreidehalme abschneidet und im Inneren der Maschine mittels Metallwalzen drischt. Hierbei wird das Stroh von Körnern und Spelzen (den Kornhüllen) getrennt, woraufhin ein Gebläse die Spelzen von den Körnern separiert. Das ist nur bei den Nacktgetreidesorten Roggen und Weizen der Fall. Urgetreide wie Emmer wird mit Spelz geerntet. In einem zusätzlichen Arbeitsschritt wird das Korn in der Mühle mithilfe einer Gerbmaschine von der Hülle getrennt. Bei der Weizenernte hingegen wird der Spelz samt Stroh unmittelbar zurück auf das Feld befördert und die Körner im Korntank des Mähdreschers gesammelt. Das Stroh wird mithilfe einer anderen Maschine aufgelesen und zu Strohballen gepresst, die als Viehfutter dienen oder wieder in den Boden eingearbeitet werden.

Vor der Erfindung der Walzenstühle wurde das Mehl von Steinmühlen gemahlen. Dabei wurde das gesamte Korn mit Keim verarbeitet, was das Mehl nach etwa einer Woche ranzig werden ließ. Folglich war Korn auf den regionalen Markt beschränkt und für den schnellen Verzehr bestimmt. Durch das heutige Abtrennen des Keims ist Mehl sehr lange haltbar, allerdings gehen auch 80 Prozent der Ballast- und anderer Nährstoffe verloren. Sozusagen über Nacht wurde Mehl durch die Walzenstühle zu einer global handelbaren Ware. Beim Zerkleinern im Walzenstuhl fällt das Korn in den Plansichter (eine Art Sieb), der die verschiedenen Partikelgrößen absiebt. Das Weizenkorn wird in mehreren aufeinanderfolgenden Mahlschritten zerkleinert. Daraus entstehen dann verschiedene Mehltypen. Die groben abgesiebten Grieße sind die reinsten Bestandteile des Mehlkörpers. Sie gelten als das reinste und qualitativ beste Mehl (Type 405), haben allerdings auch den geringsten Nährstoffwert, da die meisten Nährstoffe im Korn und nicht im Mehlkörper enthalten sind. Die Typenzahl sagt aus, wie viel Milligramm Mineralstoffe pro 100 Gramm enthalten sind. Je höher die Typenzahl, desto höher die Wasseraufnahmefähigkeit, denn die Schalenanteile binden das Wasser und enthalten mehr Mineralstoffe, etwa Magnesium, Kalzium, Eisen und Fluorid. Außerdem halten sie das Brot länger frisch, weil mehr Wasser im Brot gebunden werden kann. Je mehr vom Korn verarbeitet ist, desto dunkler ist das Mehl. („Funfact" an dieser Stelle: Heute können beim Brotbacken über 1000 Stoffe eingesetzt werden, die nicht deklariert werden müssen, zum Beispiel Mittel, die die Haftung des Teiges reduzieren, damit die Backmaschinen später leichter sauber gemacht werden können.)

Säuerung

Zur Säuerung werden Mehl, Salz und Wasser gemischt und an einem warmen Ort stehen gelassen. In Mehl und Luft befinden sich natürlicherweise Mikroorganismen, Hefepilze, Essig- und Milchsäurebakterien. Diese Organismen gehen im Sauerteig eine Symbiose ein und produzieren als Stoffwechselprodukt Kohlendioxid. Das lässt den Teig aufgehen und reichert ihn mit kleinen Bläschen an. Salz ist die Grundlage dafür, dass der Teig eine gute Struktur aufbauen kann. Hefeteige entstehen auf ähnliche Art und Weise, nur dass der Teig von Anfang an mit gezüchteten Hefen gefüttert wird. Weil dadurch Essig und Milchsäurebakterien fehlen, schmeckt er auch nicht sauer.

Vor dem Backen können dem Sauerteig weitere Zutaten wie Zucker, Milch oder Gewürze zugefügt werden. In handwerklichen Bäckereien wird Teig nach der Zugabe von Sauerteig geformt und über Nacht für den Fermentationsprozess im Kühlschrank ruhen gelassen. Erst am nächsten Tag wird er gebacken, anders in industriellen Bäckereien, wo alles schneller gehen muss. Die unmittelbare Verarbeitung wirkt sich aber auf die Verträglichkeit aus. Viele Verbrauchende glauben, sie

hätten eine Glutenintoleranz, dabei vertragen sie nur das schnell produzierte Brot nicht.

Wie viel Acker braucht man für einen Laib Brot?

Für ein Kilogramm Weizenbrot muss ein:e Landwirt:in etwa 11.000 Weizenkörner vom Acker ernten. Im konventionellen Getreideanbau geht man von Durchschnittsernteerträgen von 16.000 Körnern pro Quadratmeter aus. Aus einem Quadratmeter Weizen können also 1,5 Kilogramm Brot entstehen. Beim Roggen ist der Ertrag generell niedriger, hier kann man mit einem Quadratmeter Acker für ein Kilogramm Roggenbrot rechnen. Wer Brot essen will, muss Korn säen. Für ausreichend Ertrag braucht man pro Quadratmeter etwa neun Monate Zeit und 400 Getreidekörner als Saatgut.

Moderne Sorten und Urgetreide

Wieso gerade der Weizen sich durchgesetzt hat, liegt an der Anatomie der Pflanze. Weizen ist ein freidreschendes Getreide, wohingegen Urgetreide wie Emmer Spelzgetreide sind, folglich fallen die Früchte beim Dreschen nicht einfach aus den Spelzen. Hüllblätter schützen Spelzgetreide vor schädlichen Umwelteinflüssen. Das bedeutet einen zusätzlichen Arbeitsschritt, um die Körner von den Hüllen zu trennen, was wiederum höhere Kosten bei geringerem Ertrag bedeutet. Aus diesem Grund sind Urkornbrote in der Bäckerei häufig relativ teuer, wohingegen das Weizenmehl aus dem Supermarkt erschwinglich ist. Weizen ist nicht nur einfacher zu produzieren, es punktet auch mit guter Lagerfähigkeit und ist reich an Kalorien und Protein.

Gegenüber den modernen Sorten, aus denen die Nährstoffe fast gänzlich verschwunden sind, punkten die Urgetreide mit einem reichhaltigen Nährstoffprofil. Sie enthalten viele Vitamine, Mineralien, Spurenelemente, wertvolle sekundäre Pflanzenstoffe sowie eine höhere Konzentration dieser Stoffe. Hält man die Körner nebeneinander, fällt auf, dass Urgetreide kleiner als modernes Getreide ist, weil der Mehlkörper weniger ausgeprägt ist und die Randschichten größer sind, aber genau dort stecken viele wichtige Nährstoffe.

Im Unterschied zu den Getreiden für moderne Hochleistungsbrote werden alte Sorten aus ursprünglichem Saatgut kultiviert, ohne Kreuzung verschiedener Arten oder Veränderungen im Chromosomensatz. Das ist ein Grund, aus dem sich alte und moderne Sorten so sehr in ihrer Nährstoffdichte und Verträglichkeit unterscheiden. Durch die Züchtung auf mehr Ertrag ist der Chromosomensatz im modernen Weizengenom (der Erbinformation) auf 42 gestiegen, was nicht mehr viel mit Emmer (28 Chromosomen) oder Einkorn (14 Chromosomen) gemein hat. Während seiner Entwicklung vom Einkorn zum heutigen Weizen hat sich die Chromosomenanzahl des Weizens also verdreifacht. Heute hat Weizen einen sechsfachen Chromosomensatz und über 100.000 Gene.

Saatgut

Früher war es üblich, einen Teil der Ernte als Saatgut für das nächste Jahr zurückzuhalten. Über Jahrhunderte galt der Satz: „Saatgut ist Allgemeingut." Bäuerinnen und Bauern gaben es untereinander weiter und tauschten

Sorten. Mitte des 19. Jahrhunderts änderte sich das. Wie so oft in der Geschichte der Landwirtschaft wurden Schritte, die logisch zusammengehörten, getrennt. Nun wurden Anbau und Vermehrung separiert. Menschen begannen, Pflanzen zu züchten, um damit Geld zu verdienen. Neben den traditionellen Züchtungsmethoden der Auslese und Mutation wurden Pflanzen von nun an auch gezielt miteinander gekreuzt, um besonders wertvolle Eigenschaften in einer neuen Sorte zu vereinen. Die Zuchtziele waren auf Ertrag und Einheitlichkeit getrimmt, weniger auf Geschmack, Diversität und Widerstandsfähigkeit.

Hybridsorten

Seit den 1930er-Jahren dominieren mehr und mehr Hybridsorten den globalen Saatgutmarkt. Das sind wahre Hochleistungssorten. Bei Gemüse und Getreide ist der Anteil von Hybridsorten besonders hoch.

Am Anfang der Entwicklung einer solchen Sorte stehen sogenannte Inzuchtlinien. Diese besitzen besonders begehrte Eigenschaften wie starke Erträge oder besondere Farben. Wenn zwei Inzuchtlinien miteinander gekreuzt werden, geben sie ihre Eigenschaften zuverlässig an ihre Nachkommen weiter. Durch diesen sogenannten Heterosiseffekt sind diese Nachkommen, die Hybriden, noch vitaler, widerstandsfähiger und ertragreicher als ihre Eltern. Der Nachteil ist, dass man diese Superpflanzen nicht nachziehen kann, denn der Effekt verpufft nach nur einer Generation wieder und die gewünschten Eigenschaften verlieren sich. Folglich müssen Landwirt:innen jedes Jahr neues Saatgut kaufen. Das ist ein gutes Geschäftsmodell für die Saatgutunternehmen. Wie auch beim Getreidehandel gibt es vier große Konzerne, die den Markt unter sich aufteilen: Bayer-Monsanto, Corteva, ChemChina und Limagrain. Sie verfügen über 50 Prozent des weltweiten Saatguts. Wer Kontrolle über das Saatgut hat, hat gleichzeitig die Kontrolle über die Lebensmittelversorgung. Und wer neue Pflanzensorten produziert, entscheidet über die Zukunft von uns allen. Das ist Food Power.

Durch die Monopolisierung des Saatguts sind auch die Felder weniger divers geworden. In den letzten 100 Jahren sind über 75 Prozent der weltweiten Nutzpflanzen verschwunden. Die großen Hersteller von Saatgut schränken die Verwendung ihrer Produkte streng ein. Landwirt:innen müssen Verträge unterschreiben, die es ihnen verbieten, Saatgut aus früheren Ernten aufzubewahren oder in der nächsten Saison wieder auszusäen. Als wäre das noch nicht genug, verlangt die Welthandelsorganisation von allen ihren Mitgliedstaaten – also fast allen Ländern der Welt –, dass sie Gesetze zum Schutz von Pflanzensorten erlassen. An dieser Stelle wird es kompliziert, daher sei nur so viel gesagt: Durch komplexe politische Richtlinien ist es Landwirt:innen nicht erlaubt, eigenes Saatgut registrieren zu lassen, und in vielen Ländern verbieten Saatgutvermarktungsgesetze sogar die Weitergabe von nicht-zertifiziertem Saatgut. Der letzte Ausweg und die oft einzige legale Option bleibt der Kauf von Saatgut großer Konzerne. Unterm Strich bedeutet das eine höhere Abhängigkeit der Landwirt:innen bei weltweit immer weiter abnehmender Vielfalt unserer Lebensmittel. Für die Länder des globalen Südens gestaltet sich die Lage noch herausfordernder: Sie werden von den Industrienationen durch Handelsabkommen in neokoloniale Landwirtschaftsstrukturen gezwängt. Durch die Einführung von einheitlichen Regeln auf globaler Ebene ist es wahrscheinlich, dass die industrielle Landwirtschaft auch in den Regionen Einzug hält, wo Lebensmittel noch größtenteils von kleineren, ökologisch verträglichen Betrieben produziert werden.

Zu guter Letzt beinhaltet eine Umstellung auf standardisiertes Konzernsaatgut auch das Ausbringen von Düngern und Pestiziden, die natürlich direkt von den Herstellern passgenau mitentwickelt und vertrieben werden. Ohne diese Mittel gelingt es den Landwirt:innen oft nicht mehr, nach der Aussaat zufriedenstellende Erträge zu erzielen – ein Teufelskreis. Zur Wahrheit gehört aber auch, dass sich durch die Forschung an Getreidesaatgut die Erträge bei gleicher Ressourcennutzung seit den 1970er-Jahren weltweit verdoppelt haben.

Samenfeste Sorten

Ein Teil der Lösung sind mit Sicherheit samenfeste Sorten. Auch nach mehrfachem Vermehren sehen die „Kinder" aus wie ihre Eltern und schmecken auch noch so. In ihnen steckt viel Entwicklungspotenzial für die Zukunft. Im Gegensatz zu Hybridpflanzen hat jede samenfeste Pflanze ihre eigene Genetik. Durch stetige Auslese und Vermehrung von robusten und prächtig wachsenden Pflanzen lassen sich diese Sorten kontinuierlich weiterentwickeln. So können sie Resistenzen gegen Klimaveränderungen, neue Krankheiten und Schädlinge entwickeln. Die Natur bleibt Chefin und kennt den Weg. In der konventionellen wie auch der biologischen Landwirtschaft ist der Anbau von Hybridgetreide erlaubt. Im Anbauverband Demeter ist es allerdings nicht gestattet, mit Hydridsorten zu arbeiten, hier kommt ausschließlich samenfestes Saatgut zum Einsatz. Dieses wird auch hier durch Züchtung verbessert, aber ohne den Einsatz von Genmanipulation oder ähnlichen Verfahren. So ist es eine der zentralen Herausforderungen der regenerativen Landwirtschaft, samenfeste Getreide- und Gemüsesorten und somit Diversität und Kulturgut zu bewahren.

Mehr zu Getreide und Gesundheit

Das Korn des Weizens besteht mit einem Anteil von 70 Prozent hauptsächlich aus Kohlenhydraten in Form von Stärke sowie bis zu 14 Prozent aus Proteinen, darunter auch Klebereiweiße wie Gluten, die für die Dehnbarkeit und Festigkeit des Teigs verantwortlich sind. Andere Getreidesorten haben ähnliche Protein- und Kohlenhydratwerte wie der Weizen. Getreide sind außerdem als Lieferanten für Pflanzenfasern, die unverdaut bis in den Dickdarm gelangen, eine wichtige Ballaststoffquelle für uns Menschen. Diese löslichen Ballaststoffe dienen den Darmmikroben als Nahrung. Als Teil der Darmbarriere unterstützen sie die Verdauung, helfen beim Bekämpfen von Entzündungen und stimulieren gleichzeitig das darmassoziierte Immunsystem. Sobald diese Ballaststoffe fehlen, haben die Darmbakterien kein Futter und die Abwehrkräfte des Körpers schwinden. Die Deutsche Gesellschaft für Ernährung empfiehlt, 30 Gramm Ballaststoffe am Tag zu sich zu nehmen.

Für die Verträglichkeit und damit auch die Gesundheit spielt die lange Teigführung von Brot eine wesentliche Rolle. Modernes industrielles Brot erhält in der Regel keine Zeit, um sogenannte FODMAPs (fermentierbare Oligosaccharide, Disaccharide, Monosaccharide und Polyole) abzubauen. Dabei handelt es sich um Kohlenhydrate wie bestimmte Zucker oder Fructane. Diese gehören zu den unverdaulichen Pflanzenstoffen und sind häufig Störenfriede für Menschen mit empfindlicher Verdauung. Auch für Menschen mit Glutenunverträglichkeit sind Urgetreide eine echte Alternative. Sie enthalten zwar auch Gluten, werden aber von Menschen mit Allergien oder Reizdarm häufig deutlich besser vertragen. Warum das so ist, muss die Wissenschaft erst noch herausfinden.

03
GEMÜSE

Einführung

Bereits in der Steinzeit wurden Erbsen und Linsen kultiviert, zur Zeit der Ägypter und Römer kamen Blattsalate hinzu. Im Mittelalter waren vor allem Klöster, Burgen und Königshöfe Zentren der Gemüsevielfalt. Während Adel und Klerus sich von Gemüse ernährten, blieben dem einfachen Volk häufig nur Getreidebrei oder selbst gesammelte Wildkräuter. Mit der Kolonialisierung Amerikas kam eine neue Vielfalt an Nutzpflanzen nach Europa. Bei seiner Rückkehr hatte Kolumbus Tomaten, Kartoffeln, Kürbisse und Bohnen im Gepäck. Danach begannen sich in Deutschland die ersten reinen Gemüsebetriebe zu etablieren. Über 300 Jahre gab es mehr Salatsorten denn je. Saatgutfirmen handelten europaweit und neue Arten und Sorten fanden den Weg nach Deutschland, bis Mitte des 20. Jahrhunderts mit einer Sortenbereinigung begonnen wurde: Von mehr als 200 Salatsorten blieben nur die 30 einheitlichsten übrig.

Gemüsekonsum in Deutschland

Nach Ende des zweiten Weltkriegs begann die Industrialisierung des Nahrungsmittelsystems. Für die Produktion im großen Stil brauchte es einheitliches Gemüse. Die Vielfalt nahm immer weiter ab, da im Erwerbsanbau nur einige wenige Hochleistungssorten genutzt wurden. Heute macht Gemüse über ein Drittel unserer jährlichen Nahrung aus. Anders als bei Milch, Brot oder Fleisch wird deutsche Esskultur aber nicht unmittelbar mit Gemüse verknüpft. Vor 70 Jahren lag der Verbrauch pro Kopf bei 50 Kilogramm im Jahresmittel, mittlerweile ist er auf 109 Kilogramm angewachsen. Mit 31 Kilogramm pro Jahr führt die Tomate das Ranking an. Laut Statistik ist Gemüse damit das zahlenmäßig wichtigste Lebensmittel in Deutschland (die Kartoffel zählt zwar zu den Nachtschattengewächsen, wird aber in den Statistiken zu den landwirtschaftlichen Kulturen gezählt und ist damit nicht Teil dieser Erhebung).

Was ist Gemüse eigentlich?

Es handelt sich um essbare Pflanzenteile wie Blätter, Früchte, Knollen, Stängel oder Wurzeln von meist einjährig kultivierten Pflanzen. Kartoffeln werden den landwirtschaftlichen Erzeugnissen zugeordnet, während Gemüse zu den gartenbaulichen Erzeugnissen gezählt wird. Pilze wiederum gelten in den Statistiken als Gemüse, sind allerdings im botanischen Sinn gar keine Pflanzen. Um die Verwirrung perfekt zu machen, zählen Kürbis und Tomate im botanischen Verständnis eigentlich zu den Früchten, werden aufgrund ihrer meist herzhaften Verwendung aber ebenfalls zum Gemüse gerechnet.

Gemüse lässt sich außerdem in verschiedene Arten unterteilen. Einerseits wird in Grob- und Feingemüse unterschieden. Grobgemüse hat eine feste Zellwandstruktur und ist meist Wintergemüse wie Rote Bete oder Weißkohl. Feingemüse hat eine zarte Zellwandstruktur, typische Vertreter sind Tomate und Spargel. Außerdem lässt sich Gemüse auch hinsichtlich der Art der genutzten Pflanzenteile aufteilen, etwa in Wurzel-, Sprossen- oder Blattgemüse

Hybridsorten vs. alte samenfeste Sorten

Früher wurde Saatgut meist auf den Höfen selbst vermehrt. Mitte des 19. Jahrhunderts änderte sich das und Anbau und Vermehrung wurden voneinander entkoppelt. Neben dem traditionellen Weg der Auslese und Mutation wurden Pflanzen von nun an gezielt miteinander gekreuzt, um die gewünschten Eigenschaften in einer neuen Sorte zu vereinen. Bei der Zucht einer neuen Sorte braucht es einige Jahre, bis sich die gewünschten Eigenschaften der nachfolgenden Generationen stabilisieren. Seit Mitte der 1930er-Jahre haben diese Hybridsorten die globalen Märkte erobert. Nicht nur in den Discountern, sondern auch in Biomärkten gehören Hybridsorten zum Alltag. Möglichst gleich groß und geschmackskonform sollen sie sein: Tomaten in Einheitsform, makellose Paprika und riesige Blumenkohlköpfe.

Vielfalt und Geschmack auf den Teller bringen ① alte „samenfeste“ Gemüsesorten. Als solche bezeichnet man Sorten, die früher angebaut wurden, derzeit aber kaum Beachtung finden und daher vom Aussterben bedroht sind. Samenfest bedeutet, dass alle Gärtner:innen das Saatgut dieser Sorten selbst vermehren können und die Samen in den Folgejahren wieder zur Aussaat nutzbar sind. Zudem kann das Saatgut dieser Sorten als Ausgangsmaterial zur Züchtung neuer Sorten genutzt werden. Das gibt Menschen ein Stück Unabhängigkeit auf dem Acker zurück und macht sie frei von den Zwängen der Saatgutindustrie.

Gemüseanbau und Klimawandel

01 → S. 125: Alte samenfeste Sorten
02 → S. 125: Gemüseanbau in Brandenburg: Entwicklung und Stand heute
03 → S. 126: Gemüseanbau und Klimawandel: Was tun?

Wir stehen vor großen Herausforderungen im ② Gemüseanbau. Durch anhaltende Trockenheit, ③ Klimawandel und mildere Winter wird sich in den nächsten Jahren einiges ändern. Kaum jemand spürt diesen Wandel so unmittelbar wie die Landwirtschaft selbst. Um sich etwa den zunehmend wüstenähnlichen Bedingungen in Brandenburg zu stellen, kann man im Gartenbau auf das Genmaterial von alten Gemüsesorten zurückgreifen und neue klimatisch angepasste Sorten züchten.

„Beim Urban Farming geht es um einen neuen, hoch technologisierten Industriezweig, nicht um das romantische Feierabendgärtnern in der Abendsonne.“

Urban Farming

Seit einigen Jahren gibt es einen regelrechten Hype um das Thema ④ urbane Landwirtschaft, von dem vor 20 Jahren noch kaum jemand gehört hatte. In erster Linie geht es darum, die Lebensmittelproduktion in den Ballungsgebieten der Metropolen anzusiedeln und dort Nahrungsmittel im großen Stil anzubauen. Initiativen, die Menschen helfen, Hochbeete im Hinterhof ihrer Mietshäuser anzulegen oder Kleingartenanlagen, in denen altes Gemüse gezüchtet wird, zählen nicht dazu. Bei dieser Art von Projekten stehen häufig eher die Selbstversorgung, das Miteinander und der Spaß im Fokus als die Absicht, Verantwortung für die Ernährung einer Millionenstadt zu übernehmen. Beim Urban Farming geht es vielmehr um einen neuen, hoch technologisierten Industriezweig, nicht um das romantische Feierabendgärtnern in der Abendsonne. Auf wenig Raum werden dabei in unmittelbarer Stadtnähe professionalisiert und technisiert Lebensmittel erzeugt. Übrigens stehen diese beiden Systeme nicht in unmittelbarer Konkurrenz. Beide Wege haben ihre Daseinsberechtigung und einen Markt. Unser Lebensmittelsystem kann dadurch nur vielfältiger werden.

Solidarische Landwirtschaft

Als Idee hat sich ⑤ solidarische Landwirtschaft mittlerweile rund um den Globus etabliert. Bei diesem Ansatz werden die Lebensmittel nicht mehr über den ⑥ globalen Markt vertrieben, sondern fließen in einen transparenten Wirtschaftskreislauf, der von den Verbrauchenden selbst finanziert und organisiert wird.

Im Falle der solidarischen Landwirtschaft fällt der ökonomische Druck weg, unter dem kleine Betriebe leiden, die mit den anonymen Supermarkttomaten der großen Betriebe oder um die Gunst der Kund:innen auf dem Markt konkurrieren müssen. Erzeugte Lebensmittel werden nicht klassisch verkauft, stattdessen decken die Mitglieder den jährlichen Finanzbedarf der Gärtnerei. Im Gegenzug wird das Gemüse, ein sogenannter Ernteanteil, saisonal und gerecht unter allen Mitgliedern verteilt. Bereits ein bis zwei Hektar reichen aus, um 100 Menschen zu versorgen – ein geniales System, das einerseits den Betrieben ökonomisch Luft verschafft und gleichzeitig

04 → S. 126: Urban Farming: Potenziale und Herausforderungen
05 → S. 128: Mehr zu solidarischer Landwirtschaft
06 → S. 127: Kleine Betriebe und klassische Marktwirtschaft

die Mitglieder mit guten, lokalen Lebensmitteln versorgt. Ein weiterer Profiteur dieses Konzepts ist die Natur. Denn die Ernährungsentscheidungen der Verbrauchenden ermöglichen es den landwirtschaftlichen Betrieben nicht nur, die Kulturlandschaft aktiv zu gestalten, sondern auch, den Naturschutz und die Artenvielfalt zu fördern.

Saisonalität in Deutschland

Wer sich in Deutschland von regionalem Gemüse ernährt, lebt im (7) Rhythmus der Natur und ist sich den Einschränkungen bewusst, die damit einhergehen. Möglichkeiten, das Gemüse der jeweiligen Jahreszeit zu konservieren, gibt es viele, etwa das Einwecken, um den Geschmack des Sommers einzufangen. Alternativ lassen sich Erzeugnisse auch trocknen, fermentieren, einlegen oder einfrieren.

Die Orientierung an der aktuellen Verfügbarkeit steht im Gegensatz zu dem Bild, das im Lebensmitteleinzelhandel gezeichnet wird, egal ob im konventionellen oder im Biomarkt. Hier sind die Regale das ganze Jahr über mit allem bestückt, was das Herz begehrt. Um den Verbrauchenden stets ein möglichst üppiges Sortiment zu liefern, wird Ware außerhalb der Saison importiert, denn für die meisten Gemüsesorten ist die Saison in Brandenburg trotz Gewächshaus recht kurz. Allerdings schmeckt das Gemüse in der Zeit auch besonders gut. Gemüseerzeuger:innen werden nach Gewicht bezahlt, nicht nach Geschmack. Deswegen liegt der Fokus in aller Regel auch auf Quantität und nicht auf Qualität. Das ist ein Grund dafür, dass Tomaten im Supermarkt groß und wässrig sind und in der Regel langweilig schmecken. Guter Geschmack wurde gegen ständige Verfügbarkeit eingetauscht, unabhängig von der Saison.

07 → S. 129: Saisonalität: Welches Gemüse wächst wann?
S. 130: Saisonkalender

Wasser

In Deutschland ist klar: Wasser kommt aus dem Hahn – immer und in bester Qualität. Generell ist die Trinkwasserqualität im Raum Berlin tatsächlich extrem gut, aber es gilt, darauf zu achten, dass das auch so bleibt. Die Qualitätsauflagen für Leitungswasser sind um ein Vielfaches höher als bei abgefülltem Flaschenwasser.

Was für viele Teile der Erde schon lange gilt, ist auch bei uns in Berlin und Brandenburg nun Realität geworden: Wasser ist ein knappes Gut. Der Verbrauch steigt stetig und weltweit wird das Wasser immer knapper. Einige Organisationen stufen Wasserkrisen als größtes ökonomisches und gesellschaftliches Risiko der nächsten Dekaden ein. Am meisten Wasser weltweit wird in der Landwirtschaft verbraucht (laut WWF über 70 Prozent der vorhandenen Süßwasserreserven, wobei über ein Viertel aus nicht nachhaltigen Quellen stammt). Viel Wasser wird durch ineffektive Bewässerung einfach verschwendet. Die meisten großen Anbauregionen befinden sich in (8) Trockengebieten, die in Zukunft durch die Klimakrise verstärkt unter (9) Wassermangel leiden werden, so auch Brandenburg. Von den 550 Millimetern Niederschlag, die wir im Jahresmittel haben, lassen sich nur zehn Prozent nutzen, die restlichen 500 Liter pro Quadratmeter verdunsten. Schon jetzt gibt es in der Region Gebiete, in denen man von einem Wüstenstatus spricht, übers Jahr verdunstet also mehr Wasser, als produziert wird.

08 → S. 129: Wassermangel in Europas Gemüsegarten
09 → S. 131: Wasser und Wassermangel: Die Situation in Deutschland und Brandenburg

„Weltweit wird in der Landwirtschaft am meisten Wasser verbraucht."

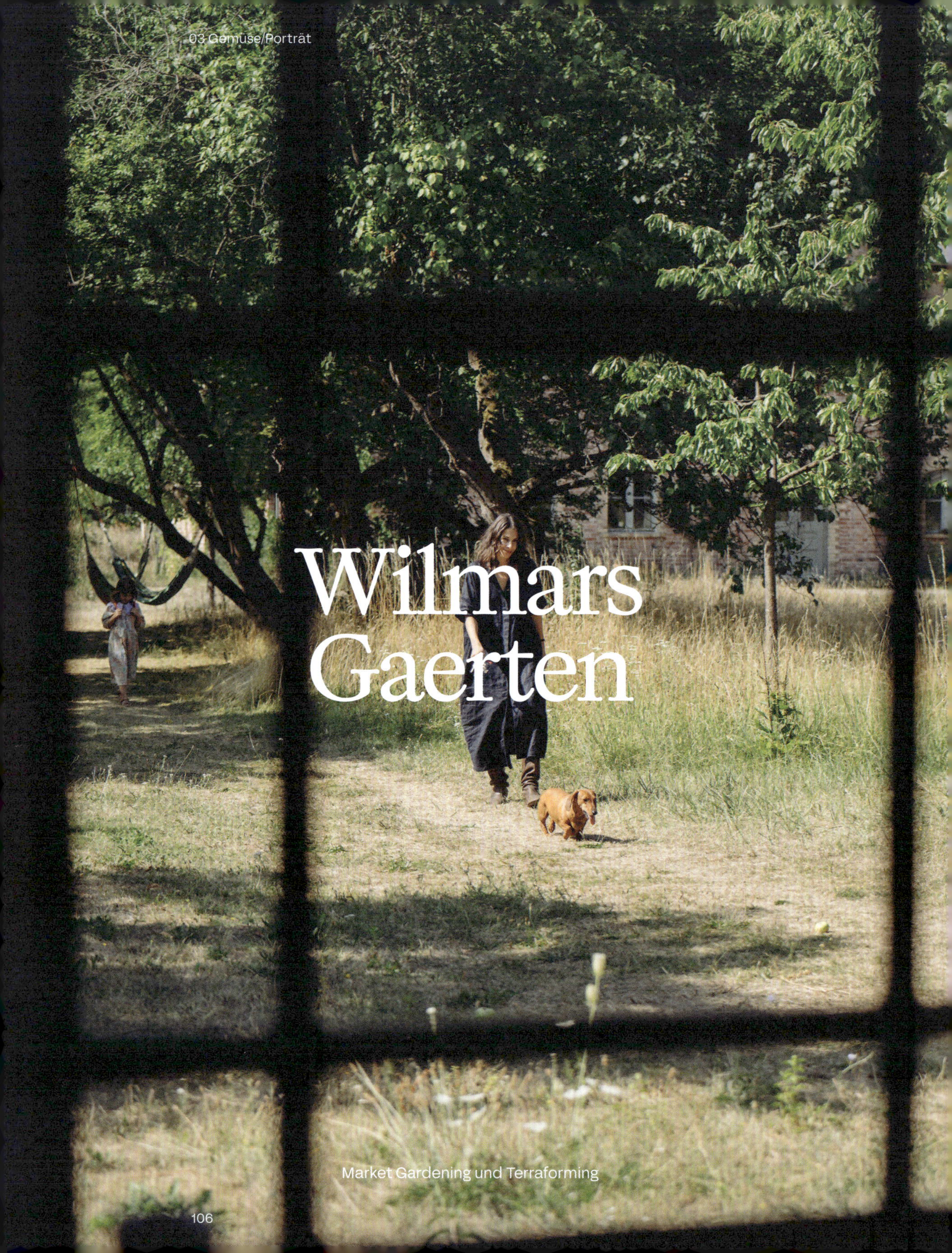

Wilmars Gaerten

Market Gardening und Terraforming

→ Lage
Süden | Märkisch Wilmersdorf, Teltow-Fläming
Karte: 07
34 km von Berlin

→ Empfehlungen
Maria und ihr Team auf dem Markt besuchen (Karl-August-Platz, Akazienstraße und Schillermarkt) und Tomaten, Radieschen, Karotten oder Salat kaufen

Das Teltower Rübchenfest in Ruhlsdorf besuchen, im Rangsdorfersee schwimmen, auf einem der zahlreichen Spargelhöfe rund um Beelitz einkehren

→ Kontakt
wilmarsgaerten.com
Instagram: @wilmarsgaerten

Im Süden von Berlin stößt man nicht selten auf ausgedörrte Felder. Entlang der Bundesstraße B101 wechseln sich Steppenlandschaften und Monokulturen ab, und oft ist der staubige Boden von Rissen durchzogen. Hier versteht man, warum Teile Brandenburgs den Beinamen „Sandwüste“ tragen. So sah es auf Maria Giménez’ Land vor drei Jahren auch aus, heute eröffnet sich hinter einem Flügeltor in Märkisch Wilmersdorf in einem Gutspark Wilmars Gaerten. Gewaltige Ahornbäume spenden Schatten, im malerischen Gewächshaus gedeihen Sprösslinge und auf den Anbauflächen ändern sich alle paar Meter die bunten Farben alter Sorten. Zwischen den mediterran anmutenden Backsteingebäuden, die die Kulisse zwischen hohen Gräsern säumen, fühlt man sich fast wie in der Toskana.

Als Malerin machte Maria Giménez zunächst Station in New York, dann in Berlin-Schöneberg. Ihre Zeit verbrachte sie zwischen Atelier und Galerie, als sie mit großformatiger Ölmalerei erfolgreich wurde. Doch sie stellte sich zunehmend die Frage, wie ihr persönlicher Beitrag gegen die Bedrohungen des Klimawandels aussehen könne. „So nett das auch ist, aber ich kann doch nicht meine Tage damit verbringen, auf Vernissagen Champagner zu trinken, während die Welt um uns herum abbrennt", findet sie. Giménez' Mann, der Galerist Julius Werner, übernahm um die Jahrtausendwende ein einstiges preußisches Gutshaus mit Ländereien und sanierte es, bevor der über 200 Jahre alte Gutspark zur Heimat für Skulpturen befreundeter Künstler:innen wurde. So kommt es, dass man heute auf dem Weg zum Acker über Werke von A. R. Penck und Markus Lüpertz stolpert. Während der kreative Part des künstlerischen Landlebens in den 2010er-Jahren florierte, gab es für die angeschlossenen 360 Hektar landwirtschaftlicher Flächen viele Jahre keine aussichtsreiche Perspektive, bis Giménez sich zu einem radikalen Schritt entschloss.

Mit der Perspektive, zu einer lebenswerten Zukunft für ihre sechs Kinder beizutragen, begann sie 2016 als Quereinsteigerin, eine Vision von regenerativer Landwirtschaft umzusetzen und die Flächen ihres Schwiegervaters Michael Werner zu bewirtschaften. Dazu las sie alles, was sie in die Hände bekam, und legte vor allem einfach los – das sei wahrscheinlich das Wichtigste, meint sie. Theorie sei wichtig, könne aber auch lähmen. „Ich glaube, das meiste Wissen trägt jeder von uns bereits in sich. Wir müssen dem nur Raum geben und lernen, auf die Natur zu hören." Mit einem Marktgarten und einem Agroforst kristallisierten sich schnell zwei Projekte heraus, in denen bis heute viele Pflanzen wachsen und gedeihen.

Im Marktgarten baut Giménez Gemüse auf nur gut einem Hektar an. Das Konzept funktioniert basierend auf einer klaren Aufteilung von Beeten und kleinen Wegen, einer dichten Bepflanzung und rein biologischen Anbau- und Pflegemethoden. Die Flächen werden intensiv genutzt und bringen meist zwei bis drei Kulturen pro Saison hervor. Hier herrscht eine beinahe erschlagende Artenvielfalt, die auch für Insekten ein Paradies ist. Im Marktgarten wachsen beispielsweise allein 20 verschiedene Sorten Sonnenblumen. Insgesamt baut Giménez in diesem Jahr 222 unterschiedliche Arten Gemüse und Kräuter an. Der Umgang mit Abfällen oder Pflanzenschnitt folgt einem Prinzip der Kreislaufwirtschaft, sodass beinahe alles zu Mulch oder Kompost wird und damit dem System erhalten bleibt.

Ein wichtiger Bestandteil des Systems ist auch die direkte Verknüpfung mit der Stadt. Dreimal pro Woche klingelt Giménez' Wecker um halb vier morgens, um sie für einen Markttag in Berlin zu wecken. Dann verlädt sie das am Vorabend geerntete Gemüse und verkauft es an ihrem Stand auf dem Ökomarkt im Akazienkiez oder dem Wochenmarkt am Karl-August-Platz.

„Ich kann doch nicht meine Tage damit verbringen, auf Vernissagen Champagner zu trinken, während die Welt abbrennt."

Das Erscheinungsbild ihres Standes wird nicht selten mit einem Ölgemälde verglichen: Es dominieren satte Farben und üppige Gemüseberge in rustikal-ästhetischen Anordnungen in dunklen Holzkisten.

Das Konzept des Market Gardening bewährt sich seit Jahrhunderten. Schon Mitte des 19. Jahrhunderts wurde die Pariser Bevölkerung von einer Vielzahl kleiner Betriebe versorgt, die um die Stadt herum angesiedelt waren. Damit wurde schon vor 200 Jahren bewiesen, dass sich eine Metropole durchaus mit dezentral organisierter, kleinteiliger Landwirtschaft versorgen lässt. Warum sollte das, was in Paris funktioniert hat, nicht auch eine Nummer kleiner in Berlin möglich sein? Jedes Jahr schließen etwa 3500 landwirtschaftliche Betriebe in Deutschland, das sind in etwa zehn am Tag. Giménez hingegen gründete einen neuen Betrieb und ist überzeugt, dass Wilmars Gaerten eine Modellfunktion haben kann. „Für einen Marktgarten braucht es erst einmal nicht viel. Die Fläche ist total überschaubar und im Prinzip kann man mit vergleichsweise kleinen Investitionen ziemlich schnell starten."

Seit Giménez das Land übernahm, hat sie mit ihrem Team etwa 200.000 Bäume gepflanzt. Das gesamte Erbe ihrer Tante gedeiht nun in Form von Pappeln sowie Obst- und Nussbäumen, die über die übrigen 300 Hektar Ackerfläche verteilt stehen. Was bei manchen benachbarten Landwirt:innen für heiteres Kopfschütteln gesorgt hat, ist vor allem eine radikale Investition in den Boden. Unterirdisch geben ihm die Wurzeln Struktur, oben brechen die Kronen den Wind. Die kostbare Humusschicht wird so langsamer verweht oder von Starkregen weggewaschen. In und zwischen den Bäumen entsteht neuer Lebensraum für Mikroorganismen und Tiere, die in Monokulturen keinen Platz finden. Anders als in anderen Agroforstsystemen stehen die Bäume hier so weit auseinander, dass Traktoren noch Platz haben. Damit ist sichergestellt, dass größere Acker-

flächen bestellt werden können, für die der Einsatz von entsprechenden Maschinen nötig ist. Zum Agroforstkonzept gehört auch eine Herde Hochlandrinder, die als Nährstofflieferanten für den Bodenaufbau nicht aus dem Kreislauf wegzudenken sind. Damit das Bodenleben intakt bleibt, wird der Acker ohne Pflug bestellt.

Es vergeht beinahe keine Woche, ohne dass neugierige Studierende, Kreative, Land- und Forstwirt:innen oder Köch:innen vorbeikommen, um sich vom Wandel zu überzeugen, der von Märkisch Wilmersdorf ausgeht. Vor allem Letztere sind regelmäßige Gäste. Kaum ein anderer Ort steht eindeutiger für die vielbeschworene Partnerschaft von Landwirtschaft und Küche als Wilmars Gaerten. Zu Giménez' ersten Kunden gehörten das Nobelhart & Schmutzig (→ S. 116) und das Ora. „Die hatten einfach richtig Bock und waren begeistert, was man hier geschmacklich aus dem Boden heraus holen kann", erzählt sie. Schnell folgten das Julius, Mrs Robinson's und Lode & Stijn (→ S. 244). Die als Produktfetischisten bekannten Köche Dylan Watson-Brawn und Spencer Christenson aus dem Weddinger Restaurant Ernst gingen noch einen Schritt weiter und nutzten den Freiraum, den die Coronapause mit sich brachte, um gemeinsame Testflächen aufzubauen. Giménez, die ohnehin nur mit samenfesten Sorten arbeitet (also solchen, deren Saatgut selbstständig weitervermehrt werden kann), entwickelt im Dialog mit den beiden den Anbau einer Auswahl von standortfremden, exotischen oder längst vergessenen alten Sorten. Die enge Zusammenarbeit führt dazu, dass die Köche oft vor Ort sind. Gelegentlich machen sie daraus ein Pop-up-Event, bringen Equipment mit und kochen auf der Allee im Park, wenige Meter von den Beeten entfernt. Warum Watson-Brawn nach Stationen in Tokio, New York und Kopenhagen jetzt so viel Zeit im Brandenburger Hinterland verbringt, lässt sich schnell erahnen: Wilmars Gaerten ist nicht nur ein Ort des Aktivismus, an dem zukunftsfähige Landwirtschaft entwickelt wird, sondern macht auch einfach Spaß.

„Jedes Jahr schließen etwa 3500 landwirtschaftliche Betriebe in Deutschland, das sind in etwa zehn am Tag."

Gärtnerinnenhof

Biogemüse vor den Toren Berlins

→ Lage
Norden | Blumberg, Barnim
Karte: 08
16 km von Berlin

→ Empfehlungen
Im Sommer die Tomaten und Gurken probieren, Burmeister und ihr Team auf dem Markt am Maybachufer besuchen, freitags beim Hofverkauf die Gärtnerei besichtigen

Im Lenné-Park picknicken, über den (teils verfallenen) Flugplatz Werneuchen spazieren, entlang der Panke radeln

→ Kontakt
gaertnerinnenhof-blumberg.de
Instagram: @gaertnerinnenhof_blumberg

Direkt vor den Toren Berlins liegt Isabel Burmeisters Gärtnerinnenhof idyllisch im alten Ortskern von Blumberg am Eingang zum Lenné-Park. Hervorgegangen ist der drei Hektar große Gartenbaubetrieb aus der ehemaligen Schlossgärtnerei des Gutshauses Blumberg. Im Gegensatz zum Schloss stehen die historischen Gewächshäuser heute noch und werden durch die Gärtnerinnen mit allerlei Gemüse bepflanzt. Eine Besonderheit, die den Hof in Blumberg auszeichnet, ist die Tatsache, dass hier nur Frauen und nicht binäre Menschen arbeiten. Zu DDR-Zeiten wurden hier noch exotische Zierpflanzen gezüchtet, bis nach der Wende einige Frauen den abgewickelten Betrieb gemeinsam übernahmen und daraus einen Biogemüsehof der ersten Stunde machten.

Anfänglich war der Betrieb als Arbeitsbeschaffungsmaßnahme für Frauen gedacht, mit dem Ziel, diese zurück in die Landwirtschaft zu holen. Einige Frauen blieben, als der Hof Mitte der 1990er-Jahre als Gartenbaubetrieb weitergeführt wurde. Dass hier keine Männer arbeiten, heißt im Umkehrschluss nicht, dass sie nicht erwünscht sind. „Allerdings ist es für Männer so schwer hier reinzukommen wie für Frauen in eine Führungsposition" – diesen Satz hat Maria Natt, Isabel Burmeisters ehemalige Geschäftspartnerin, geprägt, und er gilt bis heute. Für Burmeister, die hier bereits ihre Ausbildung absolvierte und ein Jahrzehnt später den Betrieb übernahm, ist der Safe-Space auf dem Hof Normalzustand. „Hier ist nie jemand gekommen, hat mir den Schraubenzieher aus der Hand genommen und gesagt: ‚Komm, das mach ich mal für dich.'"

Anderswo sieht die Realität oft anders aus, denn wie so viele Branchen ist auch die Landwirtschaft eine männerdominierte Domäne – frei nach dem Motto: Die Männer sitzen auf dem Trecker und die Frauen jäten das Unkraut. Hier auf dem Gärtnerinnenhof dürfen alle Trecker fahren und die Hierarchien sind flach. Alle können alles machen, niemand muss alles machen. So wird versucht, auf persönliche Präferenzen einzugehen und die Stärken der Menschen einzusetzen. Was im Umgang miteinander nach heiler Welt klingt, ist auf dem Acker harte Knochenarbeit. Im Sommer, wenn das Gemüse sprießt, bedeutet das für die Chefin gern mal um die 70 Stunden Arbeit pro Woche, um einigermaßen hinterherzukommen.

Wasser ist ein zentrales Element in Burmeisters Gartenbaubetrieb. Wenn die Pumpe mal ausfällt und kein Wasser aus dem Tiefbrunnen hochgepumpt werden kann, funktioniert das Geschäftsmodell der Brandenburger Gärtnerinnen nicht. „Hier in der Region regnet es einfach zu wenig, um Kohl, Bohnen oder Salat ohne Bewässerung anzubauen", erklärt Burmeister. Dabei wird schon viel getan, um den Wasserverbrauch zu minimieren: Die Wasserentnahme wird durch Tröpfchenbewässerung möglichst gering gehalten und die Verdunstung im Boden durch Mulchen auf ein Minimum reduziert.

Burmeister, die seit ihrer bestandenen Meisterprüfung selbst jedes Jahr neue Gärtnerinnen ausbildet, engagiert sich nebenbei auch in der Prüfungskommission. Durch den guten Ruf, den ihr Betrieb in Hinblick auf Qualität und soziales Miteinander genießt, hat sie jedes Jahr ein Dutzend Bewerberinnen für nur einen Ausbildungsplatz – ein Luxus, denn die Auszubildenden, die in Brandenburg Gemüsegärtner oder -gärtnerin werden wollen, lassen sich beinahe an einer Hand abzählen. Die landesweite Abschlussprüfung absolvierten in diesem Jahr nur vier junge Auszubildende, eine davon stammt vom Gärtnerinnenhof. Ob diesbezüglich eine regionale Trendwende gelingen kann, ist fraglich. Neben der harten Arbeit ist vor allem die schlechte Bezahlung ein Problem, was einer der Gründe sein mag, wieso es für diesen so wichtigen Beruf kaum Nachwuchs gibt.

Vermarktet wird das Gemüse ausschließlich in der Region, hauptsächlich über zahlreiche Wochenmärkte, etwa am Maybachufer, am Südstern oder am Breslauer Platz sowie über die Marktschwärmer und in Form von eigenen Gemüseboxen. Ab und an landet das Gemüse auch mal auf den Tellern in Restaurants wie dem Otto (→ S. 188) oder in der Kantine von La Vie en Toast. Noch schwerer als eine Gärtnerin zu finden, ist das Anwerben von Marktpersonal. „Wer steht schon gern am Wochenende in aller Herrgottsfrühe auf, um die ganzen Kisten zu schleppen und dabei nur knapp über Mindestlohn zu verdienen?", fragt sich Burmeister und ergänzt direkt, warum es sich dennoch lohnt: „Dabei gibt einem das Verkaufen von qualitativ hochwertigen Nahrungsmitteln auf dem Wochenmarkt durch die Dankbarkeit und Freude der Kunden so viel zurück." Der Gärtnerinnenhof hat sich

„Hier auf dem Hof dürfen alle Trecker fahren, die Hierarchien sind flach."

über die Jahre ein gutes Image und einen treuen Kund:innenstamm erarbeitet. Um konkurrenzfähig zu bleiben, ist es dennoch immer wichtig, ein paar Sachen im Angebot zu haben, die die anderen Marktstände nicht führen. Trotz allem Wettbewerb auf den einzelnen Märkten herrscht gerade unter den Biobetrieben in Brandenburg aber auch viel Zusammenhalt, mit einigen Höfen ist Burmeister beispielsweise Ausbildungskooperationen eingegangen. Und wenn sie mal einen Markttag ausfallen lassen muss, gibt sie der vermeintlichen Konkurrenz Bescheid: „Man meldet sich beieinander ab, wenn mensch mal einen Markt ausfallen lässt. Damit die anderen Betriebe an dem Tag mehr Ware mitbringen."

Im Sommer stammt das meiste aus eigenem Anbau, aber ganz ohne Zukauf geht es vor allem im Winter nicht, denn die Kund:innen setzen das ganze Jahr über eine breite Auswahl in Bioqualität voraus und die Saison für regionales Gemüse ist recht kurz. „Ansonsten müsste ich mich da im Winter mit drei Stangen Porree, einer Pastinake und zwei Kisten Feldsalat hinstellen. Das funktioniert nicht, und dann bekomm die Leute mal dazu, im Frühjahr wieder bei dir zu kaufen", erklärt Burmeister.

Burmeister ist Gärtnerin aus Leidenschaft. Sie schwärmt von ihrem Gemüse und hat in der Liebe zur Natur und ihrer Vielfalt ihre Berufung gefunden. Auf kleiner Fläche baut sie im Sommer über 60 Kulturen an. Einer ihrer Lieblinge ist der Rosenkohl, obwohl sie ihn selbst nicht gern isst. Während ihrer Anfänge als Gärtnerin habe sie gar nicht gewusst, wie dieser wachse, denn im Supermarkt würden ja schließlich nur die kleinen runden Knospen landen. Dabei sieht die Pflanze so besonders aus: „Du hast diesen Stamm und dann die Blätter wie bei einem Baum und in den Blattachsen sprießt dann das, was wir als Rosenkohl kennen – so eine schöne, interessante Pflanze." Bei aller Vielfalt auf ihren rund 30.000 Quadratmetern hat Burmeister also ihren Blick für die Schönheit im Detail behalten. „Wenn der Rosenkohl auf einer Datingplattform wäre, würde ich nach rechts wischen", meint sie.

„Wenn der Rosenkohl auf einer Datingplattform wäre, würde ich nach rechts wischen."

Nobelhart & Schmutzig

Die Erfindung einer neuen Berliner Küche

→ Lage
Berlin | Kreuzberg
Karte: 09

→ Empfehlungen
Das klassische Sechs-Gang-Menü probieren, Micha Schäfer bei einem seiner Gastauftritte erleben

Hand-pulled Noodles bei Chungking Noodles genießen, bei Populus Coffee wach werden, im India Club fein dinieren

→ Kontakt
nobelhartundschmutzig.com
Instagram: @nobelhartundschmutzig

Über dieses Restaurant wurden schon viele Dinge gesagt, geschrieben und gepostet. Kaum jemand in Berlin, vielleicht sogar in ganz Deutschland, kämpft lauter für eine neue Esskultur und regionale Produkte und Erzeugnisse als diese Kreuzberger. Doch wie kam es zu dieser neuen deutschen Küche? Als das Nobelhart & Schmutzig 2015 seine Türen öffnete, war neben dem Fischers Fritz, Berlins damals einzigem Zwei-Sterne-Restaurant, nur das Rutz noch mit einem Stern ausgezeichnet. Ansonsten fand sich nur klassisches Fine Dining nach französischem Vorbild. Auf den Tellern der Hauptstadt suchte man vergebens nach anspruchsvollem Brandenburger Gemüse. „Berlin war nur bekannt für Currywurst und Pommes“, erklärt Wirt Billy Wagner. Das änderte sich, als er sich mit Küchenchef Micha Schäfer aufmachte, die Berliner Küche zu revolutionieren.

„Deutschlandweit hatte Regionalität nur in einer Handvoll Restaurants einen festen Platz in der Küche."

Micha Schäfer kam damals von der Frankfurter Villa Merton, dem Restaurant, das zu der Zeit für eine neue, regional fokussierte deutsche Küche stand-, nach Berlin. Die Ausgangslage fasst er nüchtern zusammen: „Es gab einfach keinerlei Regionalbezug." Deutschlandweit hatte Regionalität nur in einer Handvoll Restaurants einen festen Platz in der Küche. Maßstab für Produktqualität waren vielmehr große Entfernungen, altgediente Zubereitungsweisen oder vermeintlich teure Zutaten: Vichy-Karotte statt uckermärkischer Möhre, japanisches Wagyū statt Angler-Rotvieh, Beluga-Kaviar statt Maränenrogen. Seine neue Aufgabe sei er mit viel Hochmut und Ignoranz angegangen, stellt Schäfer rückblickend fest. Es habe an Struktur, Bewusstsein und Austausch zwischen Stadt und Land gefehlt. Doch seine Suche führte ihn auf Wochenmärkte und Höfe, wo er erkundete, welche Produzent:innen und Produktvielfalt Brandenburg zu bieten hat. Der kompromisslose Fokus auf Produkte und Erzeugnisse aus dem Umland war nicht nur identitätsstiftend, sondern auch ein gutes Alleinstellungsmerkmal. Und so hat das Nobelhart & Schmutzig 2015 begonnen, Fine Dining für Deutschland neu zu definieren.

Mit einem soliden Grundwissen über das Einwecken im Gepäck war Schäfer in der Lage, den Geschmack des Sommers auch in den grauen Berliner Januar zu transportieren. Andere für diese Art der Küche erforderlichen Arbeitsweisen, etwa das Verwerten ganzer Tiere, waren ihm hingegen neu. Viele Dinge durften und mussten ausprobiert werden, um einen eigenen Weg zu finden. Ein essenzieller Baustein, der es nicht nur dem Nobelhart & Schmutzig logistisch ermöglichte, regional hochwertig einzukaufen, war die Gründung des Gastrolieferdienstes Plattform 2020 (damals noch unter anderem Namen), einem beratenden Logistiker und Händler für regionale Lebensmittel aus kleinbäuerlicher Landwirtschaft, der etwa zur gleichen Zeit wie das Restaurant an den Start ging. Anfang der 2010er-Jahre hielt mit dem Startschuss der Markthalle Neun zudem ein neues Verständnis für Qualität und regionale Produkte und Erzeugnisse in Berlin Einzug. Um diese Verbindung auch im Nobelhart & Schmutzig zu verankern, wurde eigens eine Stelle geschaffen, die sich dem Aufbau eines Produzent:innennetzwerks widmete.

Auf dem Land stieß Schäfer zunächst nicht nur auf offene Ohren. Das Vertrauen vieler Erzeuger:innen musste erst langsam zurückgewonnen werden, da manche Gastronom:innen in der Vergangenheit unzuverlässige Abnehmer gewesen waren. Nicht selten schmückten sie sich mit den Lorbeeren lokaler Namen, kauften den Löwenanteil aber im konventionellen Großhandel. Schäfer sieht die Beziehung zwischen Landwirt:in und Köch:in hingegen als eine Art Partnerschaft. Beide lernen voneinander und sollten

„Landwirt:innen sind hier die wahren Stars des Restaurantbesuchs."

im Austausch stehen. Ausgehend vom Rhythmus der Natur geben die Landwirt:innen den Köch:innen vor, was gerade möglich ist. Diese Perspektive stellt die vorherrschende Hierarchie auf den Kopf, bei der die Nachfrageseite im Wesentlichen den Ton angab. Die Natur ist dabei die Chef in. „Wenn ein Koch anruft und fragt, ob er morgen 200 kleine Karotten vom Gärtner haben kann, dann lautet die Antwort: Natürlich geht das nicht – aber nächstes Jahr kann damit geplant werden", erklärt Schäfer.

Diese Art der Zusammenarbeit war anfangs holprig und mit großen Wissensdefiziten auf Seiten der Köch:innen verbunden, denn das Thema Saisonalität findet sich im Lehrplan der Kochausbildung kaum wieder. Aus Perspektive der Gärtner:innen ist es jedoch andersherum genauso wichtig zu verstehen, wie ihre Lebensmittel im Restaurant präsentiert werden sollen, welche Mengen benötigt werden und wo kritische Grenzen bei Qualitätsschwankungen verlaufen.

Die Wertschätzung für die Menschen, die diese grandiosen Erzeugnisse hervorbringen, kommt im Nobelhart & Schmutzig nicht nur durch die fairen Preise zum Ausdruck, die ihnen gezahlt werden, sondern auch durch die Würdigung der Erzeugnisse im Restaurant. Das macht die Landwirt:innen zu den wahren Stars eines Restaurantbesuchs. Ein Ergebnis von Schäfers „brutal lokaler" Entdeckungsreise war das Wiederentdecken vergessener Schätze wie der Rosenkohlblüte, einem Produkt, das die Natur hervorbringt, das Gärtner:innen aber bislang nicht verkaufen konnten. Eine Rosenkohlblüte auf dem Teller ist schmackhaft, polarisiert jedoch auch.

Aus dem gegenseitigen Austausch zwischen Acker und Küche ist 2018 die Idee des Vereins Die Gemeinschaft entstanden. Zu Beginn stand die Erkenntnis, dass sich weder die Landwirt:innen noch die Köch:innen untereinander kennen. Um einen Raum für Begegnung zu schaffen, wurde ein erstes Symposium auf dem Erdhof Seewalde veranstaltet, wo die

Akteur:innen erst einmal zusammengebracht wurden. Der Verein bestand bei der Gründung aus einem harten Kern von Menschen mit ähnlichen Idealen und Werten mit folgendem Ziel: „Etwas verändern auf dem Acker und in den Köpfen." Heute ist daraus eine größere Bewegung geworden, die über die Grenzen Berlins und Brandenburgs hinausgeht. Die Gemeinschaft hat mit Unterstützung des Berliner Senats ein Austauschprogramm etabliert, in dem Mitarbeiter:innen in der Gastronomie außerhalb der normalen Ausbildung gefördert werden und neue Stationen der Wertschöpfungskette kennenlernen. Denn die gegenwärtige Form der Kochausbildung ist veraltet. Vornehmlich wird die Nouvelle Cuisine (also Küche aus dem Paris von 1980) gelehrt, ein Gegenwartsbezug mit Thematisierung der aktuell großen Ernährungsfragen fehlt leider gänzlich.

Es scheint, als hätte das Nobelhart & Schmutzig ein neues Verständnis von Luxus geschaffen, bei dem weniger mehr ist. Um trotz allem zugänglich zu bleiben, hat das Restaurant kürzlich seine Menüfolge von zehn auf sechs Gänge reduziert und ist dabei in der Küchenhandschrift ein Stück rustikaler und bodenständiger geworden. Ob das Konzept „brutal lokal" Schule machen wird? Das hängt vor allem auch davon ab, wie sich die Gastronomie und die Landwirtschaft entwickeln. Vielleicht wird der lokale Gedanke mit seinen aktuellen Strukturen stagnieren. Wünschenswert wäre hingegen eine Zukunft, in der es wieder richtig attraktiv ist, zu kochen und auf dem Acker zu arbeiten, sodass die Beteiligten gut davon leben können. Am Nobelhart & Schmutzig soll es nicht scheitern.

„Wir wollen etwas verändern auf dem Acker und in den Köpfen."

Vertiefung

Gemüseanbau in Brandenburg: Entwicklung und Stand heute

Gemessen an der landwirtschaftlichen Fläche Brandenburgs wird nur auf einem ganz kleinen Teil Gartenbau betrieben. Gerade einmal 0,5 Prozent der bewirtschafteten Flur werden für den Gemüseanbau genutzt, was knapp unter dem bundesdeutschen Mittel von 0,8 Prozent liegt. Das Gemüse, das in Deutschland angebaut wird, reicht bei Weitem nicht aus, um den Bedarf der Bevölkerung zu decken. Öffentliche Stellen gehen davon aus, dass nur rund ein Drittel des Gemüses aus heimischem Anbau stammt. Beim Blick auf Biogemüse klafft die Lücke noch weiter auseinander: In der Metropolregion Berlin-Brandenburg etwa ist die Nachfrage hoch, aber der Selbstversorgungsgrad gering. Dennoch muss man festhalten, dass sich seit der Wiedervereinigung eine heterogene Mischung an Gartenbaubetrieben etabliert hat. Viele davon arbeiten auf kleinen Flächen und setzen auf alternative Konzepte wie Market Gardening (→ Wilmars Gaerten, S. 104) oder solidarische Landwirtschaft. Daneben haben sich auch einige größere Betriebe etabliert, die häufig auf bestimmte Kulturen spezialisiert sind. Die Erzeugnisse werden fast ausschließlich in der Region vermarktet und finden selten den Weg in den Lebensmitteleinzelhandel. Bei den größeren Betrieben wird mit dem Naturkostfachhandel zusammengearbeitet und in den kleineren geht das meiste über Direktvermarktung, sprich Wochenmärkte, Abokisten oder Ähnliches.

Mit der Wende lösten sich auch die gartenbaulichen Traditionen und Strukturen im Osten auf, was ein großes Loch in die regionale Versorgung gerissen hat. Das war allerdings in anderen Bereichen, ob Fleisch- oder Milchwirtschaft, ähnlich. Erst nach und nach gelang es, das Wissen und die Strukturen in der Region wiederaufzubauen. Zwar ist die Gemüseanbaufläche weiter gering, aber sie hat im letzten Jahrzehnt enorme Zuwächse verzeichnet (knapp 25 Prozent, was auf einen regionalen Trend zurückzuführen ist). Gleichzeitig macht der Strukturwandel auch vor den Gartenbaubetrieben nicht halt. Innerhalb der letzten zehn Jahre hat jeder vierte Betrieb seine Pforten geschlossen, gleichzeitig sind aber auch einige neue Betriebe hinzugekommen. Der Anteil an Gemüse aus ökologischem Anbau ist dabei weiterhin sehr niedrig: Gerade mal auf sechs Prozent der landesweiten Gemüseflächen wird ökologisch gearbeitet.

In Brandenburg wird einzig bei Rot- und Weißkohl mehr erzeugt als verbraucht. Der Anbau auf regionaler Ebene ist ingesamt geprägt von einigen wenigen Sorten: Auf den knapp 7000 Hektar Fläche machen Spargel, Einlegegurken, Kürbis und Karotten etwa 90 Prozent aus. Zentrum des Brandenburger Gemüseanbaus ist der Landkreis Potsdam-Mittelmark (Stichwort Beelitzer Spargel). Generell ist Spargel mit weitem Abstand das am meisten angebaute Gemüse in Brandenburg. Ansonsten gibt es noch größere Anbaugebiete in den Landkreisen Dahme-Spree und Spree-Neiße (Stichwort Spreewaldgurken). In der Uckermark hingegen ist der Gemüseanbau beispielsweise bedeutungslos. Neben dem Freilandanbau von Gemüse wird auch geschützter Anbau betrieben. Spargel wird gern unter Folientunneln gezogen, da er gut, gleichmäßig und gerade wächst. Ansonsten sind Gewächs-

häuser eine weitere produktive Art des Gartenbaus. Viele Gewächshausbesitzer:innen haben durch den Krieg in der Ukraine und die dadurch extrem gestiegenen Energiekosten aber einen schweren Stand.

Alte samenfeste Sorten

Einige wenige Firmen dominieren den weltweiten Saatgutmarkt. Ihr Fokus liegt auf dem intensiven, großflächigen Erwerbsanbau, und ihre Züchtungen verkaufen sie mit teuren Lizenzen und Patenten, um die Sorten vor dem

Nachbau durch andere zu schützen. Neben der Abhängigkeit der Landwirt:innen schränkt das System die Sortenvielfalt massiv ein. Wer das Saatgut hat, hat entsprechend die Macht, was angebaut wird und was nicht.

Natürlich gibt es auch Gründe, aus denen viele alte Sorten aus dem Fokus geraten sind. Manche sind schwierig in der Handhabung, bringen geringere Erträge und sind häufig nicht mehr für das moderne Handelssystem geeignet. Hybridsorten sind also nicht nur böse, sondern haben durchaus auch Vorteile. Genetisch vereinen sie die besten Eigenschaften der Elternpflanzen in sich. Aus diesen Samen gezogenes Gemüse zeichnet sich in Form, Aussehen und Farbe stets durch diese guten Eigenschaften aus. Zudem ist es weniger anfällig für Krankheiten und Schädlinge und die Erträge sind um einiges höher als bei den samenfesten Sorten. Hybridsorten versprechen also eine reichhaltige Ernte für die Bäuerinnen und Bauern. Die andere Seite der Medaille ist, dass die Pflanzen sozusagen Einwegmaterial sind. Bereits in der nächsten Generation verlieren sich die positiven Eigenschaften der Eltern. Aus diesem Grund sind Landwirt:innen dazu gezwungen, jedes Jahr teures Hybridsaatgut nachzukaufen.

Samenfeste Sorten hingegen steigern die Biodiversität auf dem Acker. Denn mit dem Erhalt möglichst vieler Sorten wird auch die genetische Vielfalt auf dem Feld erhöht. Durch diese Vielfalt kann Gemüse Resilienzen gegenüber sich verändernden klimatischen Faktoren wie Hitze und Trockenheit ausbilden. Gleichzeitig bietet sich so auch die Möglichkeit, sich an regionale klimatische Bedingungen und Bodenverhältnisse anzupassen – was etwa in der Brandenburger Streusandbüchse nicht ganz unwichtig ist. Letztlich überzeugen alte Sorten auch mit ihrem Geschmack und Aussehen, da sie im Gegensatz zu normiertem Supermarktgemüse charakterstark schmecken und einzigartig aussehen.

Gemüseanbau und Klimawandel: Was tun?

Auch wir tragen eine gewisse Verantwortung, diese genetische Vielfalt zu erhalten – ob durch den Konsum dieser Produkte oder den Anbau im eigenen Garten oder auf dem Balkon. Einige lokale Besonderheiten wie der Lippische Braunkohl oder das Teltower Rübchen bieten darüber hinaus das Potenzial für echte regionale Identität auf den Tellern. Daraus können neue Klassiker geschaffen werden, äquivalent zum Wiener Kochsalat mit Erbsen, um so die Metropolregion um ein paar kulinarische Kulturgüter reicher zu machen. Möglichkeiten, an samenfestes Saatgut zu kommen, gibt es zum Glück noch, beispielsweise über das SaatGut-Erhalter-Netzwerk Ost, die Bingenheimer Saatgut AG oder den VERN e. V.

Urban Farming: Potenziale und Herausforderungen

Schon heute lebt die Hälfte der Menschen weltweit in Städten und bis 2050 sollen es sogar 70 Prozent sein – bei einer Weltbevölkerung von zehn Milliarden Menschen. Viele Bäuche müssen also gefüllt werden – und das von einem Nahrungsmittelsystem, das schon heute an seine Grenzen stößt. Mittlerweile herrscht weitestgehend Konsens darüber, dass es erstrebenswert ist, Lebensmittel dort zu konsumieren, wo sie auch erzeugt wurden, und sie nicht um den halben Globus zu verschiffen. Urban Farming punktet in diesem Zusammenhang mit einigen guten Argumenten. Durch die Nähe zur Stadt sind die Transportwege kurz und das Gemüse frisch und es können viele Emissionen eingespart werden. Der Wasserverbrauch ist verhältnismäßig gering und kann um bis zu 95 Prozent reduziert werden. In geschlossenen Kreisläufen kann Wasser zudem komplett wiederverwendet werden. Hinzu kommt der deutlich reduzierte beziehungsweise ausbleibende Pestizideinsatz, zusätzliches Wirtschaftswachstum für die Region

sowie erhöhte Erträge.

Im Vergleich zum Freilandanbau können in sogenannter vertikaler Landschaft bis zu zehnmal mehr Pflanzen auf der gleichen Fläche angebaut werden. Ein großes Manko dieser Systeme ist der hohe Energieverbrauch, verbunden mit der Tatsache, dass es in Deutschland aktuell überwiegend fossil betriebene Infrastrukturen dafür gibt. Die Kreislaufwirtschaft bietet heute in der Theorie allerdings schon Konzepte für geschlossene Systeme. Hier können und müssen Industrie und Gartenbau zusammenarbeiten, indem beispielsweise Abwärme von Produktionseinheiten für das Beheizen von Gewächshäusern genutzt wird. Auch die Wissenschaft forscht in Berlin an einer der letzten Gartenbaufakultäten Deutschlands fleißig zu dem Thema. Erst kürzlich ist das CUBES Circle Projekt in Berlin-Dahlem angelaufen, wo sich Interessierte selbst ein Bild von der Zukunft der Landwirtschaft machen können. Generell liegt diese darin, verschiedene Kreisläufe zu schaffen und miteinander zu kombinieren sowie ökologische Prinzipien aus der Natur zu übernehmen. Denn im Gegensatz zu unserem linearen Wirtschaftssystem gibt es in der Natur keine Abfälle. Dank Digitalisierung, moderner Technik und dem Austausch von Know-how wird es in der Zukunft vermehrt regionales Gemüse aus Berlin geben.

Auch wenn die Porträts in diesem Buch auf den ersten Blick etwas anderes nahelegen, ist es in der Realität so, dass nur ein Bruchteil des Gemüses aus der Region stammt, geschweige denn vom Acker. Urban Farming kann daher in Zukunft ein wichtiges Puzzlestück für die Verfügbarkeit von regionalem Gemüse sein.

Kleine Betriebe und klassische Marktwirtschaft

Das Ausgangsproblem vieler kleiner Betriebe ist die klassische Marktwirtschaft. Mit ihrer kleinteiligen Arbeitsweise und Strukturierung haben sie es oft schwer, in die Supermärkte zu kommen, weil sie weder bei den Mengen noch beim Preis mit den großen Betrieben konkurrieren können. Egal ob Produkte aus ökologischer oder konventioneller Produktion: Über den Preis entscheidet der Weltmarkt. Wenn in Spanien besonders viel Salat geerntet wird und dieser in den deutschen Markt gedrückt wird, sinkt hier der Preis pro Kopf - teilweise so sehr, dass er für die Erzeuger:innen unter den Produktionskosten liegt. Genau wie die industrielle Landwirtschaft haben auch die Supermärkte ein Framing etabliert: Sie behaupten, für unser Wohl nur die besten Lebensmittel einzukaufen und die Gesellschaft zu ernähren. Doch dies ist nur ein Teil der Wahrheit, denn sie sind natürlich in erster Linie an möglichst gut handelbaren Produkten interessiert. Alles, was sich gut anbauen, verpacken, transportieren und verkaufen lässt, steht im Regal, der Rest nicht - legitime Handelsinteressen eben. Es findet nur der Eisbergsalat den Weg in den Handel, der die aufwendige Logistik von der spanischen Farm bis nach Deutschland ins Zentrallager überlebt und im Ladenregal noch drei Tage lang einen knackigen Eindruck macht.

Mehr zu solidarischer Landwirtschaft

Ursprünglich kommt die Idee aus Japan und ist dort als *teikei* bekannt. Mittlerweile partizipieren Millionen von Japaner:innen in *teikei*, nach manchen Zahlen ist im Inselstaat gar jeder vierte Haushalt an eine regionale Landwirtschaft angeschlossen. Auch in den USA ist die „Community Supported Agriculture"-Bewegung als Gegenmodell zur industriellen Landwirtschaft entstanden. Der erste dokumentierte Solidarhof Deutschlands war im Jahr 1989 der Buschberghof in Schleswig-Holstein.

Die Zahlen aus Japan klingen nach einem Paradebeispiel für kleinbäuerliche Landwirtschaft und könnten ein Vorbild dafür sein, wie diese auch andere Industrienationen wie Deutschland ernähren könnte. Seit Jahrzehnten begegnet uns das Framing, dass nur die industrielle Landwirtschaft in der Lage sei, die wachsende Weltbevölkerung angemessen zu ernähren. Dabei ist das mitnichten so, denn bis dato hat sie ihr vor Jahrzehnten gegebenes Versprechen nicht einlösen können und noch immer leiden weltweit viel zu viele Menschen unter Hunger und Armut. Stattdessen steigt die Abhängigkeit von Saatgut, Pestiziden und Dünger Jahr für Jahr. Ein Blick auf die Zahlen verrät, dass 70 Prozent der Menschen weltweit von kleinen, biologisch vielfältigen Betrieben ernährt werden. Kleinbäuerliche Strukturen sind sehr produktiv und produzieren auf einem Bruchteil der Fläche deutlich mehr landwirtschaftliche Kultivate als die großen, hoch technisierten Betriebe. Viele der lokal arbeitenden und teilweise selbst versorgenden Betriebe gerade im globalen Süden tauchen mit ihrer Arbeit gar nicht erst in den offiziellen Statistiken wie dem Bruttoinlandsprodukt auf, daher wird ihr Anteil an der Ernährung der Welt auch gern unterschlagen. Nur 30 Prozent der Lebensmittel weltweit stammen von industriellen Großbetrieben, die neben dem immensen Flächenverbrauch zusätzlich für 75 Prozent der Zerstörung unserer Ökosysteme verantwortlich sind – ob Degradierung von Böden, Verschmutzung von Wasser oder Zerstörung der Artenvielfalt. Solidarische Landwirtschaft (SoLaWi) orientiert sich an einem kleinbäuerlichen Ansatz. Der Begriff „kleinbäuerlich" dient dabei mehr als Arbeitsbegriff, um die Art und Weise des Wirtschaftens und den Umgang mit der Natur zu beschreiben. Mittlerweile gibt es in Deutschland Betriebe, die mit diesem Ansatz über 3000 Familien ernähren.

Wie viele Menschen in Deutschland Teil einer SoLaWi sind, ist schwer zu ermitteln, denn strukturierte Metadaten gibt es hierzu nicht. Fakt ist, dass die Mitgliederzahlen im Dachverband der solidarischen Landwirtschaft seit gut 15 Jahren rapide steigen (2022 waren es rund 700 Mitgliedsbetriebe), und es ist nicht zu hoch gegriffen, von einem kleinen Hype zu sprechen – bei der Gründung 2011 waren gerade mal 19 Betriebe dabei. Auch für Menschen mit einem geringeren Einkommen kann SoLaWi eine Alternative sein, um an ökologisch produzierte, lokale Lebensmittel zu kommen. Über das Jahr gibt es keine Preisschwankungen und bei vielen SoLaWis gibt es eine

jährliche Beitragsrunde. Dabei können alle in einem anonymen Verfahren aufschreiben, was sie monatlich finanziell beitragen können, bis am Ende der Finanzbedarf für das Jahr gedeckt ist. Die Professorin kann vielleicht mehr geben als die alleinerziehende Mutter mit drei Kindern, aber im Kollektiv gleicht es sich aus. Dadurch, dass am Ende alle bekommen, was sie brauchen, wird auch die Preislogik ausgehebelt.

Saisonalität: Welches Gemüse wächst wann?

In unseren Breitengraden wachsen im Winter vor allem Wurzelgemüse wie Topinambur oder Pastinake, die sogar frostresistent sind. Hinzu kommen Rosenkohl und Lauch, die bereits im Sommer des Vorjahres gepflanzt werden. Neben Lagerware wie Weißkohl, Rote Bete und Karotten gibt es auch ein bisschen Frisches, etwa Feldsalat und Postelein. Im Frühling kommen dann frische Salate, Wildkräuter, Radieschen und Kohlrabi auf den Tisch. Zu der Lagerware aus dem letzten Jahr, die sich nun langsam dem Ende zuneigt, gesellen sich Rhabarber und natürlich das große Highlight der Deutschen: der weiße Spargel. Mit dem Ende der Spargelsaison beginnt dann die Zeit des Überflusses. Allerlei Beeren und Früchte hängen an den Sträuchern und Bäumen und auch beim Gemüse wächst einiges. Verschiedene mediterrane Gemüsesorten wie Paprika, Fenchel, Aubergine und Tomate werden langsam reif. Dazu gesellen sich Brokkoli, verschiedene Bohnensorten sowie Erbsen und Gurken. Neben dem Gemüse ist der Sommer auch die Zeit der Getreideernte. Und mit Beginn des goldenen Herbstes werden Äpfel, Birnen und Weintrauben reif. Auch die Nussernte mit Walnüssen, Haselnüssen und Esskastanien steht vor der Tür. Typisches Herbstgemüse sind Kürbis und Chicorée oder Grünkohl. Kurz vor Weihnachten beginnt dann die Ernte des langsam wachsenden Knollen- und Wurzelgemüses, das bereits zu Beginn des Sommers ausgesät wurde.

Wassermangel in Europas Gemüsegarten

Almería ist der Gemüsegarten Europas. Auf 31.000 Hektar erstreckt sich dicht an dicht und so groß wie München das *mar del plastico*, das gut aus dem All erkennbar ist. Einst wurden die Plastikplanen installiert, um den Wind davon abzuhalten, die kostbare Erde abzutragen. Dieses System hat sich bis heute bewährt. Die schier unendliche Weite aus Gewächshäusern und Folientunneln wird überwiegend von kleinen Familienbetrieben bewirtschaftet. Der Anbau hat Wohlstand in die einst so arme wüstenähnliche Region gebracht. 29 Millionen Tonnen Obst und Gemüse werden jährlich in Spanien produziert – das ist mehr als ein Viertel der gesamten Produktion in der EU. Die Hälfte davon wird exportiert, doch fast alles bleibt in Europa. Wichtigster Abnehmer für Gemüse ist Deutschland, ob Salat, Paprika oder Brokkoli. Ein Teil der Produktion wurde aufgrund der steigenden Nachfrage auf Bio umgestellt – ein Milliardengeschäft. Doch hat das Modell Zukunft?

Almerías größtes Asset ist die Sonne. Hier gibt es fast doppelt so viele Sonnenstunden jährlich wie in den Niederlanden, dem großen Konkurrenten auf dem europäischen Gemüsemarkt. Neben der vielen Sonne spricht auch die CO_2-Bilanz für Tomaten aus Almería – trotz des langen Transportwegs. Denn Gewächshaustomaten aus nördlichen Breiten verbrauchen durch das Beheizen deutlich mehr Kohlenstoffdioxid. Das klingt erstmal nicht so schlecht, wäre da nicht der Wassermangel. Einerseits ist es so heiß, dass im Sommer gar keine Tomaten mehr angebaut werden können, gleichzeitig bleibt der Regen aus. Seit acht Jahren sitzt die Region auf dem Trockenen. Spanien verwüstet. Maximal 200 Millimeter Regen fallen hier noch pro Jahr. Die Folge sind lokale Proteste und die Rationierung von Wasser.

Die Gartenbaubetriebe haben sich an die immer extremer werdenden Verhältnisse angepasst, Tröpfchen-

Saisonkalender												
GEMÜSE	JAN	FEB	MÄR	APR	MAI	JUN	JUL	AUG	SEP	OKT	NOV	DEZ
Artischocke								●	●			
Aubergine							●	●	●	●		
Blumenkohl					●	●	●	●	●	●		
Buschbohne							●	●	●	●		
Brokkoli						●	●	●	●	●		
Chinakohl						●	●	●	●	●	●	
Erbse						●	●	●				
Feldsalat	●	●	●	●						●	●	●
Fenchel						●	●	●	●	●	●	
Frühlingszwiebel					●	●	●	●	●	●		
Grünkohl	●	●									●	●
Gurke						●	●	●	●	●		
Karotte	○	○	○	○	○	●	●	●	●	●	○	○
Kartoffel	○	○	○	○	○	●	●	●	●	●	○	○
Knollensellerie	○	○	○	○	○	○	●	●	●	●	●	○
Kohlrabi					●	●	●	●	●	●		
Kopfsalat					●	●	●	●	●	●		
Kürbis	○	○						●	●	●	●	○
Lauch	●	●	●	●	●	●	●	●	●	●	●	●
Mangold					●	●	●	●	●	●		
Paprika							●	●	●	●		
Pastinake	●	●	●	○					●	●	●	●
Postelein	●	●	●	●			●	●	●	●	●	●
Radieschen					●	●	●	●	●	●		
Rettich					●	●	●	●	●	●	○	○
Rhabarber				●	●	●						
Rosenkohl	●	●	●							●	●	●
Rote Bete	○	○	○	○		●	●	●	●	●	●	○
Rotkohl	○	○	○	○	○	●	●	●	●	●	●	○
Spargel				●	●	●						
Spinat			●	●	●				●	●	●	
Stangensellerie					●	●	●	●	●	●		
Tomate							●	●	●	●		
Topinambur	●	●	●							●	●	●
Weißkohl	○	○	○	○		●	●	●	●	●	●	○
Wirsing	●	●	○		●	●	●	●	●	●	●	●
Zucchini						●	●	●	●	●		
Zwiebel	○	○	○	○	○	○	●	●	●	●	○	○

● aus heimischem Anbau
○ als Lagerware verfügbar

bewässerung ist Standard, viele Betriebe arbeiten bereits mit Sensoren zur effektiven Bewässerung und fast geschlossenen Wasserkreisläufen. Dennoch reicht das Wasser nicht für alle: Das Problem ist die schiere Menge an Gewächshäusern. Wenn das Wasser nicht mehr von oben kommt, bleiben nicht viele Möglichkeiten. Stauseen, die sich aus den Flüssen der Sierra Nevada speisen, sind kaum noch gefüllt, und ihre Reste werden als Trinkwasserreserven zurückgehalten. Aufbereitetes Frischwasser aus den Meerwasserentsalzungsanlagen ist häufig zu teuer, denn die Anlagen sind extrem energieintensiv und werden trotz des Überangebots an Sonne größtenteils mit fossilen Brennstoffen betrieben. Was bleibt also übrig? Grundwasser. Unterirdisch gibt es ein riesiges Reservoir aus Flüssen und Seen, die sich über Jahrtausende ebenfalls aus der Sierra Nevada gespeist haben. Viele Hundert illegale Brunnen holen das „blaue Gold" aus der Tiefe hervor. In ganz Spanien gehen Schätzungen sogar von einer halben Millionen dieser illegalen Brunnen aus – mit dem Resultat, dass in einigen Regionen der Grundwasserspiegel in den letzten 20 Jahren um sagenhafte 100 Meter abgesunken ist. Genaue Zahlen zur Entnahme gibt es nicht, weil es kein Monitoring gibt, wer wie viel entnimmt, und zudem ist die Rechtslage zum Thema Wasserrechte ziemlich undurchsichtig. Wichtig wäre es, auf nationaler Ebene politisch klare Verhältnisse zu schaffen. Außerdem müsste die EU ihre Landwirtschaftssubventionen an einen verantwortungsvollen Umgang mit der Ressource Wasser koppeln.

Resultat dieser Bewirtschaftungsweise sind ausgelaugte Böden und die Versteppung der Landschaft. Wasser aus diesen Tiefen hochzupumpen, ist energieintensiv und teuer. Auch hier steht wieder die Wirtschaftlichkeit der Betriebe auf dem Spiel. Denn Länder wie Marokko, in denen noch günstiger produziert werden kann, stehen bereit, den Bäuerinnen und Bauern von Almería die Märkte streitig zu machen – und das alles, damit wir ganzjährig günstiges Gemüse bekommen. Gerade der Ökosektor muss sich dieser Herausforderung stellen und Lösungen finden. Neben den Problemen rund um den Wasserfußabdruck der spanischen Lebensmittel muss auch die soziale Nachhaltigkeit in den Fokus gerückt werden. Erzeugt wird unser Gemüse teilweise unter Arbeitsbedingungen, die moderner Sklaverei gleichen. Trotz hoher Arbeitslosigkeit in der Region wollen viele Spanier:innen die harte Arbeit nicht mehr machen. Stattdessen kommen Saisonkräfte aus Marokko, Osteuropa und den Staaten südlich der Sahara, um in den Gemüsegärten Europas zu arbeiten.

Wasser und Wassermangel: Die Situation in Deutschland und Brandenburg

Die Wassermenge, die für die Herstellung eines Produktes aufgewendet werden muss, wird als virtuelles Wasser bezeichnet. Zwar gibt es in Deutschland alles in allem noch genug Wasser, aber unsere Essgewohnheiten sind sehr wasserintensiv. Und nur knapp die Hälfte des virtuellen Wassers unserer Lebensmittel stammt aus Deutschland. Der Rest wird in Form von Futtermitteln und Lebensmitteln importiert. Dabei ist es in Gegenden wie Almería viel knapper, dort wird das Grundwasser für den wasserintensiven Gemüseanbau massiv übernutzt. Eine Tomatenpflanze braucht während der Wachstumsperiode gern mal drei Liter Wasser täglich. Auch hier gibt es mittlerweile technische Lösungen und Kreislaufsysteme, die den Verbrauch minimieren, allerdings sind diese Systeme noch nicht für den Mainstream des Anbaus tauglich. Selbst in Brandenburg müssen wir für den Gemüseanbau künstlich bewässern. Etwa so viel Grundwasser wie Regenwasser ist nötig, um lokales Gemüse zu produzieren. Wenn diese Ressource so knapp ist, stellt sich die Frage: Was wollen wir mit unserem Wasser in Zukunft machen? Lebensmittel produzieren oder Autos bauen? Tesla verbraucht mit der neuen Grünheider Gigafactory 1,4 Millionen Kubikmeter Wasser im Jahr – so viel wie eine Stadt mit 40.000 Einwohner:innen. Es werden Nutzungskonflikte und Konkurrenzkämpfe rund ums Wasser entstehen zwischen Landwirtschaft, Tourismuswirtschaft, Industrie und der fortschreitenden Urbanisierung. Ist es in Ordnung, dass Maisfelder mit Grundwasser bewässert werden, um den Mais anschließend in Biogasanlagen zu verwerten? Fragen wie diese sind die großen Fragen unserer Zeit, aufdie wir überregionale Antworten finden müssen.

Auf Landesebene wird es in der Region Berlin-Brandenburg zukünftig darum gehen, Lösungen zu finden, um unsere Kulturlandschaft resistent und resilient gegenüber dem Klimawandel zu machen. Das Entfernen von Drainagen auf Feldern, die Renaturierung von Flüssen und der Umbau der Wälder hin zu Laubmischwäldern sind drei große Hebel im Kampf gegen den Wassermangel. Erschwerend kommt jedoch der Flächenhunger der Stadt Berlin hinzu und die damit einhergehende Versiegelung. Berlin als Metropole muss sich darüber hinaus neue Wege überlegen, an Wasser zu kommen, etwa durch das Auffangen von Regenwasser in großen Rückhaltebecken. Im „Masterplan Wasser" der Landesregierung wurde schon das Ziel auserkoren, Berlin zur Schwammstadt zu machen. Fall das nicht gelingt, Brandenburg weiter das Wasser entzogen wird und Gebiete wie der Spreewald trockenfallen, ist ein Stadt-Land-Konflikt zu Recht vorprogrammiert. Die Wasserkrise bietet enormen gesellschaftlichen Sprengstoff. Weitere Lösungen sind das Anreichern von Grundwasser mit Regenwasser, wobei hier besonders aufgepasst werden muss, dass keine Schadstoffe ins Grundwasser gelangen. Aktivkohle ist ein Mittel, um diese aus dem System zu filtern. Weitaus kostspieliger ist die Vorstellung, mit Meerwasserentsalzungsanlagen oder riesigen Wasserpipelines wie in Israel zu arbeiten, um die Region mit Wasser aus anderen Regionen zu versorgen, in denen es keinen Mangel gibt. Der einfachste Weg, für eine Entlastung im Wassernetzwerk zu sorgen, ist aber, einfach weniger zu verbrauchen.

Was für die gesamtgesellschaftliche Situation gilt, gilt auch speziell für die Landwirtschaft. Es müssen Lösungen gefunden werden, um den Standort Brandenburg zukunftsfähig zu machen, und zwar gemeinschaftlich im Verbund und nicht allein auf Betriebsebene. Ähnlich wie beim Naturschutz kommt es darauf an, ganze Landschaften zu erhalten und aufzuwerten. Der oder die Einzelne kann einen Beitrag leisten, die immensen Herausforderungen aber nicht allein bewältigen. Beispiele sind sogenannte Klimalandschaften: Diese zeichnen sich durch einen hohen Biodiversitätsanteil, gesunde Wälder und Böden, die CO_2 speichern, sowie durch eine erhöhte Wasserhaltefähigkeit auf den Flächen aus. Erste Umsetzungsversuche für dieses Konzept finden aktuell im Fläming statt.

Auch wenn ein landwirtschaftlicher Betrieb nicht die Welt

verändert, kommt es dennoch darauf an, dass jeder seinen Beitrag leistet. Für die einzelnen Betriebe gilt es, mit den Wasserreserven hauszuhalten und das Wasser auf den Flächen zu halten. Hierfür gibt es verschiedene Maßnahmen und Konzepte, die aktuell von einigen wenigen Pionierbetrieben umgesetzt und erprobt werden. Am einfachsten umzusetzen ist die Speicherung des verfügbaren Wassers bei Regen in Form von Rückhaltebecken, Gräben oder Staudämmen, um es zu späteren Zeitpunkten gezielt auf den Flächen ausbringen zu können. Denn in den Zeiträumen, in denen das meiste Wasser gebraucht wird, regnet es kaum. Im Winter hingegen, wenn kaum etwas wächst, ist das Wasser auf den Feldern weniger wichtig. Ganzjährige Bodenbedeckung der Felder kann die Fähigkeit des Bodens, Wasser aufzunehmen und zu speichern, deutlich verbessern. Auch das Anlegen von Gehölzen und Agroforststreifen kann sich positiv auf die Wasserhaltefähigkeit auswirken. So wird heißer Wind, der über die Felder weht, ausgebremst, und die Temperaturen auf den Feldern lassen sich reduzieren. Pflanzen tragen nämlich entscheidend zum Erhalt der Wasserkreisläufe und der Kühlung unseres Planeten bei. Sie nutzen die Sonnenenergie, um das über die Wurzeln aufgenommene Wasser durch die Verdunstung an ihren Blättern wieder abzugeben. So kann ein einzelner Baum an einem Tag mehrere Hundert Liter Wasser über die Spaltöffnungen seiner Blätter wieder an die Umwelt abgeben. In Bodennähe sorgt das für Verdunstungskühlung. Durch einen Agroforst wird aus einfachen linearen Strukturen ein mehrdimensionales landschaftliches System, das nicht nur Wasser besser halten, sondern auch noch ertragreicher sein kann. Auch Konzepte aus der Permakultur, bei der der Wasserrückhalt eine zentrale Rolle spielt, oder aus dem klassischen Hochwasserschutz können die Landwirtschaft dabei unterstützen, sich gegen die drohende Klima- und Wasserkrise zu wappnen. Ein Blick in die Länder des globalen Südens könnte dabei helfen, effektive Maßnahmen zu finden. An vielen Orten leiden die Menschen schon viel länger unter Wassermangel und haben Strategien entwickelt, sich damit zu arrangieren. Wo der Blick in technischen Fragen bislang meist von Süd nach Nord ging (eine koloniale Angewohnheit), könnte sich der Wissensaustausch nun umkehren.

04 MILCH

Einführung

Bei den Römern und Griechen war Milch als die Nahrung der Götter bekannt. In der Bibel fließen Milch und Honig als Sinnbild für Fruchtbarkeit und Überfluss durch das gelobte Land. Sogar die Milchstraße soll durch einen Spritzer Milch aus der Brust der Göttin Hera entstanden sein, als sie Herkules stillte. Auch im Mittelalter war das „weiße Gold" als Heiltrank und Schönheitsmittel begehrt. Allerdings waren Milchprodukte lange Zeit kaum haltbar, die Herstellung war aufwendig und Milch und Käse galten als Speisen des Klerus und Adels. Doch die Industrialisierung machte auch vor der Milch nicht halt. Heute macht die deutsche Milchindustrie einen Umsatz von knapp 30 Milliarden Euro im In- und Ausland. Damit ist sie die größte Milchindustrie in der EU und gleichzeitig die umsatzstärkste Lebensmittelbranche Deutschlands.

Was ist Milch?

Wie durch ein Wunder produzieren Wiederkäuer allein aus Gras - einem Rohstoff, der für uns Menschen nicht verwertbar ist - auf natürliche Art und Weise und mithilfe ihres Vier-Kammern-Magens ein hochwertiges fett- und eiweißreiches Nahrungsmittel. Neben Kühen geben vor allem Ziegen, Schafe und Büffel Milch, aus der verschiedenste Produkte entstehen können.

Muttermilch enthält alles, was ein Baby der jeweiligen Art (ob von der Kuh, dem Schaf oder dem Menschen) braucht: Wasser, Zucker, Proteine, Mineralien, Vitamine, Antikörper und Hormone. Darüber hinaus ist Milch eine gute Quelle für Kalzium, Kalium, Vitamin D und Eiweiß.

Bei Milch handelt es sich im Grunde genommen um eine Emulsion aus Wasser mit einem kleinen Anteil an Feststoffen wie Milchzucker und Fett. Diese Stoffe schwimmen als kleine unsichtbare Partikel in der Flüssigkeit. Wenn ein Lichtstrahl die Milch durchdringt, reflektieren und streuen die Partikel das Licht. Sie nehmen keine Farbe aus dem Lichtspektrum auf und deshalb erscheint das Licht, das zu uns zurückgespiegelt wird, weiß - und genau aus diesem Grund ist die Milch weiß.

Entwicklung des Milchkonsums

Einst galt Milch als „weißes Gold“, und in Deutschland liebt man sie bis heute. Dennoch verzeichnet der Konsum von Milch seit Jahren nur eine Richtung: abwärts. Der Mythos Milch bröckelt. In den letzten 50 Jahren hat sich der Milchkonsum in Deutschland fast halbiert, auf knapp 48 Kilogramm Kuhmilch pro Jahr. Dazu kommen sechs Kilogramm Butter und 25 Kilogramm Käse. Vor ein paar Jahren hat die Milchindustrie deshalb ein Vier-Milliarden-Euro-Marketingpaket geschnürt, um die Milch bei den Verbrauchenden wieder als begehrenswertes Lebensmittel zu platzieren.

Milchbäuerinnen und -bauern in Deutschland

In Deutschland gibt es noch knapp 50.000 [1] Milchbäuerinnen und -bauern. Jeden Tag stellen sechs Höfe die Produktion ein. Fast die gesamte Menge an Milch wird von gerade einmal 163 Molkereien verarbeitet. Viele der Höfe geben auf, weil sie nicht mehr von den niedrigen Milchpreisen leben können, die auf dem Weltmarkt konkurrenzfähig sein sollen. Teilweise wurden über die Jahre Stimmen laut, die behaupteten, dass ein Liter Wasser teurer sei als ein Liter Milch. Und in der Tat liegt der Milcherzeugerpreis der Landwirt:innen häufig unter deren Selbstkosten, was vielen keine ökonomische Perspektive bietet.

Der Milchmarkt ist stark zentralisiert: Jede Milch sieht gleich aus, und auch im Geschmack herrscht Einheitlichkeit. Gleichzeitig ist im ländlichen Raum teilweise auch eine Rückentwicklung zu kleinbäuerlichen und lokal verarbeitenden Strukturen zu beobachten – auch in Brandenburg. Durch die politische Geschichte und die Größe der Betriebe finden sich im Osten allerdings generell weniger dieser Strukturen, anders als in den grünlandreichen Mittelgebirgsregionen Deutschlands oder am Alpenrand. Die meisten Betriebe in Brandenburg sind noch recht jung und erst nach der Wende entstanden.

Um sich aus der Abhängigkeit von Handel und Molkereien zu befreien, verkaufen einige Betriebe ihre Milch durch Direktvermarktung oder veredeln sie gleich zu anderen Produkten wie Käse. Dadurch können sie eine höhere Wertschöpfung erzielen und über den direkten Weg den Preis mit den Konsumierenden selbst „verhandeln“. Im Vergleich zu industrialisierten Produkten ist der Geschmack der Produkte bei jedem dieser kleinen Betriebe anders. Es herrscht eine gewisse Vielfalt, was gleichzeitig auch eine kulturelle Errungenschaft ist. Gleichwohl liegt der Anteil dieser Produkte bei gerade einmal etwa zwei Prozent des Marktes in Deutschland, was verdeutlicht, dass in diesem Buch eine Nische beleuchtet wird.

01 → S. 164: Probleme der Milchbäuerinnen und -bauern in Deutschland

„In Deutschland gibt es noch knapp 50.000 Milchbäuerinnen und -bauern.“

Produkte aus Milch

② Milch ist der Grundrohstoff vieler Lebensmittel. Los geht es mit der Rohmilch (die unbehandelte Milch der Kühe). Rohmilch darf entweder ab Hof frisch und ohne Unterbrechung der Kühlkette aus einem Milchautomat verkauft oder zu Rohmilchkäse weiterverarbeitet werden. Im Gegensatz zu ③ behandelter Milch herrscht beim Verzehr von Rohmilch ein erhöhtes Gesundheitsrisiko, da hier Bakterien und Keime nicht abgetötet werden.

Als Sahne bezeichnet man den fettigsten Teil der Milch. Für gewöhnlich hat er zwischen 30 und 43 Prozent Fett. Wer Sahne zu lange schlägt, bekommt Butter. Und für Sauermilchprodukte wird Milch mit unterschiedlichen Milchsäurekulturen geimpft. In verschiedenen Herstellungsverfahren entsteht so eine große Produktfamilie.

Käse

Bereits vor über 6000 Jahren soll in Mesopotamien ④ Käse hergestellt worden sein. Auch die Römer entwickelten besondere Fertigkeiten bei der Käseherstellung und kannten bereits eine große Vielfalt an Sorten. Die industrielle Käsewirtschaft erlebte ihren Durchbruch im 20. Jahrhundert mit der Erfindung der Zentrifuge. Heute sind über 4000 Käsesorten bekannt.

02 → S. 165: Mehr über Produkte aus Milch
03 → S. 163: Pasteurisierung, Entrahmung und Homogenisierung
04 → S. 166: Käseherstellung

„2015 lief die Milchquote nach 31 Jahren endgültig aus und der Markt wurde sich selbst überlassen.“

Der Aufstieg der Milch

Die Zeit nach dem Zweiten Weltkrieg war sowohl in West- als auch in Ostdeutschland von Mangel und Hunger geprägt. Das Angebot an Lebensmitteln war knapp und die Nachfrage enorm. So war es für die Bäuerinnen und Bauern damals einfacher, Preise zu erzielen, von denen sie leben konnten. Erst mit Einführung der Europäischen Wirtschaftsgemeinschaft (EWG), dem Vorgänger der EU, wurde im Jahr 1957 erstmals eine gemeinsame Agrarpolitik (GAP) beschlossen. Es wurde ein Richtpreis eingeführt, der Orientierung gab, wie viel die Landwirt:innen für einen Liter Milch bekommen sollten. Dieser bestand bis in die 1990er-Jahre und zeigte grundsätzlich die gewünschte Wirkung, denn aus der Unterproduktion der 1950er-Jahre wurde durch den technischen Fortschritt und die finanziellen Anreize recht schnell eine Überproduktion.

Milch als Politikum

Ende der 1960er-Jahre türmte sich in den EWG-Staaten ein Butterberg von über 150.000 Tonnen. Der wirkliche ⑤ Paradigmenwechsel in der Landwirtschaft erfolgte dann aber erst in den 1970er-Jahren. Erstmals in der Geschichte der EWG wurde dauerhaft mehr produziert, als verbraucht werden konnte. Damals stand man vor der ⑥ Wahl zwischen Marktliberalisierung und Mengensteuerung. Man entschied sich für Letzteres. Der Markt wurde reguliert und es wurden Produktionsziele für jeden Betrieb festgelegt – die sogenannte Milchquote hielt Einzug.

Unter großem Protest wurde der Garantiepreis für Milch ab 2004 dann schrittweise abgeschafft. 2015 lief die Milchquote nach 31 Jahren endgültig aus und der Markt wurde sich selbst überlassen. In dieser Zeit haben vier von fünf Milchwirt:innen aufgehört.

05 → S. 167: Mehr über Milch als Politikum
06 → S. 168: Internationale Auswirkungen der Milchpolitik der EU

Pflanzliche Alternativen

Neben den ⑦ gesundheitlichen Bedenken gilt Milch vielen Menschen heutzutage auch als zu umweltschädlich und ethisch nicht mehr vertretbar. Stattdessen wird bevorzugt auf ⑧ pflanzliche Alternativen gesetzt. Beim Milchersatz geht das durchaus, aber wenn es zu anderen Milcherzeugnissen wie Käse kommt, wird die Sache schwieriger. Zwar gibt es Möglichkeiten, etwa Käse aus Cashewnüssen herzustellen, nur würde die weltweite Cashewernte nicht einmal ausreichen, um auch nur den deutschen Frischkäsebedarf zu decken. Gleichzeitig kommen Käseersatzprodukte oder Analogkäse nicht an die geschmackliche Vielfalt von Erzeugnissen aus echter Milch heran.

Biomilch vs. konventionelle Milch

Biobetriebe brauchen im Schnitt mehr Land für den erzeugten Liter Milch als ihre konventionellen Pendants. Zum einen gesteht die ökologische Landwirtschaft den Tieren mehr Raum zu, vor allem auch außerhalb des Stalls, und zum anderen werden weniger Pestizide beim Futtermittelanbau gespritzt, was zur Folge hat, dass die Erträge aus der Ernte geringer sind. Auf der anderen Seite wird in ökologischen Betrieben weniger Kraftfutter zugefüttert, was die Tiere somit nicht in Nahrungskonkurrenz zum Menschen stellt. In der konventionellen Milchmast ist der Futtermittelanbau verantwortlich für den Hauptteil der Klimawirkung in der Milchbilanz. Weiterhin sind die ⑨ Umweltschadenkosten aus Biomilch geringer als bei einem konventionell erzeugten Liter Milch.

07 → S. 163: Milchkonsum und Gesundheit / Laktoseintoleranz
08 → S. 169: Pflanzliche Alternativen: Pro und Contra / S. 169: Rechtsstreit um pflanzliche Alternativen
09 → S. 169: Umweltschadenkosten von Milch

Milch und Tierwohl

Die intensive ⑩ Züchtung auf möglichst viel Milch hat den Tieren eine kurze Lebenszeit mit hoher Anfälligkeit für Krankheiten eingebrockt und die männlichen Kälbchen zu einem Abfallprodukt dieses Systems gemacht. Lösungsansätze bestehen darin, wieder mehr Fleischrassen in die Milchkühe ⑪ einzukreuzen. Essenziell sind außerdem Ansätze zur Umsetzung der ⑫ muttergebundenen Kälberaufzucht.

Die Zukunft der Milch

Wie die Zukunft der Milch aussehen wird, hängt davon ab, was für eine Art von Milcherzeugung wir als Gesellschaft wollen. Wenn beispielsweise der CO_2-Abdruck pro Liter Milch möglichst niedrig sein soll, bräuchten wir mehr Milchleistung pro Tier. Die Tiere müssten noch mehr auf Effizienz gezüchtet werden, was kaum vorstellbar ist. Eine vielversprechende Perspektive ist es, die Milchwirtschaft zu extensivieren, sprich möglichst viele Tiere möglichst lange auf die Weide zu bekommen, und zwar mit der Aussicht auf ⑬ Gras statt Kraftfutter. ⑭ Heumilch als garantiert europäische Spezialität oder Milch aus Weidehaltungsprogrammen könnte ein vermarktungstechnischer Ausweg sein. Hierfür wäre eine ausreichende Nachfrage der Verbrauchenden nach Milch aus grundfutterbasierter Haltung entscheidend.

10 → S. 165: Milchkonsum und Hochleistungskühe
11 → S. 170: Milch und Tierwohl: Zweinutzungsrassen Alternativen
12 → S. 171: Milch und Tierwohl: Kälberaufzucht
13 → S. 169: Kraftfutter vs. Beweidung
14 → S. 170: Heumilch

„Wie die Zukunft der Milch aussehen wird, hängt davon ab, was für eine Art von Milcherzeugung wir als Gesellschaft wollen. “

Hof Stolze Kuh

Wesensgerechte Tierhaltung

→ Lage
Nordosten | Lunow-Stolzenhagen, Barnim
Karte 09
65 km von Berlin

→ Empfehlungen
Das stolze Grillpaket aus dem Onlineshop bestellen, einen Weidebesuch machen, den gepfefferten Hirtenkäse probieren

Eine Paddeltour durch den Nationalpark Unteres Odertal unternehmen, das Ökodorf Brodowin besuchen, eine Radtour über den Oder-Neiße Radweg machen, in der urigen Waldschenke am Baasee einkehren

→ Kontakt
stolzekuh.de
Instagram: @stolzekuh

Wenn Anja Hradetzky von Ammen und Adoption spricht, geht es weder um kinderlose Paare noch um wohlhabende Mütter, die ihre Kinder zum Stillen abgeben, sondern um Kühe. In Stolzenhagen, zwei Kilometer von der polnischen Grenze entfernt, lebt die 35-Jährige mit ihrem Mann Janusz Hradetzky, ihren beiden Kindern und 150 Kühen. Vier Arbeitspferde und ein Hütehund gehören ebenso zum stolzen Ensemble. Direkt an der Oder stehen die Kühe im hohen Gras und verbringen ihr gesamtes Leben auf den Flächen des Nationalparks Unteres Odertal – im Sommer wie im Winter, bei Sonnenschein und Schneeregen. Seit 2014 verfolgt das Paar einen ganzheitlichen Ansatz. „Milch und Fleisch muss man zusammen denken", beschreibt Anja Hradetzky den Gründungsgedanken von Stolze Kuh.

Anja und Janusz Hradetzky lernten sich beim Studium an der Hochschule für nachhaltige Entwicklung in Eberswalde kennen und zogen bald darauf für einige Jahre hinaus in die Welt. Anja Hradetzky lernte auf einer Beef Cattle Ranch in Kanada, Rinder zu Pferd zu treiben – eine Leidenschaft und Überzeugung, die sie auch heute, gut zehn Jahre später, auf ihrem mittlerweile eigenen Hof einsetzt. Ihren Weg „vom Aldi-Kind zur Biobäuerin“ hat die gebürtige Sächsin in einem eigenen Buch beschrieben.

„Milch gibt es nicht ohne Fleisch, relativ simpel eigentlich“, sagt Janusz Hradetzky. Der Grund dafür liegt im Konzept des Betriebs, der auf Zweinutzungsrassen setzt. Auf den Wiesen stehen mit Angler Rotvieh und Allgäuer Braunvieh alte Rassen, die sowohl in der Milch- als auch in der Fleischerzeugung einen Kompromiss bedeuten. In der Milchgewinnung geben sie weniger Liter als neu gezüchtete Hochleistungsrassen, in der Mast setzen sie langsamer Fleisch an als ihre auf Effizienz getrimmten Verwandten aus der industriellen Haltung.

Warum setzen die Hradetzkys also auf diese Rassen? Die Geburt von Männchen gilt in der konventionellen Zucht von Milchkühen in aller Regel als Ärgernis. Bullenkälber haben in der herkömmlichen Haltung, die allein auf Ertrag optimiert ist, keine Daseinsberechtigung. Sie setzen jedoch auch zu wenig Fleisch an und kosten in der Aufzucht mehr, als mit der Schlachtung verdient werden kann. Die Margen von Milchwirt:innen sind derart klein, dass ihnen in aller Regel nichts anderes übrig bleibt, als die Kälber nach der gesetzlichen Mindestdauer von zwei Wochen zu verkaufen, woraufhin sie meist unter düsteren Bedingungen ins Ausland verschifft werden. „Das aktuelle System ist darauf ausgelegt, ständig männliche Wegwerfkälber zu produzieren“, kritisiert Anja Hradetzky. Bei Zweinutzungsrassen ist das nicht der Fall.

Auch in der Aufzucht von Kuhkälbern geht der Hof Stolze Kuh besondere Wege. Entgegen der Norm wird ein Neugeborenes der Mutter nicht weggenommen, was beiden den Trennungsschmerz erspart. „Eine Kuh gibt mehr Milch, als ein einzelnes Kälbchen trinken kann“, erklärt Hradetzky. Ihre Lösung: Eine Mutterkuh versorgt ihr eigenes sowie ein fremdes Kalb, während die zweite Kuh gemolken und von ihrem Jungen zeitweise durch einen Zaun abgegrenzt wird. So kann sie sich jederzeit vergewissern, dass der

„Milch gibt es nicht ohne Fleisch."

Nachwuchs wohlauf ist und das soziale Gleichgewicht in der Herde bleibt gewahrt. „Das ist ja eigentlich nicht schwer zu verstehen: Die Milch ist fürs Kalb da. Danach erst sind wir dran", fasst die Bäuerin zusammen.

Die behornten Rinder leben ganzjährig unter freiem Himmel im Herdenverband. Sie werden dort geboren und am Ende ihres Lebens durch einen Weideschuss entnommen. So bleibt ihnen ihr Leben lang Transportstress erspart. In der herkömmlichen Schlachtung hingegen zuckt ein Tier oft bis zu 20 Minuten nach seinem Tod noch, denn der Stress lässt die Muskeln weiter kontrahieren. Nach einem Weideschuss im gewohnten Umfeld des Rinds dauern diese Zuckungen keine 20 Sekunden.

Damit das Milchvieh nicht jeden Tag lange Strecken zurücklegen muss, wurde es bis vor Kurzem im Weidemelkstand am Ufer der Oder gemolken. Seit einiger Zeit reichen die Kapazitäten im Betrieb aber nicht mehr, um sich um die Milch- und Fleischverarbeitung zu kümmern und nebenbei die Milch zu Käse weiterzuverarbeiten. Anja und Janusz Hradetzky sind daher auf der Suche nach einer Nachfolge in der Käserei – bislang vergeblich. „Wir kriegen von allen Seiten Applaus für die Art, wie wir arbeiten", berichtet der Bauer und ergänzt: „Aber echtes Commitment fehlt leider. Am Ende ist niemand bereit, ernsthaft Verantwortung für die Verarbeitung zu übernehmen und sich festzulegen." Durch die aktuelle Käsepause klafft eine entscheidende Lücke im Vermarktungssystem des Betriebs. Weil der Literpreis der reinen Milch recht hoch ist und kaum eine Chance gegen andere Bioalternativen hätte, wird sie zu Käse weiterverarbeitet und veredelt. Das lohnt sich auch geschmacklich, schwärmt Anja Hradetzky: „Die Kühe sind kleine Gourmets, wenn man sie lässt. Sie fressen selektiv und können sich die besten Kräuter raussuchen, was auch den Käse besonders macht." Das schätzen auch die Kund:innen, die den Käse direkt vom Hof, aus Bioläden oder über Verteilplattformen wie die Marktschwärmer beziehen.

Dass die Kühe sich ihr Futter selbst aussuchen können, ist ungewöhnlich. Vollweidehaltung bedeutet nicht nur hohe Milchqualität und ein selbstbestimmtes Leben für die Tiere, sondern auch Vorteile für den Bodenaufbau. „Würde man die Flächen nur mähen, wäre hier viel weniger Pflanzenvielfalt als es im Moment durch die Beweidung der Fall ist", erklärt die Bäuerin. Die Tiere lassen mit ihren Kuhfladen organischen Dünger zurück und regen durch das Anknabbern das Pflanzenwachstum an. Der Aufbau der Biomasse – vor allem im Wurzelwerk – verbessert die Struktur des Bodens und macht ihn weniger anfällig für Erosion.

Dadurch dass der komplette Lebenszyklus der Kühe vor Ort stattfindet, reduzieren sich Transportwege

„Die Kühe sind kleine Gourmets, wenn man sie lässt."

und CO_2-Emissionen auf ein Minimum. Diese Art der Beweidung senkt die sonst dramatischen gesellschaftlichen Folgekosten von Milch immens. Es wird kein Kraftfutter aus Übersee transportiert und kein Regenwald muss Sojamonokulturen für Futtermittel weichen. Der paradoxe Einsatz von Futtermitteln, die eigentlich ohne Umwege Menschen satt machen könnten, wird verhindert. „Rinder mit Getreide zu füttern ist wirklich Quatsch. Das können wir schön selbst essen", meint Anja Hradetzky.

Stolze Kuh ist ein Demonstrationsbetrieb für ökologischen Landbau. Anja und Janusz Hradetzky nehmen immer wieder Gruppen von kleinen und großen Interessierten mit auf die Weide, wo die positiven Spuren dieser Art der Landwirtschaft erlebbar werden. Ein geschultes Auge ist gefragt, etwa wenn sich Besucher:innen die Hinterlassenschaften der Vierbeiner genauer anschauen. „Es stecken einfach dermaßen viele Infos in einem Kuhfladen", sagt Anja Hradetzky. Auch neugierige Berliner:innen können sich einem Weidebesuch anschließen. Vielleicht lässt sich dabei ja sogar jemand dafür begeistern, in eine zukunftsfähige Käserei einzusteigen.

rstrom Kaese

Aus Liebe zur Milch: Handwerklicher Käse

→ Lage
Süden | Baruth/Mark, Teltow-Fläming
Karte: 11
54 km von Berlin

→ Empfehlungen
Unbedingt den Urstromshire (Hartkäse) probieren und auch den Mulberry (Weichkäse) und den Berliner Blau (Schnittkäse) nicht verpassen, bei Workshops und Käseseminaren auf dem Hof tiefer in das Thema einsteigen

Durch das Nuthe-Urstromtal wandern, im Großen Wünsdorfer See schwimmen, der historischen Stadt Jüterbog einen Besuch abstatten

→ Kontakt
urstromkaese.de
Instagram: @urstrom_kaese

Am Rande des Urstromtals, eingebettet in Wiesen und Wälder, liegt das verschlafene Schöbendorf. Vor Ort gibt es nicht viel Infrastruktur, geschweige denn einen Supermarkt, dafür seit einiger Zeit eine kleine Käserei mit Hofladen. Einige Hundert Meter entfernt liegt ein Milchbauernhof, der Paul Thomas und Yule Seifert mit Biomilch versorgt. Dort schlendern die Jersey-Kühe auf der Suche nach Futter über die umliegenden Grünlandflächen, bei Bedarf gehen sie zum Melken in den Stall. Mit 15 Litern Milch am Tag ist diese Rasse relativ ertragsarm. Die Milch hat einen hohen Fett- und Kaseinanteil, was ihr einerseits einen individuellen Geschmack verleiht, die Verarbeitung aber erheblich erschwert, vor allem bei Hartkäse. Dass sich diese Extrameile lohnt, zeigt sich am Erfolg von Urstrom Kaese.

„Einige Hundert Meter entfernt grasen die Jersey-Kühe."

Paul Thomas und Yule Seifert pendeln: Am Wochenende sind sie in Neukölln und unter der Woche erzeugen sie südlich von Berlin Käse. Die handwerkliche Herstellung von Käse ist ihre gemeinsame Passion, jedoch wollen sie den Beruf zu ihren eigenen Bedingungen ausüben. Eigene Tiere zu halten, kam für die beiden nicht infrage. „So macht man sich zum Sklaven seiner eigenen Milch. Jeden Tag um vier aufstehen, 365 Tage im Jahr, keine Pause, kein Urlaub, die Kühe müssen gemolken werden", fasst Seifert zusammen. Mit eigenen Tieren würde auch der Druck steigen, die gesamte Milch zu Käse zu verarbeiten oder das Produkt anderweitig unterzubekommen, um das eigene wirtschaftliche Überleben zu sichern. Es gibt durchaus einige Betriebe, die das so wollen und in deren Lebensentwurf das Konzept passt. Thomas und Seifert jedoch fahren mit ihrem Milchwagen die Straße rauf, befüllen ihn innerhalb von vier Minuten und zahlen pro Liter Milch etwa 15 Prozent mehr als die Gläserne Molkerei, die den Hauptanteil der Milch vom Schöbendorfer Hof bezieht. Die 400 Jersey-Kühe produzieren gut 6000 Liter Milch pro Tag, für die beiden Käsemacher ist das zu viel.

Wie kommen ein Engländer und eine Belgierin dazu, in der Brandenburger Provinz Käse herzustellen? Wie so oft im Leben war es der Zufall. Keiner der beiden hatte konkrete Pläne, sich selbstständig zu machen, bis sie über zwei Ecken von einer ehemaligen Gaststätte hörten, an deren Hof eine geschlossene Schlachterei angegliedert war. Die Vorgängerin hatte einen Teil davon in eine Käserei umgewandelt, den Betrieb aber mittlerweile eingestellt. Die beiden konnten den Ort kurzfristig und mit relativ wenig Kapital übernehmen, ihn nach und nach entwickeln und mit ihrem Betrieb organisch wachsen. Erst neulich haben sie ihre Wirkungsstätte um einen neuen Reiferaum erweitert. Wer den beiden länger zuhört und ihre Leidenschaft für das Thema Käse erlebt, ahnt, dass es vielleicht doch immer nur eine Frage der Zeit war, bis sie früher oder später ihren eigenen Käse machen. Seifert ist eigentlich studierte Ingenieurin, dem Käse aber hoffnungslos verfallen. Ihre Leidenschaft brachte sie erst zu einem Affineur, dann einmal um die ganze Welt und schließlich hinter die Theke von Alte Milch. Thomas ist gelernter Biochemiker und Wissenschaftler durch und durch. Über zwei Dekaden hat er in verschiedenen Funktionen mit Käse gearbeitet und unter anderem auf EU-Ebene eine europäische Leitlinie zur Hygienepraxis für handwerkliche Milchverarbeitung mitentwickelt.

Herzstück der neuen Produktion ist der Pasteurisierer. Den Erzählungen nach bekam selbst die Lebensmittelkontrolleurin bei der Abnahme feuchte Augen und schoss begeistert private Fotos von diesem

„Um hochwertigen Käse handwerklich herzustellen, bedarf es viel Erfahrung und Fachwissen."

Stück irischer Ingenieurskunst. „1500 Liter Fassungsvermögen, 95 Prozent der Energie werden zurückgewonnen, 30 Sekunden Zeit, bis die Milch pasteurisiert ist, und dann kommt sie auch noch zu exakt der Temperatur raus, die für die Herstellung des Käses benötigt wird", schwärmt Thomas. Rohmilchpurist:innen mögen an dieser Stelle die Nase rümpfen, so wie auch Seifert zu Beginn. Um geschmackliche Unterschiede festzustellen, produzierten sie daher zwei identische Käse: einen aus roher und einen aus pasteurisierter Milch. Geschmacklich stach der Rohmilchkäse nicht derart heraus, als dass sie das damit einhergehende Risiko eingehen wollten. In seiner Position als Milch-Consultant hat Thomas viel mit Rohmilchkäsereien gearbeitet und weiß durchaus, dass man diese Art von Käse sicher herstellen kann. Jedoch wird das penible Einhalten der Hygienevorschriften schwieriger, je größer eine Herde ist. Mehr Kühe bedeuten mehr Menschenkontakt und somit weniger Kontrolle über die hygienischen Zustände der Milch. Potenzielle Gefahrenstellen wie Salmonellen finden sich an der Schnittstelle zwischen Mensch und Tier, und in ihrer aktuellen Arbeitsteilung haben Thomas und Seifert keine Kontrolle über die Vorgeschichte der Milch.

Um hochwertigen Käse handwerklich herzustellen, bedarf es viel Erfahrung und Fachwissen. Wenn Thomas darüber spricht, versteht er die Produktion vor allem als einen wissenschaftlichen Prozess und schmunzelt über die romantische Vorstellung, einfach Milch zusammenzuschütten. Um möglichst konstante Resultate zu erreichen, sei es essenziell, die Qualität des Ausgangsmaterials zu kennen und zu wissen, wie man damit arbeite. Wenn das gelinge, so Thomas, dann werde der Geschmack des Käses für sich sprechen und die ganze Kommunikation für einen übernehmen. „Die handwerklichen Käsemacher, die ich berate, fragen mich nicht, wie sie ihre Marke cooler gestalten können oder wie sie dem Quark etwas Magie hinzugeben können, sie wollen die Wissenschaft dahinter verstehen, um ein stets gleiches Ergebnis zu erzielen", berichtet Thomas.

Jeden Freitag öffnen die Türen des Schöbendorfer Hofladens. Die Leute kommen zahlreich und freuen sich über das regionale Angebot. So manche aus dem Dorf probieren hier nach 25 Jahren erstmals, wie ein Produkt von den Kühen schmeckt, die ihnen immer beim Spazierengehen begegnen.

Alte Milch

Leidenschaft für handwerklichen Rohmilchkäse

→ Lage
Berlin | Markthalle Neun, Kreuzberg
Karte: 12

→ Empfehlungen
Mahón, Coolattin Cheddar, Comté und Young Buck probieren und dann einen Streifzug durch die Markthalle unternehmen

Im Der Goldene Hahn Italienisch essen, den Zenner Biergarten im Treptower Park besuchen, türkische Feinkost in der Markthalle essen

→ Kontakt
altemilch.de
Instagram: @alte_milch

Mit seinem Käseladen Alte Milch ist Matthias Becker eines der Urgesteine der Markthalle Neun. Kurz nach der richtungsweisenden Bäckerei Sironi betrat er 2015 zeitgleich mit Kumpel & Keule das regionale Parkett. Zu Beginn sorgte sein Stand nicht selten für Verwunderung: Er lag direkt vor den Toiletten und hatte nur drei Sorten Käse zur Auswahl: Comté, Gouda und Deichkäse von der Nordsee. Im Lauf der Jahre sind eine Handvoll weiterer Sorten hinzugekommen, die der kompromisslosen Qualitätsprüfung standgehalten haben. Heute fahren Berliner:innen quer durch die Stadt, um sich bei Alte Milch von den Nadeln im Heuhaufen inspirieren zu lassen, die Becker aus der großen Welt des Käses sorgsam zusammengetragen hat.

Nachdem er zwei Jahre als Käseverkäufer gearbeitet hatte, erlebte Matthias Becker seinen persönlichen Aha-Moment eines Tages beim Aushelfen im Lager. Hier wurden die großen Käselaibe frisch geschnitten. Das einzigartige Aroma unmittelbar nach dem Zerteilen, die Textur und der Geschmack lassen ihn heute noch von der Erfahrung schwärmen. Mit einem neuen Bewusstsein für den Kontrast zu bereits abgepacktem und vorgeschnittenem Käse reifte in ihm die Überzeugung: „So soll Käse schmecken." Mit Alte Milch schuf Becker dann einen Gegenentwurf zu dem bis dato vorherrschenden Verständnis eines gut sortierten Käseladens. Statt eine Auswahl von 100 Sorten im Angebot zu haben, konzentriert sich Becker auf rund ein Dutzend, aber dafür mit kompromisslosem Qualitätsanspruch – ein absolutes Novum in Deutschland.

Über die Zeit fand auch Weichkäse Einzug ins Sortiment. Das ist insofern nicht selbstverständlich, als dass der Import von frischem handwerklichem Weichkäse im Vergleich zu Hartkäse wesentlich anspruchsvoller ist, schließlich hat er eine ganz andere Verderblichkeit. „Man kann ihn nicht einfach in einen DHL-Karton packen", erklärt Becker. Für diesen Schritt musste das Geschäft erst wachsen, um mit einem verlässlichen Kundenstamm die Abnahme von lohnenswerten Mengen und die damit verbundene aufwendige Logistik zu ermöglichen. Im Vergleich zu vielen Käsehändler:innen macht sich Becker das Leben logistisch schwerer, als er müsste. Der Großhandel bietet komfortable Over-Night-Bestellmöglichkeiten direkt ins Regal. Was dabei verloren geht, ist der Kontakt zu den Erzeuger:innen. Die bewusste Entscheidung für den Direktimport macht es dem Käsehändler möglich, die Menschen hinter den schmackhaften Rundstücken zu verstehen, ihre Arbeitsweisen nachzuvollziehen und die Produkte tiefer zu durchdringen. Das führt zu einer Qualität an der Theke, die man sonst nur selten findet: „Wenn jemand 30 Jahre lang denselben Käse beim Discounter kauft und dann zufällig zu mir an den Stand kommt und ein Stück probiert, dann feuern die Neuronen", erzählt Becker.

Eigentlich wurde ihm das Thema Käse nicht unbedingt in die Wiege gelegt. Sein beruflicher Werdegang begann als Werbetexter und war für ihn wenig erfüllend. In dieser unglücklichen und depressiven Phase habe er sein moralisches Gewissen entdeckt, wie Becker heute rückblickend feststellt. Er begann, zu Hause zu kochen, und las Michael Pollans

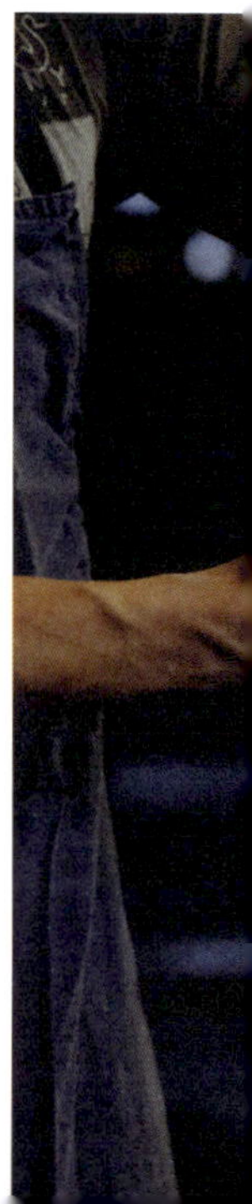

„Zu Beginn hatte Becker nur drei Sorten Käse im Angebot: Comté, Gouda und Deichkäse.“

In Defense of Food, was ihn zunehmend zum Nachdenken brachte. Schließlich beschloss er, von der für ihn „bösen" auf die „gute" Seite der Macht zu wechseln. In seinem Verständnis gehörte Käse zur Guten. Eine Stellenanzeige von einem großen Berliner Käseladen war dann der Türöffner – und plötzlich war er Käseverkäufer.

Heute sagt er, dass er bis dato noch keine Rolle so gut ausgefüllt habe. Er sei noch nie so gut in etwas gewesen wie im Käseverkaufen, was ihm ein gutes Gefühl, Selbstbewusstsein und ein neues Verständnis von sich selbst gegeben habe. Becker, der sich schon immer für Trends und kulturelle Sachverhalte interessierte, nahm 2013 wahr, dass sich etwas in der Stadt veränderte. Eine neue soziale Gruppe hatte sich gebildet: die Foodies. In der Markthalle Neun startete die Eventreihe Streetfood Thursday, und die Halle wurde schnell zum Place-to-be. Was dort schon mit Kaffee, Bier oder Sauerteig funktionierte, könnte doch auch mit Käse funktionieren. Alte Milch war geboren.

Das Konzept von Alte Milch besteht darin, speziell und handwerklich hergestellten Käse, gern auch aus Rohmilch, zu verkaufen. Neal's Yard Dairy aus London ist Beckers Vorbild: eine reduzierte Auswahl, kompromisslose Qualität, Sinn für Stil und schöne Menschen hinter der Theke. Weil er mit seinem kleinen Käseladen über den Preis nicht mit den großen Händlern konkurrieren kann, muss er sich über die Qualität behaupten. Deswegen sucht er Menschen, die so viel Aufwand wie möglich bei der Käseherstellung betreiben und sich mit ganzer Hingabe um ihre Erzeugnisse kümmern. „Guter Geschmack hat für mich etwas Intersubjektives. Ich probiere etwas und denke: Das ist so gut, das will ich jedem zeigen, der hier vorbeikommt! Ähnlich wie bei einem DJ, der einen neuen Track entdeckt und spürt: Der wird reinhauen!"

Sein fein kuratiertes Produzent:innennetzwerk hat Becker durch lange Nächte vor dem Bildschirm, auf Messen und über Instagram aufgebaut. Wer sich ein bisschen einlese, könne

„Die Zukunft des Brandenburger Käses hat gerade erst begonnen."

die Szene schnell überblicken. Auch auf Händler:innenebene brauche es nicht viele Finger, um die anspruchsvollen Akteur:innen aufzuzählen. „Wenn es um ein wahrhaftiges Interesse an Mensch und Produkt geht, ist die Welt am Ende so klein“, stellt er fest. Becker vergleicht das handwerkliche Käseuniversum gern mit der Naturweinszene: Es gebe ein vorherrschendes Narrativ und man meine, verbündet zu sein gegen den industriellen Goliath. Er selbst halte jedoch nichts von diesem Narrativ, denn er sei weniger Idealist als Pragmatiker.

Rein regional einzukaufen war nie eine echte Option für ihn, denn für die gewünschte Bandbreite an Sorten und Stilen hat Brandenburg nicht genug Auswahl. Hier gibt es noch keinen ausreichenden Markt für hochwertigen lokalen Käse. Ein Paradebeispiel dafür ist die Zusammenarbeit mit Beckers französischem Affineur. Dort seien alle Abläufe und Prozesse wesentlich besser organisiert als in Deutschland, selbst die Art des Verpackens. „Da sind Mitarbeiterinnen, denen es wirklich wichtig ist, dass es dem Käse auf seiner Reise gut geht. So was geht eben nur in Frankreich.“ Wenig verwunderlich, schließlich haben die Franzosen auch 850 Jahre Vorsprung vor Brandenburg in Sachen Käsekultur. Die Römer brachten ihr Wissen um die Käseherstellung mit dorthin. Alles, was nördlich des Limes (des „Käseäquators“) lag, kann heute schlichtweg an weniger Käsetraditionen anknüpfen. Doch was an lokalen Strukturen noch nicht vorhanden ist, kann ja noch erwachsen: Die Zukunft des Brandenburger Käses hat gerade erst begonnen.

Vertiefung

Pasteurisierung, Entrahmung und Homogenisierung

Mitte des 19. Jahrhunderts erfand Louis Pasteur mit der nach ihm benannten Pasteurisierung ein Verfahren, das die Milch haltbar und keimarm machen sollte. Ein paar Jahre später eröffnete in Kiel die erste Zentrifugenmeierei der Welt. Erstmals war es möglich, Milch im großen Stil zu entrahmen, was die Butterherstellung wesentlich vereinfachte. Im gleichen Zug begann man, die Milch zu homogenisieren, damit sie einfacher zu konsumieren war. Bei diesem Verfahren werden die Fettkügelchen unter hohem Druck von Maschinen zerschlagen, damit die Milch in der Flasche nicht mehr aufrahmt.

Milchkonsum und Gesundheit

Über Jahrtausende hinweg war Milch sehr wichtig für die Entwicklung der europäischen und nordamerikanischen Zivilisationen, die sich in einem relativ kühlen Klima befinden. Anders als in den gemäßigten klimatischen Breiten wächst im nordeuropäischen Winter nur wenig Obst, Gemüse oder Getreide. Das üppige Nährstoffprofil von Milch ermöglichte den Menschen auch in den kalten Wintermonaten eine reichhaltige Nahrungsaufnahme. Außerdem verschaffte Milch in Zeiten von Nahrungsmittelknappheit und verseuchtem Trinkwasser einen Überlebensvorteil.

Bei der damaligen Lebenserwartung von 40 bis 50 Jahren hatte der Milchkonsum vermutlich wirklich viele Vorteile. Doch wie die Wissenschaft heute vermutet, ruft ein erhöhter Milchkonsum womöglich auch gesundheitliche Probleme hervor. Viele Menschen wollen immer älter werden und gesünder leben. Ob Milch sich dafür gut eignet, ist fraglich. Lange Zeit war das Hauptargument, mit dem hoher Milchkonsum gerechtfertigt wurde, das Vorbeugen von Knochenbrüchen. Wer viel Milch trinke, bleibe gesund. Paradoxerweise haben die Länder mit einem besonders hohe Milchkonsum im Alter jedoch die höchste Knochenbruchdichte.

Milch ist außerdem wachstumsfördernd. Das ist ihre natürliche Funktion. Sie beschleunigt das Wachstum von Säugetieren und treibt gleichzeitig die Zellteilung voran, was im Kindesalter durchaus sinnvoll ist. Aber später im Leben, gerade im Erwachsenenalter, ist schnelles Zellwachstum kontraproduktiv. Es ist ein Faktor, der die Entstehung von Krebs fördern kann. Vor diesem Hintergrund wird in der Forschung ein Zusammenhang von hohem Milchkonsum und einem erhöhten Krebsrisiko untersucht. Belege dafür gibt es vor allem bei Prostatakrebs; möglicherweise begünstigt der Konsum aber auch die Entstehung anderer Krebsarten. Das heißt nicht, dass wir alle aufhören müssen, Milchprodukte zu essen, sondern vielmehr, diese bewusster zu konsumieren. Wer etwas für seine Gesundheit und das Klima tun möchte, sollte maximal zwei Portionen pro Tag zu sich nehmen, also zum Beispiel etwas Joghurt zum Frühstück und ein Stück Käse zum Abendbrot.

Laktoseintoleranz

Während Babys Laktose (Milchzucker) noch problemlos abbauen können, verlieren die meisten Menschen diese Fähigkeit beim Erwachsenwerden. Weltweit sind über 65 Prozent der Menschen laktoseintolerant, in Deutschland ist etwa jeder Fünfte betroffen. Vor 8000 Jahren begann sich in einigen Regionen der Welt, darunter Europa, eine Genmutation durchzusetzen, die es uns Menschen erlaubte, Milchzucker auch im Erwachsenenalter abzubauen. Hierbei ist ein Gen im Dünndarm aktiv, das die Bildung des Enzyms Laktase unterstützt. Es spaltet den Milchzucker Laktose in kleine Einzelteile, sodass sie vom Körper aufgenommen werden können. Wir Menschen sind übrigens die einzige Spezies, die Milch von anderen Tieren trinkt.

Probleme der Milchbäuerinnen und -bauern in Deutschland

Aufgrund der langfristigen Investitionen in Technik und Modernisierung der Ställe sind viele Landwirt:innen Gefangene des Systems geworden. Für sie gibt es nur die Möglichkeit weiterzumachen, egal zu welchem Preis. Seit der Liberalisierung des Milchmarktes seitens der EU ist der Milchpreis sehr volatil geworden und hat schon mehrere Krisen durchlebt. Zeitweise bekamen die Bäuerinnen und Bauern 19 Cent pro Liter Milch. Erschwerend kommt hinzu, dass in Deutschland und Europa mehr Milch produziert als konsumiert wird, was wiederum die Preise drückt. In Deutschland haben wir einen Selbstversorgungsgrad von etwa 120 Prozent. Wie wenig Macht die Bäuerinnen und Bauern im Zusammenspiel mit den großen Molkereien haben, zeigt die Art und Weise, wie sie bezahlt werden. Sie schreiben keine Rechnungen, wie es in jedem anderen Beruf üblich ist, sondern werden abgerechnet. Der Preis ist dabei nicht verhandelbar. Durch die Industrialisierung hat sich in Deutschland, anders als in der Schweiz oder Österreich, ein besonders zentralisiertes Milchsystem entwickelt. Viele Landwirt:innen sind auf die Zusammenarbeit mit den großen Molkereien angewiesen, weil die kleinteiligen lokalen Strukturen häufig nicht mehr vorhanden sind. In unseren gleichsprachigen Nachbarländern bestehen hingegen noch mehr dieser Strukturen, in denen kleine Molkereien die lokale Milch verarbeiten und vermarkten.

Anteil Biomilch 2022

Gesamtmarkt:
32,1 Mio. t/Jahr

Anzahl Milchbäuerinnen und -bauern

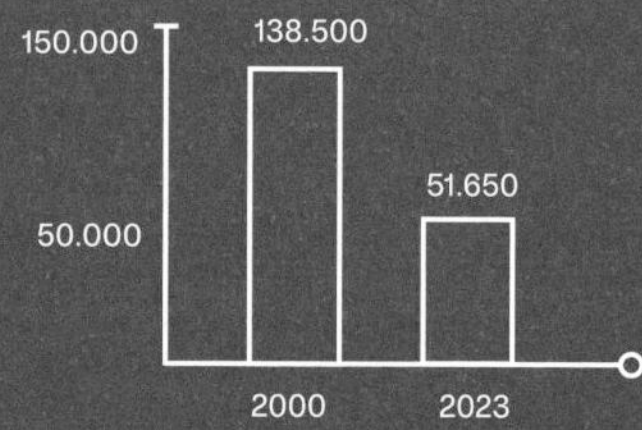

Tiere pro Betrieb

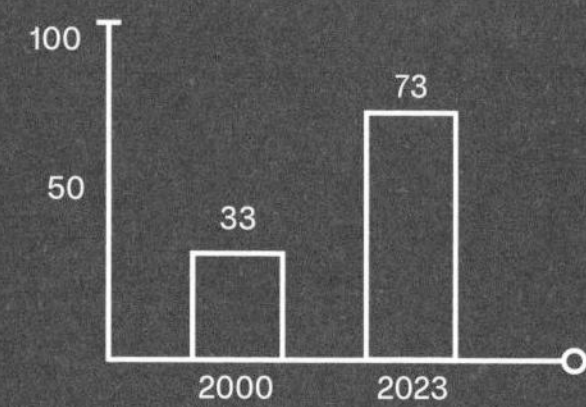

Tiere insgesamt

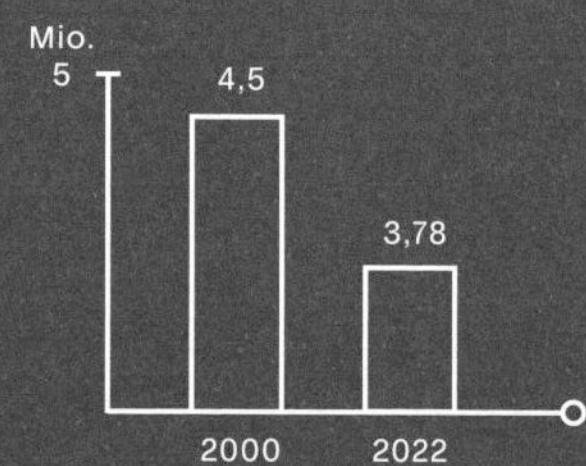

Milchleistung gesamt

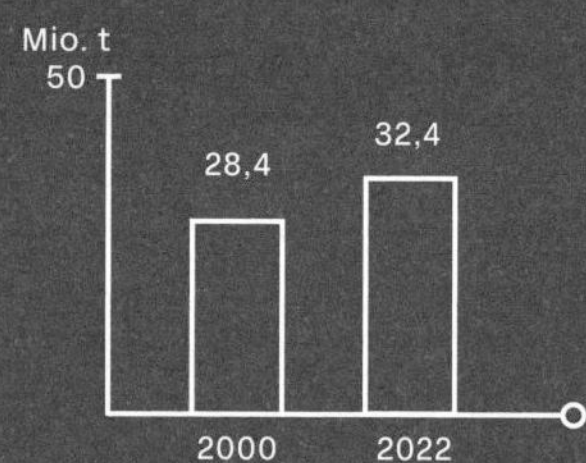

Milchleistung pro Tier pro Jahr in Litern

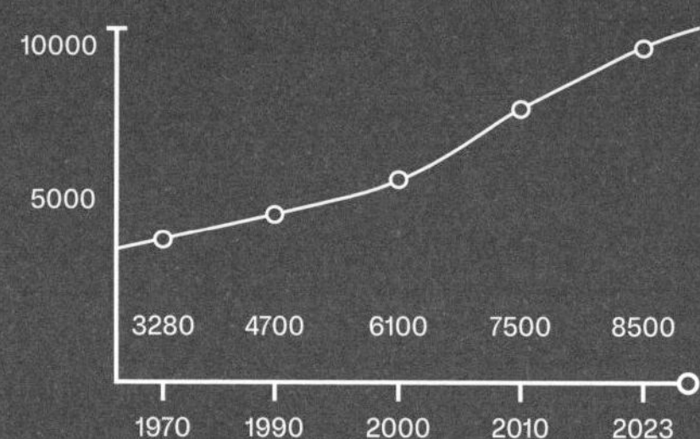

Milchkonsum und Hochleistungskühe

Möglich gemacht wird der hohe Milchkonsum der Gegenwart erst durch die modernen Melkmaschinen – und durch die Holstein-Friesian-Kuh (die HF-Kuh), eine Rasse, die von Generation zu Generation auf höheren Ertrag gezüchtet wird. Während eine Kuh 1955 noch circa 3000 Liter Milch im Jahr gab, gibt eine HF-Kuh heute durchaus auch mal über 10.000 Liter. Dabei ist sie aus biologischer Perspektive dauerschwanger, um immer Milch geben zu können. Als Begleiterscheinung der extremen Überzüchtung und des Dauerstresses haben die Tiere eine niedrigere Lebenserwartung zu verzeichnen: Im Schnitt werden sie nicht älter als fünf Jahre und geben davon maximal drei Jahre lang Milch, also etwa 30.000 Liter Milch in drei Jahren. In extensiver Haltung können Kühe hingegen problemlos ein zweistelliges Alter erreichen.

Mehr über Produkte aus Milch

Im Lebensmitteleinzelhandel wird fast ausschließlich behandelte Milch verkauft, bei der durch spezielle Erhitzungsprozesse mögliche Krankheitserreger und Mikroorganismen abgetötet werden. Zwei bekannte Verfahren zur Wärmebehandlung von Milch sind das Pasteurisieren und das Ultrahocherhitzen. Je höher die Temperatur beim Erhitzen der Milch, desto länger ist sie haltbar. Außerdem wird die Milch zusätzlich dazu in der Regel homogenisiert, was bedeutet, dass die enthaltenen Fettkügelchen unter hohem Druck zerkleinert und gleichmäßig in der Milch verteilt werden.

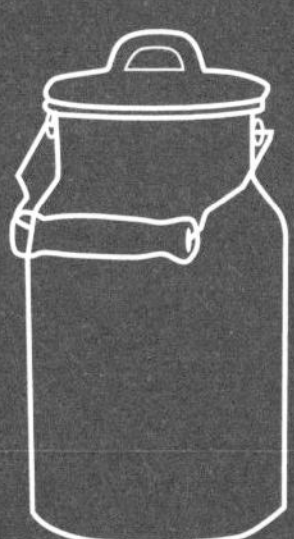

Sahne und Rahm sind im Grunde nur regional unterschiedliche Begriffe für dasselbe Produkt. Früher wurde die Sahne von den Bäuerinnen und Bauern direkt von der Oberfläche der Rohmilch abgeschöpft, weil sie sich aufgrund der unterschiedlichen Dichte von der mageren Milch darunter absetzt. Heutzutage wird Sahne mithilfe von Zentrifugen gewonnen. Dabei wird der Milch Fett entzogen. Diesen Prozess nennt man Entrahmung. Zurück bleiben der fettreiche Rahm und die Magermilch. Ähnlich wie bei der Milch wird auch bei der Sahneherstellung der Rahm wärmebehandelt. Im Anschluss reift er für Süßrahmprodukte zwei bis fünf Tage im Kühlschrank, bevor er abgefüllt wird. Bei Sauerrahmprodukten wird die Sahne nach der Wärmebehandlung mit Milchsäurebakterien angereichert, die einen Teil des Milchzuckers (Laktose) in Milchsäure umwandeln. Dadurch erhält die Sahne einen erfrischend säuerlichen Geschmack. Für ein Kilogramm Sahne werden etwa sieben Kilogramm Milch gebraucht.

Beim sogenannten Buttern wird der Rahm so lange geschlagen, bis die Hülle der Fettkügelchen platzt und sich das Milchfett zu Butterkörnern verklumpt. Neben der Butter entsteht bei diesem Vorgang als wässriges Produkt die Buttermilch. Ähnlich wie bei der Sahne gibt es auch hier eine süße und eine saure Variante. Für ein Kilogramm Butter werden etwa 18 Liter Milch gebraucht.

Die durch die Umwandlung von Laktose entstandene Milchsäure ist probiotisch und unterstützt so unsere Darmflora. Bei der Herstellung von

Joghurt vermehren sich die Milchsäurebakterien bei 42 Grad Celsius recht munter. Außerdem gerinnt die Milch bei der Umwandlung des Milchzuckers in Milchsäure, was dem Joghurt seine Cremigkeit und den typischen leicht säuerlichen Geschmack gibt. Ein Kilogramm Milch gibt dabei genauso viel Joghurt.

⑦ Käseherstellung

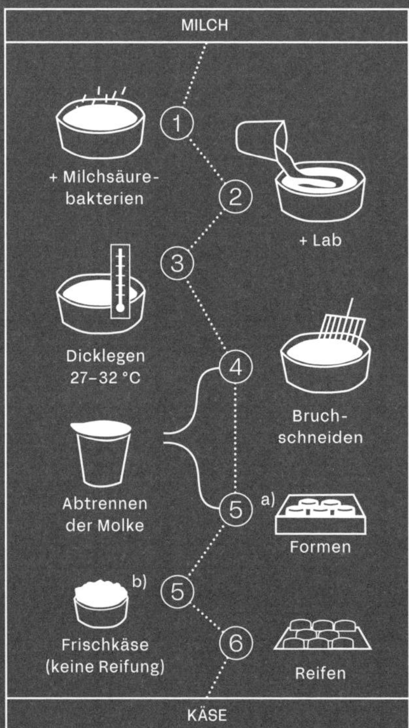

Der erste Schritt ist das Dicklegen der Milch. Hierbei wird in der Regel mit Lab gearbeitet. Lab ist ein Ferment aus dem Labmagen von jungen Wiederkäuern, die noch nicht abgestillt wurden. Verantwortlich für das Gerinnen der Milch, also das Dicklegen, ist das Enzym Chymosin. Es wandelt das Milcheiweiß (Kasein) vom flüssigen in einen festen Zustand um. Hierbei verklumpt das Kasein und trennt sich von der wässrigen Molke. Alternativ gibt es auch die Möglichkeit, bei der Gerinnung der Milch rein mit Milchsäurebakterien zu arbeiten. Dann entstehen Käse wie Ricotta oder Paneer. Allerdings ist dies nicht die Regel. Als Alternative zum Lab gibt es auch vegane Varianten. Bei fast allen Käsesorten wird die geronnene Gallerte geschnitten und es entsteht der Bruch. Für das Schneiden der Masse wird eine sogenannte Käseharfe benutzt. Im nächsten Schritt wird der Bruch in Form gebracht, was dem Käse sein späteres sortentypisches Aussehen verleiht. Beim Abtropfen wird die Molke vom Bruch getrennt. Dieser Schritt bestimmt den Flüssigkeitsgehalt des Käses. Entweder geschieht das Abtropfen durch Schwerkraft oder durch gezieltes Pressen. Welches Verfahren eingesetzt wird, hängt von der Art und der gewünschten Konsistenz des Käses ab. Beim Frischkäse oder Quark folgt das Abtropfen durch die Schwerkraft, sodass der Käse noch viel Feuchtigkeit enthält. Hartkäse hingegen wird stark gepresst, um das Wasser aus dem Bruch zu drücken. Bevor der Käse in den Reifekeller kommt, wird er noch gesalzen. So hält man unter anderem schädliche Bakterien fern und fördert die Bildung der Rinde. Alle Sorten außer dem Frischkäse durchlaufen diesen Prozess. Zu guter Letzt darf der Käse ruhen. Bei der Reifung werden die Laibe regelmäßig von einem Affineur gewendet, gebürstet, gewaschen oder mit Edelschimmel behandelt.
In dieser Zeit des Reifens und Veredelns bekommt der Käse seinen ganz eigenen Charakter, der ihn schließlich besonders macht. Für ein Kilogramm Käse braucht man zwischen vier (bei Frischkäse) und 13 Litern (bei Hartkäse) Milch.

Mehr über Milch als Politikum

In den römischen Verträgen wurden die Ziele und Aufgaben der gemeinsamen Agrarpolitik der EWG definiert,

KÄSEGRUPPE	WASSERGEHALT IN FETTFREIER MASSE	REIFUNG	CHARAKTERISTIK	BEISPIELE
Hartkäse	<56 %	<3 Monate	→ Sehr fester bis körniger Teig	Parmigiano Reggiano oder Gruyère
Schnittkäse	54–63 %	<5 Wochen	→ Geschmeidiger Teig	Gouda, Tilsiter
Halbfester Schnittkäse	61–69 %	< 3 Wochen	→ Weicher bis geschmeidiger Teig	Butterkäse, Roquefort
Sauermilchkäse	60–73 %	wenige Tage bis Wochen	→ Geschmeidiger Teig, reift von außen nach innen	Harzer Käse, Handkäse
Weichkäse	<67 %	2–3 Wochen	→ Weicher Teig, reift von außen nach innen	Camembert, Limburger
Frischkäse	<73 %	-	→ Weiche und streichfähige Konsistenz	Quark, Mozzarella

unter anderem die Steigerung der Produktivität und die Stärkung des Handels. Das politische Mittel der Wahl waren damals staatlich garantierte Preise für Milch und Co. So wollte man die Nahrungsmittelproduktion schnell steigern, um die Einkommen aus dem landwirtschaftlichen Sektor zu sichern und die Menschen zuverlässig mit Lebensmitteln zu versorgen – mit Erfolg. Universitäten und andere offizielle Stellen wurden mit der Zeit beauftragt, Berechnungen durchzuführen, wie viel die Erzeugung einzelner Produkte kostete, etwa Milch.

Als dann mehr produziert als verbraucht wurde, wurde die ganze überschüssige Milch, die nicht abgesetzt werden konnte, vom Staat durch Preisgarantien (den sogenannten Interventionspreis) aufgekauft und eingelagert. Diese Lagerbestände wurden regelrecht verschleudert und Aktionen wie Butterschenkungen an die Sowjetunion oder die jährliche deutsche Weihnachtsbutter waren das Ergebnis. All das hatte mit der Milchquote von 1984 ein Ende. Diese Art der Subvention war kostentechnisch völlig außer Kontrolle geraten und gesellschaftlich nicht mehr zu rechtfertigen. Die Europäische Gemeinschaft war zum Opfer ihres eigenen Erfolgs geworden. Zeitweise verschlang die Milchmarktordnung ein Drittel des gesamten Agrarhaushalts: Das europäische Agrarbudget war auf 20 bis 30 Milliarden Euro gestiegen.

Nachdem der Markt reguliert worden war, wurden allen Milcherzeuger:innen im Rahmen der Milchquote auf Basis von historischen Anlieferungsmengen individuelle Referenzmengen zugeteilt. Wer darüber lag, musste eine Abgabe für den Überschuss bezahlen, eine Art Strafzoll. Nach und nach wurde das System aufgeweicht und es war möglich, die Kontingente zwischen den einzelnen Betrieben zu handeln. Bis Anfang der 2000er-Jahre blieb die produzierte Menge dadurch recht konstant und auch die Preise unterlagen nur geringfügigen Schwankungen. Nach und nach bereitete die EU die Milcherzeuger:innen darauf vor, wieder von dieser Planwirtschaft wegzukommen und sich hin zum freien Welthandel zu orientieren. In den 1990er-Jahren wurden beispielsweise erstmals Subventionen für die bewirtschaftete Fläche ausgezahlt und nicht mehr in Form von Garantiepreisen für den Liter Milch.

Schließlich wurde der Garantiepreis abgeschafft und der Markt sich selbst überlassen. Der Strukturwandel konnte durch die Milchquote mit ihrem Für und Wider nicht aufgehalten werden. Die Liberalisierung der Märkte hat einige Milchkrisen in den letzten Jahren hervorgebracht. So geschehen 2009 oder 2016.

Internationale Auswirkungen der Milchpolitik der EU

Auch im Ausland hat die anfangs protektionistische, mittlerweile liberale Agrarpolitik der EU ihre Spuren hinterlassen beziehungsweise tut es noch heute. In den 1980er- und 1990er-Jahren wurden viele landwirtschaftliche Überschüsse auf die ausländischen Märkte umgelegt, vor allem in die Länder des globalen Südens – gefördert durch Exportsubventionen. Durch das Agrarabkommen der Welthandelsorganisation von 1995 wurde von den Industrieländern (darunter der EU) verlangt, die Obergrenzen für Außenzölle und Exportsubventionen drastisch zurückzufahren. So wurden die Subventionen zwischen 1993 und 2009 von 10,2 Milliarden auf 649 Millionen Euro gesenkt. Gleichzeitig hat die EU durch die zuvor beschriebene Politik die Erzeugerpreise für europäische Milchwirt:innen systematisch in den Keller getrieben. Mit dem Resultat, dass die Agrarindustrie Zugang zu möglichst billigen Rohstoffen bekommt, um so auch ohne die Subventionen auf dem Weltmarkt exportfähig zu sein.

Die günstigen Milchpreise wurden erst durch die Anhebung der Milchquote und die Liberalisierung des Marktes ermöglicht. Ein Beispiel: Mitte der 1980er-Jahre lagen die Erzeugerpreise in der EU noch 71 Prozent über den Weltmarktpreisen. Ende der 2000er-Jahre lagen sie nur noch neun Prozent über dem Niveau und heute haben sie sich fast gänzlich angeglichen. Für die Industrie ist das ein Segen: Mit einem Weltmarktanteil von fast 20 Prozent ist die EU seit 2003 ständiger Exportweltmeister. Durch die heutigen flächengebundenen Agrarsubventionen bleibt der Dumpingeffekt für den Export im Grunde erhalten. So können sich die Landwirt:innen dank der Direktzahlungen gerade so über Wasser halten und die niedrigen Erzeugerpreise, von denen sie häufig nicht mal kostendeckend arbeiten, teilweise kompensieren.

Ein Effekt ist, dass ähnlich wie damals zu Zeiten der Exportsubventionen die Agrarprodukte heute den europäischen Kontinent weit unter den Erzeugerpreisen verlassen können, weil die Industrie immer billigen Rohstoff zur Verfügung hat. Seit der Liberalisierung des Milchmarkts Ende der Nullerjahre wurde europaweit auch die Produktion erheblich gesteigert. Das Argument der Industrie lautete dabei stets, die Welt ernähren zu müssen. Dass auf diesem Wege die Märkte in Entwicklungsländern zerstört werden, bleibt in der Regel unerwähnt. So wird beispielsweise Milchpulver aus Europa mit Palmfett aus Asien nach Afrika transportiert und dort zu einem billigen Milchdrink zusammengemischt. Die frische einheimische Milch kann mit den Preisen nicht konkurrieren, was im Umkehrschluss bedeutet, dass die lokalen Produkte gar nicht erst im Supermarktregal landen, geschweige denn dass lokale Strukturen wachsen können.

Pflanzliche Alternativen: Pro und Contra

Vor allem bei den unter 30-Jährigen stehen diese Produkte hoch im Kurs. Hier sind die Hauptargumente für den Verzehr der Produkte ökologischer und ethischer Natur. Doch sind die Milchalternativen wirklich besser für unseren Planeten? Kurz und knapp: Es entstehen deutlich weniger Treibhausgase, die Gewässerbelastung ist niedriger und es wird weniger Land pro Liter Milch in Anspruch genommen. Allerdings macht es auch hier aus der

Verbrauchendenperspektive Sinn, genauer hinzuschauen. So ist der Wasserverbrauch von Reis- und Mandeldrinks deutlich höher als bei Kuhmilch, zudem stammen die Mandeln meist aus dem trockenen Kalifornien, wo der hohe Wasserverbrauch das Ökosystem immens belastet. Sojadrinks hingegen werden in der Regel aus europäischem und nordamerikanischem Soja produziert, für den – anders als für das Futtermittelsoja – keine Regenwälder abgeholzt werden. Wirklich lokal ist nur der Hafer. Er ist hier bei uns heimisch, braucht wenig Wasser und wenig Land und hat eine relativ gute CO_2-Bilanz.

Rechtsstreit um pflanzliche Alternativen

Wie ernst zu nehmend die pflanzlichen Alternativen als Gegenspieler für die Milchindustrie sind, zeigt der über mehrere Jahre ausgefochtene Rechtsstreit zum Begriff „Milch“. Schließlich hat der Europäische Gerichtshof entschieden, Milch müsse aus Eutern kommen, sonst sei es keine – zum Schutz der Verbrauchenden, damit sie die pflanzliche Haferalternative nicht mit echter Kuhmilch verwechseln. In den USA hingegen hat der Supreme Court kürzlich entschieden, dass auch pflanzliche Alternativen den Namen Milch führen dürfen.

Umweltschadenkosten von Milch

Als Umweltschadenkosten werden Kosten bezeichnet, die für die Wiederherstellung von beschädigten Ökosystemen entstehen, oder Kosten für das Gesundheitssystem, die auf Schadstoffe in der Umwelt oder auf Krankheiten zurückzuführen sind.

So teuer ist der Umweltschaden durch einen Liter Milch

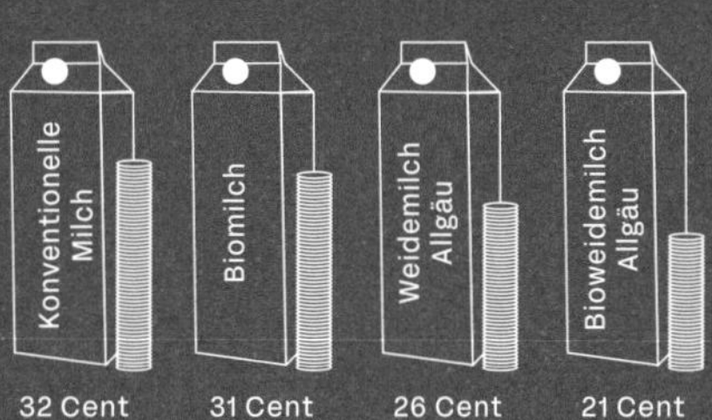

FAZIT: MILCH AUS WEIDEHALTUNG IST UMWELTFREUNDLICHER.

Kraftfutter vs. Beweidung

Die extrem hohen Leistungen pro Kuh sind massiv zu hinterfragen: Zum einen aus tiergesundheitlichen Gründen und zum anderen weil diese Milchwerte ohne den hohen Kraftfutteranteil gar nicht erst möglich wären. Die Faustformel: Ein Kilogramm Kraftfutter ergibt zwei Liter Milch. So wird in vielen Betrieben kalkuliert, dabei ist Kraftfutter teuer und ökologisch fragwürdig, denn es wird entweder importiert oder in Deutschland auf Flächen angebaut, die in Konkurrenz zum Anbau für die direkte menschliche Ernährung stehen und durch monokultivierten Mais auch die Biodiversität zerstören.

Für viele Betriebe ist die Ressource Grünland aus dem Blickfeld geraten, obwohl die Grünlandbewirtschaftung viele Vorteile für Mensch, Tier und Umwelt bietet. Die grundfutterbasierte Nahrung und der Verzicht auf eine extreme Milchleistung erfüllen sowohl die gesellschaftlichen Erwartungen an eine zukunftsfähige Milch als auch die Umweltvoraussetzungen dafür: den Landschaftserhalt, die Einhaltung der Ziele des Artenschutzes, den Erhalt der Biodiversität, das Bewahren von Grünland sowie einen niedrigeren Ressourcenverbrauch und einen Beitrag zum Klimaschutz.

Ziel sollte also sein, die Tiere wieder auf das Grünland zur Beweidung zu bringen. Das kommt ihrem natürlichen Lebensstil am nächsten, denn die Tiere lieben es, über die Weide zu laufen und genüsslich zu grasen. Ein Stallzugang ist aber ebenso wichtig, denn im Hochsommer mögen die Tiere Schatten, genau wie wir Menschen, und freuen sich über etwas Abkühlung. Jedenfalls sind sie nicht dafür gemacht, angebunden in einem Stall zu stehen und Kraftfutter aus einem Trog zu fressen. Durch Weidehaltung können mit ihrer Hilfe möglichst geschlossene Kreisläufe auf den Höfen etabliert werden, vom Grundfutter der Tiere über die daraus entstehenden Produkte bis hin zu ihrem Dünger. Aktuell hat weniger als ein Drittel der Milchkühe Zugang zu Weidemöglichkeiten.

Heumilch

In Österreich hat Heumilch bereits einen Marktanteil von 15 Prozent. In Deutschland hingegen bleiben die Zuschläge der Molkereien für diese Art der Erzeugung bislang hinter den Erwartungen der Landwirt:innen zurück.

Neben dem schönen Effekt, mehr Tiere draußen auf der Weide zu sehen, was gesellschaftlich ohnehin gewünscht ist, bringt die Weidehaltung auch ökologische, ökonomische und soziale Vorteile. Aus volkswirtschaftlicher Perspektive ist es recht ineffizient, Tierfutter auf Ackerflächen anzubauen, die auch als Nahrungsquelle für uns Menschen dienen könnten. Weiterhin würde der Import von Futtermittel zurückgehen und so indirekt zum Erhalt von Regenwald und Grasland in anderen Ländern beigetragen – gesetzt den Fall, dass es nicht zu Verlagerungseffekten kommt und andere Länder wie China die zur Verfügung stehenden Futtermittel aufkaufen.

Weiden sollten den Kühen überlassen werden, auf denen sie aus Gras, das Menschen ohnehin nicht verwerten können, wertvolle protein- und eiweißreiche Nahrung für uns herstellen können. Zeitgleich schützen wir mit dieser extensiven Bewirtschaftung des Weidelands auch unser Klima. Wie bereits im Kapitel Boden erklärt, speichert Dauergrünland doppelt so viel Kohlenstoff im Boden wie Ackerflächen. Außerdem zeichnen sich die Grünlandstandorte durch eine sehr hohe Biodiversität aus: Mehr als die Hälfte aller Arten deutschlandweit leben auf Grünland. Besonders Insekten fühlen sich hier wohl. Nur durch Beweidung (für den Ackerbau sind sie zumeist ohnehin nicht geeignet) können diese ökologisch wertvollen Flächen erhalten werden, ansonsten würden sie nach und nach verwalden. Abschließend lässt sich sagen, dass diese Art der Bewirtschaftung gut für die Umwelt und wichtig für den Erhalt von Biodiversität sowie die Bewahrung unserer Kulturlandschaft ist. All das ist lediglich verbunden mit einer etwas höheren finanziellen Belastung für die Konsumierenden.

Milch und Tierwohl: Zweinutzungsrassen

Weibliche Nachkommen werden auf den Höfen gern gesehen, die männlichen Bullen hingegen werden so schnell es geht weiterverkauft, weil sie im System Milch völlig wertlos sind und in den ökonomisch ohnehin strauchelnden Betrieben nur als Kostentreiber gesehen werden (mehr dazu im Kapitel Fleisch).

Vor der Industrialisierung war die Unterscheidung in Milch- und Fleischkühe viel weniger ausgeprägt als heute. Das war gut für Milch und Fleisch, und die Kühe bezeichnet man heute als Zweinutzungsrassen. Diese Kühe geben weniger Milch, sind aber robuster, können besser auf der Weide gehalten werden und sind, nachdem sie keine Milch mehr geben, trotzdem noch wirtschaftlich interessant für die Fleischverwertung. Auch für die männlichen Kälber könnte das ein Ausweg aus ihrer Misere sein, zumindest aus der Perspektive der Landwirt:innen. Denn aktuell werden die für die Milchproduktion ungeeigneten männlichen Tiere an Mastbetriebe verramscht. Teilweise verlassen die Tiere die Höfe für zehn Euro oder werden gar nicht erst mit Milch gefüttert und so bewusst dem Tod geweiht. Das klingt grausam, ist aber leider Realität. Ein Kalb darf erst nach 14 Tagen verkauft werden – und in der Zeit trinkt es zehn Liter Milch pro Tag und das kostet. Eine Einkreuzung von Zweinutzungsrassen kann die Situation stückweise

verbessern. Zwar setzen die Tiere etwas weniger Fleisch an und geben weniger Milch, doch entfällt das Problem der unwirtschaftlichen „Wegwerfkälber". Dass auch die Tiere von dieser Zuchtform profitieren, liegt auf der Hand. Neben der Lebensdauer ist auch die Geburt ein wichtiger Faktor: Hochgezüchtete Rinder kommen aktuell oft so dick zur Welt, dass ernste Komplikationen bei der Geburt keine Seltenheit sind.

Milch und Tierwohl: Kälberaufzucht

Das landwirtschaftliche System der Milchproduktion basiert auf der schnellen Trennung von Kalb und Mutter. Ein Schlagwort, das in diesem Zusammenhang häufig fällt, ist die muttergebundene Kälberaufzucht. Dabei bleibt das Kalb für mehrere Monate bei der Mutter, ernährt sich von der Muttermilch und wird dann erst von ihr getrennt. Bis ein Kalb groß genug geworden ist, trinkt es etwa 1000 Liter Milch. Was auf den ersten Blick vor allem schön für Kalb und Kuh klingt, ist natürlich etwas komplizierter. Einerseits ist das Modell, das vom Markt aktuell nicht wirklich honoriert wird, mit ökonomischen Einbußen für die Landwirt:innen verbunden. Andererseits ist das Abkalben (die Trennung von Mutter und Kind) nach einigen Monaten inniger Beziehung häufig noch schmerzhafter als das unmittelbare Trennen nach der Geburt. Einige Pionierbetriebe haben jedoch ihre eigenen Techniken entwickelt und machen damit sehr gute Erfahrungen. Es kann also funktionieren, erfordert allerdings Willen, Wissen, Arbeitsaufwand und eine langfristige Vision der jeweiligen Landwirt:innen. Für die Gesundheit und die physische Entwicklung der Tiere ist die muttergebundene Kälberaufzucht auf jeden Fall sehr förderlich. Viele Betriebe sparen so Tierarztkosten und haben gesunde Tiere auf dem Hof. Dennoch wird diese Art der Aufzucht hauptsächlich aus ökonomischen Gründen wohl vorerst eine Nische bleiben – zu wenig wird die Arbeitsweise auf dem Markt honoriert.

05
FLEISCH

Einführung

Es gibt wenig, was in unserer heutigen Wohlstandsgesellschaft in Deutschland so polarisiert wie das Essen von Fleisch. Trotz des darüber schwebenden moralischen Damoklesschwerts der Massentierhaltung und Umweltbelastung ist der Fleischkonsum aus dem Essensalltag vieler Menschen nicht wegzudenken. Allerdings wissen die wenigsten, wo ihr Fleisch herkommt und von welchen Tieren es stammt. Die Tiere sind für die Gesellschaft größtenteils unsichtbar geworden und stehen zu Tausenden auf engem Raum in dunklen Ställen. Aktuelle Vermarktungsstrategien des Handels verstärken das Informationsdefizit auf der Seite der Verbrauchenden. Die Kritik zu dem Thema bezieht sich auf drei wesentliche Bereiche: Tierwohl, Ökologie und Produktionsbedingungen des Fleisches.

Klima und Umwelt

Seit dem Zweiten Weltkrieg hat sich die Tierhaltung grundlegend geändert: Immer weniger Tiere sind auf der Weide zu sehen, immer öfter stehen sie in sogenannten Feedlots oder Ställen. Diese Konzentration macht sie anfälliger für Krankheiten. Und weil es immer mehr Nutztiere auf der Welt gibt, benötigen diese auch immer mehr Futter. Die Folgen sind das Abholzen der Wälder und die Umnutzung von Wiesen, was zu einer miserablen CO_2-Bilanz beiträgt. Aus diesen und weiteren Gründen ist Fleisch zu einem der problematischsten Konsumgüter unserer Zeit geworden.

Klimatechnisch ist die konventionelle Nutztierhaltung ein riesiges Problem: 15 Prozent der weltweiten Treibhausgasemissionen stammen direkt aus der Nutztierhaltung. Das ist mehr als alle Autos und Flugzeuge zusammen ausstoßen.

Ganz grundsätzlich und in Maßen sind tierische Ausscheidungen etwas sehr Wertvolles für den Boden, denn sie liefern wichtige Nährstoffe wie Stickstoff, Phosphat und Kalium. Durch den Einsatz von Gülle können Pflanzen besser wachsen und erbringen höhere Ernteerträge. Außerdem regt die organische Substanz den Humusaufbau im Boden an – so weit die Theorie. Die Massentierhaltung hat dieses natürliche Gleichgewicht allerdings massiv durcheinandergebracht.

„Die Tiere sind für die Gesellschaft größtenteils unsichtbar geworden."

Fleischwirtschaft

Die Nutztierhaltung ist ein wichtiges Standbein der deutschen Landwirtschaft. Auch hier hat sich wie in jedem anderen Bereich der Landwirtschaft in den letzten Jahrzehnten ein deutlicher Strukturwandel vollzogen: Weniger Betriebe halten mehr Tiere auf kleineren Flächen. Gleichzeitig kontrollieren einige wenige Schlachtbetriebe den Markt und diktieren den Landwirt:innen die Preise. Lokale Infrastruktur geht verloren, weil Schlachthöfe aufgekauft oder geschlossen werden und kein Personal mehr finden. Wie so viele verarbeitende Betriebe hat auch das Metzger:innenhandwerk ein dramatisches Nachwuchsproblem. Immer weniger Menschen wollen diesen Beruf erlernen.

Fleischkonsum

Geschichtlich betrachtet sind nahezu alle Völker dieser Erde eng mit dem Produkt Fleisch als wesentlichem Teil ihrer Landesküche verbunden. Beinahe jede Kultur identifiziert sich über das Fleisch als tragende Komponente in den Gerichten.

Rund 52 Kilogramm Fleisch werden jährlich pro Kopf in Deutschland konsumiert, das entspricht einem Lebendgewicht von etwa 77,5 Kilogramm. Seit Jahren sinkt der Fleischkonsum der Deutschen kontinuierlich. Im Vergleich zu 1984 - dem Jahr, in dem so viel Fleisch konsumiert wurde wie nie - ist der Konsum schon um ein Viertel zurückgegangen.

Während in Deutschland der Fleischkonsum über Jahre also auf hohem Niveau stagniert hat und in den letzten Jahren sogar rückläufig war, wird der Rest der Welt hungriger nach Fleisch. Gerade in den südostasiatischen Staaten und Teilen Afrikas steigt die Nachfrage enorm. Trotz einer mehr als fünfmal so großen Bevölkerung verbrauchen die ärmeren Länder aber dennoch nicht einmal doppelt so viel Fleisch wie die reichen. Forschende gehen davon aus, dass der weltweite Konsum bis 2029 um weitere 12,5 Prozent auf dann 360 Millionen Tonnen jährlich steigen wird. Bereits jetzt sind die planetaren Grenzen überschritten, mit gravierenden Auswirkungen auf Klima und Biodiversität. In weiten Teilen der Welt ist Fleisch weiterhin ein Statussymbol, was übrigens auch lange für weite Teile der westlichen Welt galt und teils noch immer gilt.

Eine kurze Geschichte der Massentierhaltung

Die Kritik an der konventionellen Tierhaltung war nicht immer so laut wie heute und ist eine recht neue Bewegung, die in den letzten Jahrzehnten an Bedeutung gewonnen hat. Noch vor 150 Jahren, zur Zeit des deutschen Kaiserreichs, gab es kaum große Ställe, in denen Tiere dicht an dicht standen. Vielmehr waren sie auf kleine landwirtschaftliche Betriebe und private Haushalte verteilt. Die damalige Allgegenwart der Tiere in Stadt und Land sowie die Fleischknappheit erklären, woher der gesellschaftliche Wunsch kam, Tiere ganzjährig in Ställen außerhalb der Dörfer zu halten. Heute hat sich das Phänomen also umgekehrt: Fleisch ist allgegenwärtig, doch die Tiere sind unsichtbar geworden, insbesondere Schweine und Hühner.

Sinkende Getreidepreise, steigende Schlachtgewichte, neuartige Konservierungsmöglichkeiten und höhere Löhne führten Ende des 19. Jahrhunderts zum größten Sprung im Fleischkonsum der modernen Geschichte: von rund 20 auf 40 Kilogramm pro Person pro Jahr. Trotz des allgegenwärtigen Aufwärtstrends blieb der Fleischkonsum für die unteren Schichten eine unsichere Angelegenheit, und durch diesen Mangel wurde Fleisch zum Sehnsuchtsprodukt schlechthin.

Die Ernährungspolitik des Ersten Weltkriegs schuf längst vergessene Dimensionen dieses Mangels (Stichwort Hungerwinter 1916/17). Diese Mangelerfahrung führte die Tiere in den inflationsgeplagten 1920er-Jahren in die Stadt zurück. Die Nationalsozialisten griffen diese Themen dann gern auf. Fleisch wurde zum innenpolitischen Instrument, um die Gunst der Bürger:innen für sich zu gewinnen. Zugleich wurden Nahrungsmittel für bestimmte Gruppen rationiert und ihre Verteilung als perfide Waffe in der Propaganda eingesetzt. Die nationalsozialistische Agrarpolitik veränderte in Anlehnung an die nationalsozialistische Leistungsideologie auch das Denken in der Tierhaltung: Nur die Tiere, die bei gleichem Futter mehr Gewicht ansetzten, waren erwünscht. Der Umbau der Tierhaltung misslang zwar, aber diese Absicht überdauerte den Krieg.

Mit Ende des Zweiten Weltkriegs stand die Bevölkerung wieder am Anfang ihrer Bemühungen für mehr Fleisch und eine einheitliche und standardisierte Nutztierhaltung. Mangel und Not befeuerten diese gesellschaftlichen Bestrebungen enorm. So wurden Ideen, die schon 50 Jahre zuvor entstanden waren, sich aber nie durchgesetzt hatten, erstmals auf gesamtdeutschen Flächen umgesetzt. Vor dem Krieg waren die Körper

der Tiere auf Arbeit, Kraft und Ausdauer ausgerichtet, doch nun kamen dem Rind andere Aufgaben zu. Neue Zuchttechniken, kontinuierliche Überwachung der Tiere und systematische Fütterung sowie die Arbeit von Besamungstechniker:innen und Tierärzt:innen verfolgten das Ziel, die Körper der Tiere vollends den Bedürfnissen unserer modernen Konsumgesellschaft anzupassen.

Neue Rassen brauchen neues Futter. Ohne die richtige Futtermischung konnten die gewünschten genetischen Anlagen der Tiere nicht hervorgebracht werden. Ohne das richtige Futter gaben sie zu wenig Milch und Fleisch. Neben Grünfutter wanderten deshalb von nun an auch mehr Getreide, Soja und Mais in die Tröge der Tiere. Dieser Paradigmenwechsel im Stall hat bis heute weitreichende entwicklungspolitische Folgen, vor allem für Süd- und Nordamerika. In ihrer Gesamtheit führten diese effizienzgetriebenen Entwicklungen zu einer Entfremdung von Mensch und Tier.

„Rund 52 Kilogramm Fleisch werden jährlich pro Kopf in Deutschland konsumiert.“

Die Kuh als Klimakillerin?

In Deutschland leben rund elf Millionen Rinder, aufgeteilt auf etwa 100.000 Betriebe. Jährlich werden etwa drei Millionen Tiere geschlachtet.

Gemeinhin gilt die Kuh als das Tier, das die meisten Emissionen ausscheidet. Durch ihren Magen stößt sie Methan aus, was ihr den Beinamen „Klimakillerin" einbrachte. Doch das Problem ist nicht die Kuh, sondern der Mensch. Mit der Industrialisierung der Tierhaltung nach dem Zweiten Weltkrieg begann man, Tiere nur noch auf Milch- oder Fleischeffizienz zu züchten, womit unter anderem eine nicht artgerechte Fütterung einherging. Heute bekommen Tiere Kraftfutter, dessen Anbau in Konkurrenz mit nicht tierischen menschlichen Nahrungsmitteln steht und für die Ernährungsweise der Tiere nicht gemacht ist. Das hat Folgen für Mensch, Tier und Klima. Werden die Tiere allerdings richtig gehalten, können sie von Klimakillern zu Klimaschützern avancieren.

Wasser

Die Dürresommer der letzten Jahre haben es gezeigt: Schon jetzt ist Wasser ein knappes Gut. Ein Blick Richtung Zukunft verheißt keine Besserung – im Gegenteil. Für Fleisch wird mehr Wasser eingesetzt als für pflanzliche Lebensmittel wie Getreide oder Hülsenfrüchte. Der durchschnittliche Wasserfußabdruck pro Kalorie Rindfleisch ist 20-mal höher als bei Getreide. Aber es kommt auch hier auf Haltung und Tierart an. Ein Steak braucht im Schnitt 15.415 Liter Wasser. Dabei kommt es aber darauf an, ob es aus Weide- oder Stallhaltung stammt, denn das meiste Wasser fällt bei der Futtermittelherstellung an.

Wild und Wald

Neben seiner Funktion als wichtige wirtschaftliche Ressource und Erholungsort für uns Menschen ist der Wald in erster Linie das Zuhause vieler Arten, unter anderem vieler Wildtierarten. Die meisten dieser Tiere werden bejagt, und ihr Fleisch ist eine weitere wertvolle Rohstoffquelle des Waldes. Wer auch künftig nicht auf Fleisch verzichten will, aber gleichzeitig den Umweltaspekt nicht außer Acht lassen möchte, ist mit heimischem Wild gut bedient. Wenn Fleisch so etwas wie nachhaltig sein kann, dann wohl jenes aus heimischen Wäldern.

Die Zukunft des Fleisches

Mit dem aufsteigenden Wohlstand in den Ländern des globalen Südens wächst der weltweite Hunger auf Fleisch weiter, obgleich die gesellschaftlichen Debatten und die Kritik zu dem Thema besonders in den Industriestaaten an Fahrt aufnehmen werden, auch bei uns in Deutschland. Die Gräben verlaufen zwischen Generationen, Stadt und Land, Einkommens- und Bildungsverhältnissen und Konsumgewohnheiten. Wir müssen weniger und besseres Fleisch essen. Denn es ist ein hochwertiges und kostbares Lebensmittel und sollte nicht als billiges Massenprodukt dienen.

„Wenn Fleisch so etwas wie nachhaltig sein kann, dann wohl jenes aus heimischen Wäldern.“

Wanderschäfer Arno Laube

Unterwegs für Schafe, Klima und Naturschutz

→ Lage
Osten | Rüdersdorf, Märkisch-Oderland
Karte: 13
32 km von Berlin

→ Empfehlungen
Workshops und Erlebnispädagogik mit Lämmern erleben, Wollpellets für den Gartenbau kaufen, eine Patenschaft für ein Schaf übernehmen, die Schäferei beim Planspiel kennenlernen (für die junge Generation)

Eine Paddeltour durch den Nationalpark Unteres Odertal unternehmen, das Ökodorf Brodowin besuchen, im Stienitzsee schwimmen, entlang des Oder-Neiße-Radwegs radeln

→ Kontakt
schaeferei-ruedersdorf.de
info@schaeferei-ruedersdorf.de

Wer einen Wanderschäfer porträtieren will, muss ihn erst einmal finden. Leichter gesagt als getan, schließlich zieht Arno Laube mit seinen Tieren im Osten Brandenburgs umher. In diesem Fall dauert es fast einen halben Tag, bis erst rund 500 Merino-Landschafe und schließlich auch deren Schäfer in Sicht kommen. Letzterer ist 82 Jahre alt und verbringt seit sechs Jahrzehnten jeden Tag bei seinen Tieren. Seit seiner Jugend züchtet und hütet er Schafe, pflegt die Landschaft, schert, schlachtet und wandert. Heute ist er einer der letzten seiner Zunft. War der Beruf des umherziehenden Schäfers in den letzten Jahrhunderten vor allem für die Woll- und Fleischproduktion wichtig, gehört heute die Landschaftspflege zu den Kernaufgaben.

„Schafe kommen an Stellen, da kannst du gar nicht mähen", erklärt Arno Laube. Das ist etwa an Dämmen und Deichen wichtig, wo es kaum Alternativen zu den wolligen Vierbeinern gibt. Erfahrene Schäfer:innen bewirken durch die Steuerung von selektivem Verbiss eine Verbesserung der Biodiversität. Im Kampf gegen invasive Arten wie das Springkraut ist auf vielen Flächen eine Beweidung die einzig realistische Option. Ein weiteres wichtiges Puzzlestück im Beitrag der Schafe zum Erhalt der Artenvielfalt ist die feine Wolle der Tiere, in der sich ständig Samen und Insekten verfangen. Die Schafe transportieren sie an andere Standorte, wo sie den genetischen Pool erweitern.

Dass Laubes Arbeit auch für die Aufwertung des Bodens und die CO_2-Speicherung eine echte Chance ist, liegt vor allem an seiner Bereitschaft zum Laufen: Der Schäfer wandert mit seinen Tieren. Noch vor einigen Jahren ging es vom Berliner Stadtrand bis zum Oderbruch, entlang des Spreewalds und bis an die sächsische Landesgrenze, in der anderen Himmelsrichtung auch mal durch die Uckermark. Heute sind die Distanzen kürzer: Werneuchen, Rehfelde und Rüdersdorf gehören zu den täglichen Etappen. Früher verbrachte Laube auch die Nächte bei den Tieren, meistens unter einem Baum, gelegentlich im Schäferwagen – an guten Tagen auch mal im Trabi, erzählt der Schäfer schmunzelnd.

Der CO_2-Eintrag im Boden geht auf den Appetit der Schafe zurück: Sie fressen das Blattwerk an und versetzen Gräser und Kräuter damit kurzfristig in Wachstumsstress. Bevor es für die Grünpflanzen existenzbedrohend wird, zieht die insgesamt tausendköpfige Herde weiter und hinterlässt nährstoffreichen Dünger. Die kurze Beweidung führt zu einem verstärkten Wurzelwachstum, einer verbesserten Bodenstruktur und mittelfristig zum Austreiben der Pflanzen. So steigt nicht nur die Qualität des Bodens insgesamt, sondern auch seine Fähigkeit, CO_2 zu binden.

Zwischen 500 und 1000 Tiere zu bewegen, ist nur mit der Hilfe von gut trainierten Hütehunden möglich. Die zwei Altdeutschen Tiger – Vertreter eines vom Aussterben bedrohten Schlags – weichen Laube nur von der Seite, um die Herde zurück in die Spur zu bringen oder neugierige Besucher:innen zu inspizieren. Weitere Unterstützung erhält der Schäfer von einer Handvoll Ziegen, die er mit den Schafen hält. Einige von ihnen tragen ein Glöckchen um den Hals, um die Herde anzuführen. Damit sei so ziemlich alles möglich, erklärt Laube: „Wenn du einen guten Draht zu deinen Ziegen hast, kannst du mit der ganzen Herde über den Alexanderplatz laufen – wenn nicht gerade einer mit Schrippen dasitzt, der wird plattgemacht."

Die Schur koste ihn rund drei Euro pro Schaf, sagt Laube, für

„Schafe kommen an Stellen, da kannst du gar nicht mähen.“

„Wenn du einen guten Draht zu deinen Tieren hast, kannst du mit der ganzen Herde über den Alexanderplatz laufen – wenn nicht gerade einer mit Schrippen dasitzt, der wird plattgemacht."

die Wolle bekomme er aktuell aber nur rund 1,50 Euro. Die Differenz füllt er durch den Verkauf junger Böcke und durch Prämien für die Landschaftspflege. Diese seien aber nicht nur viel zu niedrig angesetzt, um wirtschaftlich arbeiten zu können, sondern auch noch mit viel bürokratischem Aufwand verbunden, erklärt er.

Was dem Wanderschäfer zusätzlich zu schaffen macht, sind die steigenden Kosten für das Futter der Lämmer, der Zukauf von Heu für den Winter und die Pacht für Sommerweiden, wenn die Schafe auf den meisten landwirtschaftlichen Flächen Hausverbot haben. Zu einem weiteren Problem werden höhere Spritkosten. Um jeden Abend einen mobilen Pferch aus Weidenetzen aufbauen zu können, ist sein Pick-up zum Transport der Gerätschaften unverzichtbar. Das seien teure Fixkosten geworden, ärgert sich Laube und rechnet in seiner eigenen Währung vor: „Eine Tankladung ist mittlerweile ein Lamm."

Die Mutterschafprämie, mit der Schafhaltung unterstützt werden sollte, wurde 2005 eingestellt, wird nun aber etwas abgeändert wieder eingeführt. In der Zwischenzeit wurde über die Flächenprämie gefördert – damit wurden Schafhalter:innen über fast 20 Jahre im Prinzip genauso behandelt wie Landwirt:innen, mit dem entscheidenden Unterschied, dass die wenigsten selbst Land haben. Für Wanderschäfer:innen war diese Prämie also ohnehin irrelevant, doch selbst Schäfer:innen mit festen Koppeln profitierten kaum davon, denn der Pachtanteil in der Zunft lag 2022 bei 88 Prozent. Seit 2005 haben rund zwei Drittel aller Schafhalter:innen in Deutschland aufgegeben, zuletzt waren 2021 nur noch knapp 10.000 übrig. Laube hält dagegen. Er kann sich kein anderes Leben vorstellen.

Gelegentlich erhält er Unterstützung von Freunden und Bekannten, von Nachbarinnen und Schafsbegeisterten. Eine von ihnen ist Andrea Rohrberg. Die 53-Jährige ist am östlichen Berliner Stadtrand zu Hause und versteht sich mittlerweile darauf, Laube aufzuspüren. Sie und der Freundeskreis helfen bei der Schur, beim Impfen der Tiere oder wenn einfach eine Hand gebraucht wird. Aus diesem Kreis hat sich vor Kurzem die Interessengemeinschaft Schäferei Rüdersdorf gebildet, die etwa Kitas und Schulen bei gemeinsamen Aktionen mit Schafen begleitet. Die Initiative verfolgt zudem Pläne, die genialen Eigenschaften der Wolle in Form von Düngepellets zu vermarkten. Die Wolle der Merino-Landschafe weist einige Charakteristika auf, von denen der Boden profitieren kann. So speichert sie Wasser und enthält Kalium und Schwefel sowie das begehrte Phosphat, das nur sehr langsam ausgewaschen wird – was die Wolle zu einem optimalen organischen Langzeitdünger macht. Daneben entstehen weitere kreative Angebote rund um die Schafe: Workshops und Coachings für die Großen, Planspiele und Erlebnispädagogik für die Kleinen.

Die Schäfer:innen von morgen werden wohl anders aussehen. Vielleicht tragen sie kleine Warnwesten auf dem Weg von der Kita auf die Koppel, vielleicht stehen sie auf dem Markt, verkaufen Düngepellets oder ermöglichen Berliner:innen eine Auszeit zwischen Schafen. Auch wenn Laubes Arbeitsalltag etwas klassischer aussieht, freut er sich über den Nachwuchs in der Zunft und die kreativen Ideen.

Otto Trio

Unprätentiöse deutsche Küche für den Kiez

→ Lage
Berlin | Prenzlauer Berg & Mitte
Karte: 14

→ Empfehlungen
Im Otto Leckereien aus der Schorfheide und dem Außenposten in Buchholz verköstigen und im Onlineshop Bachsaibling-Garum bestellen

Spontan an der Bar im Trio vorbeischauen, Königsberger Klopse und Apfelstrudel mit Haselnüssen probieren und sich durch die ständig wechselnde Wochenkarte schlemmen

Naturwein bei Rocket Wein trinken, schönes Papier in der Luiban Papeterie erstehen, bei Kutzner & Kutzner echte Biolebensmittel kaufen

→ Kontakt
otto-berlin.net
Instagram: @otto_berlin

trioberlin.net
Instagram: @trio.berlin

„Vielleicht irgendwo zwischen New Nordic Cuisine und deutscher Bodenständigkeit" – seine eigene Küche zu beschreiben findet der Koch des Otto gar nicht so leicht. „Auf jeden Fall gibt es hier keinen deconstructed Bienenstich. Generell eigentlich nichts, wofür man eine Pinzette bräuchte. Ehrlich gesagt haben wir nicht mal eine hier, glaube ich." Die pinzettenlose Küche des Otto wird vom 31-jährigen Vadim Otto Ursus Henselder geführt. Sein 2019 eröffnetes und seitdem viel gefeiertes Restaurant im Prenzlauer Berg ist das Ergebnis einer Weltreise mit unterschiedlichen Stationen, die seinen Stil geprägt und seine Vision eines vernünftigen Miteinanders in der Küche geformt haben. Das Schwesterrestaurant Trio folgte 2023 und bringt unweit vom Rosa-Luxemburg-Platz bodenständige Wirtshausküche auf den Tisch.

Der gebürtige Berliner Vadim Otto Ursus Henselder hat schon zu Schulzeiten gern Freundinnen und Freunde bekocht, bevor er eine klassische Kochausbildung antrat. Danach arbeitete er auf den Färöer-Inseln ein Jahr im Restaurant Koks mit frischestem Fisch und Meeresfrüchten – teilte sich allerdings für die Zeit auch ein Sechs-Bett-Zimmer mit den anderen Köchen. Nach weiteren Stationen in Lissabon und Mexiko landete Henselder schließlich beim Pop-up des Noma in Mexiko. So prägend diese kulinarischen Erfahrungen auch waren, so knüppelhart gestaltete sich der Arbeitsalltag: „Immer rennen, nie gehen“, fasst Henselder zusammen.

Er schlug das Angebot aus, sich dem Noma-Team dauerhaft anzuschließen und entschied sich statt für Kopenhagen für die Brandenburger Schorfheide. Hier machte er den Garten der Familie zum Ausgangspunkt seines weiteren Schaffens: Die Datsche wurde zu Labor und Küche umfunktioniert und der ins Erdreich gehauene kleine Keller mit seinen konstanten Temperaturen zur optimalen Lagerstätte für fermentierende Langzeitprojekte. Als ihm in diesem Vorratsraum irgendwann der Platz ausging und die Fermente servierfähig wurden, blieb Henselder letztlich nichts anderes übrig, als sein eigenes Restaurant zu eröffnen. Nach wie vor ist der Garten in der Schorfheide Außenposten des Otto: Hier gedeihen allerlei Kräuter, Beeren und essbare Blüten. Um den Austausch zwischen Stadt und Land sowie den Produzent:innen und der Natur zu pflegen und auszubauen, wurde im Restaurant eine eigene Stelle geschaffen. Diese umfasst auch das „Sourcing“, also das Sammeln wild wachsender Schätze auf Ausflügen durch Wälder und über Wiesen. In unmittelbarer Umgebung zum Ökodorf Brodowin kann bedenkenlos Essbares aus der Natur gesammelt werden, denn chemische Rückstände sucht man hier auf den Feldern vergebens. Die direkte Verbundenheit zur Natur ist eine der wichtigsten Säulen dieser modernen Berliner Küche.

Mit seinen Erfahrungen aus der Sternegastronomie im Hinterkopf versucht sich Henselder im Spagat, mit einem fair bezahlten Team (und einer Vier-Tage-Woche) einerseits regionale Produkte in Topqualität auf die Teller zu bringen, andererseits für die Gäste zugänglich zu bleiben. Eine Faustregel lautet dabei: Die Mitarbeitenden sollen sich im Restaurant selbst ein Essen leisten können. Auch deshalb sträubt sich der Koch gegen Kategorien wie „Fine Dining“ oder „Casual Fine

„Die direkte Verbundenheit zur Natur ist eine der wichtigsten Säulen dieser modernen Berliner Küche.“

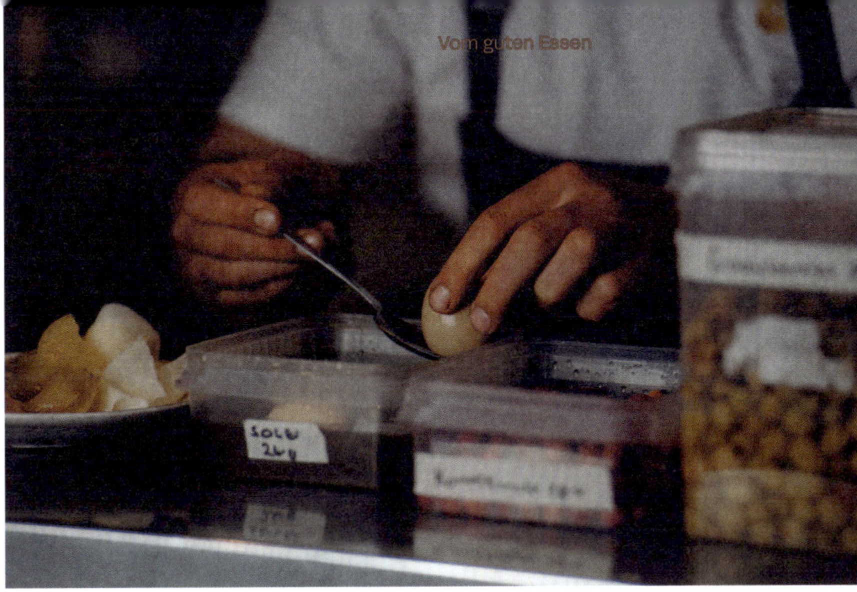

Dining“, die seinem Restaurant gern zugeschrieben werden. Es ist nicht vermessen zu behaupten, dass Henselder, einige Jahre nachdem das Nobelhart & Schmutzig und das Ernst die Tür für eine neue regionale Identität in der Berliner Küche aufgestoßen haben, mit dem Otto einen ganz eigenen neuen Stil in der Stadt etabliert hat. In seinen Überlegungen spielt auch die preisliche Dimension eine wichtige Rolle. Um sicherzustellen, dass sein Lieferant:innennetzwerk aus kleinen handwerklichen Produzent:innen die Preise abrufen kann, die für gute Arbeit nötig sind, werden für einen Abend im Otto mindestens 60 bis 70 Euro verlangt. Das ist zwar gemessen an der Qualität und vergleichbaren Angeboten ein fairer Preis, aber trotzdem natürlich noch eine happige Nummer für viele Menschen. Das weiß auch Henselder und erklärt den Ausweg: „Weil wir einen Raum schaffen wollten, an dem man einfach auch mal so nach Feierabend hinkann, haben wir jetzt zusätzlich das Trio gegründet.“

Die kleine Schwester des Otto liegt einen guten Kilometer südlich, nicht weit vom Alexanderplatz entfernt, und füllt eine Lücke, die seit Langem in der Berliner Restaurantlandschaft klaffte. Im Gegensatz zu Süddeutschland hat sich in der Hauptstadt kaum eine Wirtshauskultur etabliert. Zwar finden sich nach wie vor einige alteingesessene gutbürgerliche Restaurants, die noch Alt-Berliner Küche anbieten, aber frischen Wind hat diese etwas eingestaubte Sparte der Gastronomie schon lange nicht mehr gespürt. In Eckkneipen gibt es außer überbackenem Mikrowellentoast nichts zu essen, während man in den bodenständigen Restaurants mit deftiger Küche in aller Regel wenig verantwortungsvoll erzeugte Zutaten findet und selten einfach mal nur ein Pils an der Theke trinken kann. Das ist im Trio auch ohne Voranmeldung möglich und macht das Lokal zu einem Anlaufpunkt für unaufgeregte Abende. Auf dem Teller findet sich Wirtshausküche aus dem ganzen deutschsprachigen Raum ohne viel Schnickschnack. Das Lokal mit seinen 60 Plätzen öffnete im März 2023, Gastgeber sind neben dem für die Küche verantwortlichen Henselder auch Eva Alken und Clemens Roesch, die sich aus den Anfängen des

„Im Gegensatz zu Süddeutschland hat sich in der Hauptstadt kaum eine Wirtshauskultur etabliert."

Otto kennen. Auf der ständig wechselnden Karte finden sich Klassiker wie Leber Berliner Art, Senfeier, Backhendl, Handkäs mit Musik oder Maultaschen.

Wie sich aus dem Duo aus Otto und Trio positive Synergien ergeben können, von denen am Ende aufgrund fairer Preise auch die Gäste profitieren, zeigt sich am Beispiel einiger Produzent:innen. Ein Klassiker der Region, der auch in beiden Restaurants einen wesentlichen Bestandteil des Menüs darstellt, ist das Wild. „Egal ob Schwarzwild, Maibock oder Damwild: Das ist das nachhaltigste Fleisch, das du überhaupt kriegen kannst", sagt Henselder, der schon seit Jahren mit Jäger Jörn Korte (→ S. 194) zusammenarbeitet. Die beiden kennen sich seit seiner Ausbildungszeit im Neugrüns Köche.

Eine ähnlich enge Beziehung besteht mit Michael Langanke und seinen Schorfheider Kälbern. Der an den Buchholzer Außenposten angrenzende Demeter-Milchviehbetrieb steht vor dem gleichen Problem, das alle Milchbäuerinnen und -bauern umtreibt. Männliche Kälber lohnen sich für die Aufzucht nicht und werden daher so schnell es geht an Mastbetriebe weiterverkauft. Um dieses wirtschaftliche Dilemma zu lösen, werden die männlichen Kälber etwa ein halbes Jahr auf den Serwester Weiden in muttergebundener Kälberaufzucht großgezogen und dann geschlachtet. Auch wenn die Tiere so nicht besonders alt werden, haben sie in der Zeit, die ihnen bleibt, zumindest ein gutes Leben. Das lässt Milchbauer Langanke gut schlafen, weil er um das Wohl seiner Tiere weiß – und Henselder bekommt beste Fleischqualität aus der Region zu einem Preis, mit dem beide Seiten gut wirtschaften können. Die Tiere werden im Ganzen nach Berlin gebracht und dort in den Restaurants weiterverarbeitet. Im Otto kommen die Filetstücke auf den Teller, im Trio werden aus den übrigen Teilen zum Beispiel Königsberger Klopse. So wird nicht nur sichergestellt, dass das ganze Tier verarbeitet wird, sondern auch dass die Gerichte preislich erschwinglich bleiben – bei einer Fleischqualität, die in diesem Preissegment sonst nur schwer zu finden ist.

Jörn Korte

Fleisch aus heimischen Wäldern

Lage
→ Norden | Groß Schönebeck, Barnim
Karte: 15
45 km von Berlin

Empfehlungen
→ Auch als Privatperson Wurstwaren oder frisches Fleisch kaufen oder Kortes Wild in einem der vielen Berliner Restaurants mit Regionalbezug probieren

Einen Ausflug in den Wildpark Schorfheide machen, bei Bäcker Wiese in Eberswalde einkehren, das Schiffshebewerk Niederfinow besichtigen, im Werbellinsee baden

Kontakt
→ joernkorte@web.de

Über die Landstraße L100 gelangt man entlang weitläufiger Felder, breiter Alleen und endloser Waldränder nach einer Stunde Fahrzeit von Berlin in das beschauliche Örtchen Groß Schönebeck in der Schorfheide. Hier jagt Jörn Korte, der schon von so manch einem als „Wildpapst von Berlin" beschrieben wurde, auch wenn er selbst diesen unfreiwilligen Titel eher amüsant findet. Doch wie man ihn auch nennen mag – auf der Suche nach gutem regionalem Wild führt kein Weg an Korte vorbei. Aus seinem Revier in der traditionsreichen Schorfheide versorgt er die Küchen der Hauptstadt mit Brandenburger Fleisch. Dabei war dieser Weg keinesfalls vorgezeichnet, eher zufällig ist der Jäger in der Gastronomie gelandet. Heute arbeitet kaum ein Restaurant, das in Berlin auf regionale Qualität setzt, nicht mit dem Schorfheider Jäger zusammen.

Die Schorfheide ist Deutschlands größtes zusammenhängendes Waldgebiet und seit Gründung der Mark Brandenburg bei den Mächtigen als Jagdgebiet beliebt. Durch diese Sonderstellung wurden die Wälder weitestgehend von Rodungen verschont. Von den Brandenburger Kurfürsten über Kaiser Wilhelm und Hermann Göring bis hin zu Erich Honecker schätzten Generationen von politischen Strippenziehern dieses besondere Revier.

Jörn Korte ist hier geboren, aufgewachsen und geht hier zur Jagd. Kurz nach der Wende, im Jahr 1991, bestand er seine Jagdscheinprüfung, arbeitete dann einige Jahre beim Forstamt und pachtet seit 2004 sein eigenes Revier. Der Wald gehört ihm nicht, er besitzt nur das Jagdrecht für die Flächen. Eine Pachtperiode umfasst immer zwölf Jahre, aktuell ist er in Periode zwei, die noch bis Ende des Jahrzehnts läuft. In dem knapp 400 Hektar großen Revier sind alle heimischen Schalenwildarten sowie einige Niederwildarten vertreten, die für die regionale Wildvermarktung geeignet sind. Die meisten Tiere, die Korte verkauft, stammen aus seinem Revier, einige auch von benachbarten Jägern, aber in jedem Fall aus der Schorfheide. Ihm ist wichtig zu betonen, dass er kein Wild aus Sachsen, Mecklenburg-Vorpommern oder von noch weiter her importiert. Dieses ausschließlich regionale Wild ist für ihn besonders: „Das ist absolute Bioware, es hat stets das gefressen, was es wollte, ihm wurden nie irgendwelche Medikamente verabreicht, keine Viehtransporte, kein Leid. Wenn es vernünftig geschossen wird, hört es nicht mal den Knall."

Korte ist die Stelle, an der alles zusammenläuft, denn außer ihm gibt es niemanden im Norden Berlins, der das heimische Wild professionell zerlegt und vermarktet. Hierfür hat er vor einigen Jahren in eine Zerwirkstätte investiert und seine Passion zum Beruf gemacht. Hauptabnehmer ist die Berliner Gastronomie, doch er verkauft auch an Privatpersonen. Einen Laden hat er nicht. Wer Interesse an Wild aus der Region hat, solle ihn anrufen oder einfach vorbeikommen, erklärt er pragmatisch.

Die aktuelle Situation in den Brandenburger Wäldern bewertet er ernst und nachdenklich: Nach seiner Auffassung gebe es lange nicht mehr so viel Wild wie früher, vor allem der Gesetzgeber sei dafür verantwortlich. „Was eine Zeit lang als vernünftiges Miteinander von Wild und Wald versucht wurde, ist nun in eine Politik des Waldes vor dem Wild gemündet. Es gibt Reviere, da gibt es kein Wild mehr.“ Noch schlimmer sei die Situation mit dem Wolf – als „ziemlich fürchterlich“ beschreibt er diese. Während die Nachricht über die Ausbreitung des Wolfs von stadtnah lebenden Menschen tendenziell mit Freude aufgenommen wird, stößt die Schutzpolitik für den Vierbeiner auf dem Land eher auf Unverständnis. In Groß Schönebeck gibt es regelmäßig Angriffe auf Schafe und andere Nutztiere. „Die Städter, die uns diesen Blödsinn aufzwingen, haben keine Ahnung von der Realität bei uns auf dem Land“, kritisiert Korte die Wolfspolitik.

Was Matthias und Susanne Engels von 25 Teiche (→ S. 238) für Fisch sind, ist Korte fürs Wild: die Instanz für sein Produkt auf dem Weg in die Gastronomie. Allerdings bekommt das kaum jemand so recht mit, denn Korte pflegt keinen Social-Media-Account, auch einen Google-Eintrag sucht man vergebens. Anrufe nimmt er nur sporadisch entgegen. Er liebt das Land und seine Ruhe. Sein alter Jagdherr, der gern in den feinen Adressen der

„Anrufe nimmt er nur sporadisch entgegen. Er liebt das Land und seine Ruhe.“

„Wenn das Wild vernünftig geschossen wird, hört es nicht mal den Knall.“

Hauptstadt dinierte, brachte ihn zu seinem heutigen Beruf. Er unterhielt sich Ende der 1990er-Jahre mit den Küchenchefs und Inhaber:innen der Restaurants und fragte, wieso sie denn kein regionales Wild auf den Karten hätten. Viele wussten nicht, woher sie es beziehen sollen. „Ich kenne da jemanden, der euch weiterhelfen kann", verriet er damals und brachte Korte ins Spiel. Nach dem unverhofften Einstieg folgten mit der Zeit schließlich immer mehr Anfragen. Um zu verstehen, wie lange Korte schon nach Berlin liefert, reicht wohl die Information, dass er im Rutz bereits Ralf Zacherl als damaligen Küchenchef beliefert hat.

Was Korte noch mehr Emotionen entlockt als der Wolf, ist die Sache mit den Wildimporten: „Unser Produkt aus den hiesigen Wäldern ist besser für Tier und Natur. Die Importe zerstören den heimischen Markt", entrüstet er sich. In Neuseeland werden auf großen Farmen Hirsche gezüchtet, ähnlich wie bei uns Rinder. Die Tiere leben in riesigen Kolonien zusammen, werden medizinisch versorgt und im Bedarfsfall zugefüttert – eine Mast in weitläufiger Landschaft also. Auf vier Millionen Neuseeländer:innen kommen eine Million Hirsche. Für die Zucht, einen der ökonomisch wichtigsten Zweige der dortigen Landwirtschaft, ist Deutschland der zentrale Markt. Jedes Jahr wird um ein Vielfaches mehr Fleisch aus dem Pazifikstaat importiert, als den Brandenburger Wäldern entnommen werden kann. Diese Ware ist im anonymen Großhandel das ganze Jahr verfügbar. Was in Neuseeland als Plage begann, ist zum Exportschlager geworden. Die Krux dabei ist: Hier vor Ort darf die Gastronomie auch das Importfleisch mit dem Slogan „heimisches Wild" bewerben, weil diese Hirscharten auch in unseren Wäldern beheimatet sind. Wer also wirklich Tiere aus Brandenburg essen will, achtet am besten auf den Satz „Wild aus der Region", denn diese Bezeichnung ist geschützt und nur dem tatsächlich heimischen Wild vorbehalten. Für Korte ist das aber keine direkte Konkurrenz, er hat seinen Markt. „Manche Leute verstehen den regionalen Weg einfach nicht. Kurioserweise ist das in der Stadt weniger ausgeprägt als bei uns auf dem Land. Es gibt in Brandenburg einige Restaurants, die sich ‚Wild' auf die Fahnen schreiben und es am Ende nicht aus der Region beziehen, sich aber mit regionalen Spezialitäten schmücken. Den Unsinn konnte ich noch nie verstehen."

Wer es schafft, Korte bei einer seiner Liefertouren in Berlin zu fassen zu bekommen, merkt schnell, dass sich der Jäger in der Stadt nicht zu Hause fühlt. Mit Berlin verbindet er eine Geschäftsbeziehung, mehr nicht. Lieber geht er angeln und natürlich auf die Jagd.

Gut Kerkow

Neue Metzgereien braucht das Land

→ Lage
Norden | Kerkow, Uckermark
Karte: 16
68 km von Berlin

→ Empfehlungen
Zum Mittagstisch in einer der Berliner Metzgereifilialen einkehren, bei einem Gutsbesuch alles rund um das Angusrind lernen, ein Steak im Aschemantel probieren

Einen Ausflug ins NABU-Erlebniszentrum Blumberger Mühle machen, im UNESCO-Weltnaturerbe-Buchenwald Grumsin spazieren gehen, den Stolper Turm besichtigen

→ Kontakt
gut-kerkow.de
Instagram: @gutkerkow

Rund 400 Aberdeen-Angusrinder sind auf den Weiden von Gut Kerkow unweit von Angermünde zu Hause. Seit etwa 100 Jahren ist die Rasse in Deutschland heimisch, die für ihr festes, marmoriertes Fleisch geschätzt wird, das von hauchdünnen Fettäderchen durchzogen ist. Betriebsleiter und Weidemanager Fabian Pruns geht problemlos als moderner Cowboy durch, nur sein Pferd hat er gegen einen alten Defender getauscht. Mit seinem Team ist er täglich auf der Weide unterwegs, um Ohrmarken zu verteilen, nach den Tieren zu schauen, frisch gekalbten Nachwuchs zu inspizieren und Zäune zu überprüfen, das Lasso stets am Gürtel. Während sich Pruns um die Aufzucht der Rinder kümmert, sorgt Geschäftsführer Manuel Pundt dafür, dass das Spitzenfleisch seinen Weg von der Uckermark nach Berlin findet – etwa in eine der drei hauseigenen Metzgereien.

Die Beweidung hat ihren festen Platz im Kreislauf der Betriebsplanung von Gut Kerkow. Wo heute kräftige Muskelprotze mit kurzen Beinen grasen, wuchsen noch vor Kurzem Luzerne und Kleegras. Die Tiere seien meist sehr ruhig, trotzdem sei immer Vorsicht geboten. „Bei den Bullen musst du höllisch aufpassen“, warnt er. „So ein Tier wiegt bis zu einer Tonne und hat genug Kraft, um ein anderes hochzustemmen. Da willst du nicht in die Quere kommen.“

Nachdem die Rinder über die Flächen gezogen sind, ist der Boden gefestigt und mit hohem Stickstoffgehalt gut auf folgende Kulturen vorbereitet, in den meisten Fällen ist das hier Winterweizen. Doch das System wird herausfordernder, denn die letzten Dürrejahre haben sich auch auf den Wiesen bemerkbar gemacht: Schon ab August habe er zufüttern müssen, berichtet Fabian Pruns.

Es braucht wenig Fachkenntnis, um zu erahnen, dass am romantisierten Bild der idyllischen Fleischerzeugung wenig dran ist. Das Leben der Tiere endet auch hier mit dem Bolzenschuss, bevor sie ausbluten und dann zerteilt werden. Dieser Prozess ist überall in der Fleischverarbeitung gleich, wenn nicht gerade der (kaum verbreitete) Weideschuss zum Einsatz kommt. Einen entscheidenden Unterschied gibt es auf Gut Kerkow allerdings in den Stunden und Tagen vor der Schlachtung: Da die Tiere an Menschen gewöhnt sind und die Stallungen direkt ans Schlachthaus angrenzen, sehen sie ihr Ende bis zur letzten Minute nicht kommen. Allein die Tatsache, dass hier auf dem eigenen Hof geschlachtet wird, ist eine absolute Ausnahme. Auch in der ökologischen Fleischerzeugung sind lange Transportwege normal. Tiere würden oft direkt vom Transporter ins Schlachthaus getrieben, erklärt Geschäftsführer Manuel Pundt und ergänzt: „Dass unsere Tiere keinen Stress haben, schmeckst du einfach.“

In Kerkow kommt aus einer Hand, was sonst auf mindestens drei oder vier Akteur:innen verteilt ist: Zucht, Mast, Schlachtung, Zerlegung und Handel. In der konventionellen Produktion sind die Betriebe oft hochspezialisiert und auf große Mengen ausgelegt. Die Kostenvorteile führen dazu, dass es wirtschaftlich lohnenswerter ist, ein Tier für jede Station der Wertschöpfungskette durch ganz Deutschland oder sogar über Landesgrenzen zu transportieren. Stress, vermeidbare Erkrankungen, CO_2-Emissionen und eine Anonymisierung des Tiers werden durch die ganzheitliche Arbeitsweise auf Gut Kerkow umgangen. Die Methodik ist heute beinahe einzigartig, obwohl sie nichts Neues ist. „Es ist eigentlich total oldschool, was wir hier machen“, schmunzelt Pundt – als hätte man ein paar Jahrzehnte der industriellen Entwicklung in der Branche einfach ausgelassen.

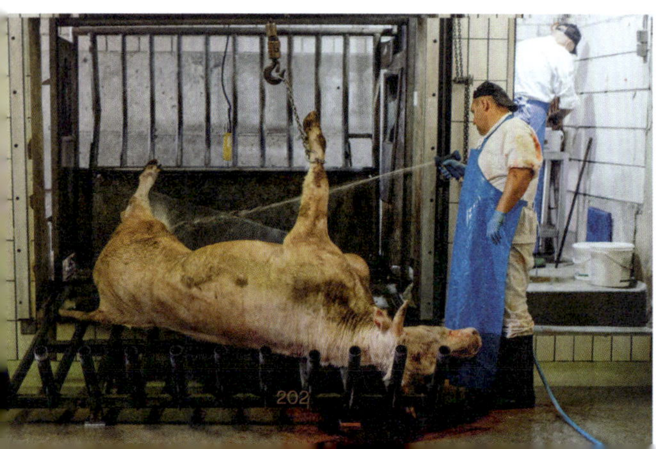

„Dass unsere Tiere keinen Stress haben, schmeckst du einfach."

„In Kerkow kommt aus einer Hand, was sonst auf mindestens drei oder vier Akteur:innen verteilt ist: Zucht, Mast, Schlachtung, Zerlegung und Handel."

Zwar sind Regionalität und Ganzheitlichkeit hohe Güter, doch natürlich macht sich diese Kompromisslosigkeit auch beim Preis bemerkbar. Das Fleisch müsse in etwa 20 Prozent teurer sein als andere Bioware, schätzt der Geschäftsführer. Damit habe man in Supermärkten keine Chance. Die Konsequenz heißt Eigenvermarktung: über den Onlineshop und drei Berliner Filialen. Pundt kennt sich aus mit den Dynamiken vom Verkauf. 14 Jahre lang arbeitete er bei der Bio Company und begleitete den Aufbau von 48 Filialen. Für die Berliner Fleischversorgung wünscht er sich, einige wenige Betriebe wie Gut Kerkow geografisch sinnvoll verteilt im Brandenburger Umland zu haben, die klein genug sind für handwerkliche Arbeitsweisen und mit eigener angeschlossener Schlachtung den Fleischbedarf der Hauptstadt decken können.

Die Mission von Gut Kerkow ist an der Supermarkttheke nur schwer zu vermitteln. Dass die Tiere hier mehr Zeit und Platz zum Aufwachsen haben als in den meisten anderen Biobetrieben, ihr Leben in der Herdengemeinschaft verbringen und in aller Regel ihre Hufe nicht auf einen Transporter setzen müssen, lässt sich nicht ohne Weiteres auf ein Etikett drucken. Kund:innen fänden im Supermarkt fast keine Informationen über Herkunft und Hintergründe, sondern würden nur den höheren Preis wahrnehmen, gibt Pundt zu bedenken. Der Ausweg aus dem Dilemma liege im direkten Kontakt, erklärt er: „Also haben wir halt Metzgereien gegründet." Mit dieser Strategie steht er deutschlandweit ziemlich allein da. Rund 500 Betriebe schließen im Durchschnitt jedes Jahr, die meisten scheitern an der Konkurrenz durch Billigfleisch beim Discounter, den immensen Hygiene- und Dokumentationsaufwand sowie das Fehlen von Fachkräften und Nachwuchs.

Marc Awiszus leitet die Filiale in der Grünberger Straße. Sein Auftrag ist es, dem Produkt ein Gesicht zu geben, das Beste aus dem Fleisch herauszu-

holen (etwa indem er Entrecôte vom Angusrind mit einer Ascheschicht einreibt, in der das Fleisch dann eine Woche reifen wird) und den Kund:innen Frage und Antwort zu stehen. Die Friedrichshainer Metzgerei ist die jüngste der drei Filialen und fügt sich ein zwischen einem Geschäft für Vintage-Möbel, einer Modeagentur und Bars. Das internationale Publikum, das sich rund um den nur 100 Meter entfernten Boxhagener Platz tummelt, kommt hier genauso vorbei wie Stammkundschaft. „Es macht schon Spaß, dass man sich hier einfach kennt“, erzählt Awiszus. Kiezmetzgereien sind selten geworden, solche mit Mittagstisch noch seltener. Jeden Tag kommen hier Kerkower Produkte auf den Teller, gelegentlich gibt es auch vegetarische Optionen. Die 15 Sitzplätze sind über die Mittagsstunden ständig belegt. „Da platzen wir aus allen Nähten“, freut sich der Filialleiter.

Geschäftsführer Pundt will weiter in den Kund:innenkontakt investieren. Der Hofladen in Kerkow und die Berliner Filialen seien Orte, an denen die Marke erlebbar werde und Menschen das Produkt zu verstehen lernten. „Für ein vernünftiges Ernährungssystem müssen wir den Leuten davon erzählen, Partnerschaften aufbauen, laut sein. Anders geht’s nicht. Steter Tropfen höhlt den Stein.“

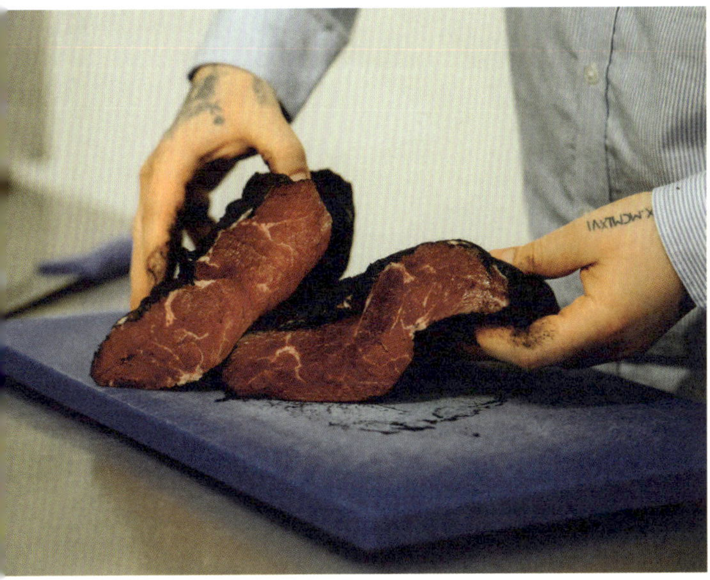

Merold

Regionale Fermentationskunst

Lage
→ Berlin | Neukölln
Karte: 17

Empfehlungen
→ Zwiebel mit Buchweizen und schwarzem Knoblauch, Maräne und die hausgemachte grobe Bratwurst essen

Auf einen Drink in die Wax On Bar einkehren, dienstags und freitags den Wochenmarkt am Maybachufer besuchen, im Biergarten Jockel am Kanal sitzen, Croissant essen bei La Maison

Kontakt
→ restaurant-merold.de
Instagram: @restaurant_merold

Die Geschichte seines Restaurants begann damit, dass Jonas Merold keine Lust mehr aufs Kochen hatte. Über vier Jahre baute er hinter dem Haus der Statistik am Alexanderplatz einen Gemeinschaftsgarten auf, zimmerte Hochbeete aus Paletten, säte, pflegte und erntete. Mittlerweile arbeitet er wieder am Herd. Seine Küche ist geprägt von skandinavischen Einflüssen, einem starken regionalen Produktfokus und Elementen, die es in den letzten Jahren aus der japanischen Küche in die Handschrift einiger junger Köch:innen der Hauptstadt geschafft haben. „Durch den Gemüseanbau und die Auseinandersetzung mit den Produkten habe ich am Ende auch meine Liebe zum Kochen wiederentdeckt", fasst Merold dieses Kapitel seines Lebens zusammen.

Nach Jahren in der Berliner Spitzengastronomie mit Stationen im Reinstoff, dem Coda, bei Tim Raue und anderen war Jonas Merold der unsanften Küchenkultur 2017 müde. Dass einer seiner Chefs ihn zeitweise in die Dependance nach Dubai beordern wollte, verstärkte die Sinnfrage in ihm. Kurz überlegte Merold, doch der Ruf der urbanen Gemüsezucht war lauter als der des Wüstenstaats. Als die Gemeinschaftsgarten-Community unweit des Alexanderplatzes zum Erntedankfest zusammenkam, ließ es sich Merold nicht nehmen, Hauptstadthokkaido und Hinterhof-Haferwurzel auf den Herd zu bringen. Daran schienen alle Freude zu haben, schließlich folgten regelmäßige Dinner zum Selbstkostenpreis und Pop-ups zwischen Hochbeeten. Im November 2021 eröffnete der damals 27-Jährige dann auf der Pannierstraße zwischen Sonnenallee und Görlitzer Park das Merold. Im Buzzword-Bingo der Gourmetwelt agiert er hier zwischen Nova-Regio-Küche, New Nordic Cuisine und deftiger, cleverer Wirtshauskost.

Auf dem Menü steht etwa Maräne von der Fischerei Stechlinsee (→ S. 232), gespickt mit sauer eingelegten Tannennadeln aus dem Forst von Gut & Bösel (→ S. 38). Abgeschmeckt wird der intensive Fisch mit eigenem Tannennadelessig und Dillöl. Kaum ein Gang kommt ohne Fermentiertes aus. Das hat zwei Hauptgründe: Einerseits ist das Haltbarmachen durch Fermentation eine charmante Lösung, um die Abhängigkeit von der strikten Saisonalität etwas abzufedern, und andererseits entlockt der Reifeprozess, bei dem organische Stoffe umgewandelt werden, den Produkten oft neue Aromen. Kaum ein Restaurant hat in dieser Disziplin eine solche Vorreiterrolle eingenommen wie das Noma, das eigens ein Fermentation Lab ins Leben gerufen hat. Von dort konnte Merold seinen Mitstreiter Paul Kaufmann abwerben, der nun in der Pannierstraße umami-intensive Miso, laktofermentierten Kojischaum oder Pilztamari – eine dunkle Sojasoße – ins Menü einflechtet. Dass die Technik an sich zwar uralt ist (schon die Römer nutzten ein

> „Regionalität ist bei fast allen Zutaten das Hauptkriterium, kaum ein Produkt kommt von außerhalb Brandenburgs."

Garum als Würzsoße), heute aber kaum mehr präsent, zeigt die Anekdote vom Besuch des Gesundheitsamts. Bei der routinemäßigen Kontrolle wussten die Beamten nichts so recht mit der imposanten Sammlung von Fermenten anzufangen, die in großen Gläsern neben der Eingangstür aufgereiht stehen. Die vergebliche Suche nach Vorschriften oder Richtlinien wurde durch die Übereinkunft beendet, doch bitte einfach Vorsicht walten zu lassen.

Regionalität ist bei fast allen Zutaten das Hauptkriterium, kaum ein Produkt kommt von außerhalb Brandenburgs. Selbst die Tische im Merold sind in Potsdam gefertigt worden. Die Erfahrungen am Beet und das angelesene Wissen der Gärtnerjahre spielen heute eine wichtige Rolle, wenn Merold mit seinen Produzent:innen plant. Über die Jahre hat er viele Beziehungen zu regenerativ arbeitenden Brandenburger Betrieben aufgebaut. Damit beide Seiten verlässlicher planen können, werden im Winter die anstehenden Fruchtfolgen auf dem Acker besprochen. Dieser Austausch lässt Merold regelmäßig neue Produkte kennenlernen. Auch Matthias Engels, Gründer von 25 Teiche (→ S. 238), gehört zu Merolds Netzwerk, von ihm bezieht er zum Beispiel Goldforellen. Wenn Engels von der völlig unterschätzten Leber der Fische schwärmt, macht sich Merold sofort eine mentale Notiz. Überhaupt ist der Koch ein aufmerksamer Zuhörer, wenn es um seine Lieferant:innen geht. Der Grund liegt auf der Hand: „Die wissen ja viel mehr über ihre Produkte als die Köche." Was hat wann Saison? Welche Teile der Pflanze sind eigentlich nutzbar, werden oft aber gar nicht erst mit ausgeliefert, weil es in der konventionellen Zubereitung keine Verwendung dafür gibt?

Mit dem Landwirt Benedikt Bösel ist der Austausch so eng, dass die beiden mittlerweile eine Freundschaft verbindet. Die Forst- und Agroforstflächen von Gut & Bösel versorgen das Merold mit allerlei Gemüse und Kräu-

tern; die ebenfalls dort beheimatete Ackerpulco Farm steuert zum Beispiel Lauchblüten bei, die Merold in Kapern verwandelt. Die umherziehenden Angus-Rinder, die ihren festen Platz im Madlitzer Kreislauf haben, liefern gelegentlich Fleisch. Im Gegensatz zu konventionell (bio-)gezüchteten Tieren sind die Vierbeiner ständig in Bewegung und haben dadurch eine vielseitige Ernährung. Wird ein Tier der Herde entnommen, erfolgt das durch einen Weideschuss. Da das Rind bei dieser Form der Tötung in seiner gewohnten Umgebung und in unmittelbarer Nähe zu seinen Artgenossen bleibt, werden keine Stresshormone freigesetzt. Das ist nicht nur für das Tier der beste Weg, sondern macht sich auch in der Küche bemerkbar: „Das ist ohne Übertreibung die beste Fleischqualität, die ich bis jetzt verarbeiten durfte", schwärmt Merold. Zum Entrecôte reicht er eine Creme vom schwarzen Knoblauch, dazu besagte Lauchblütenkapern und Petersilienöl. Im vergangenen Sommer beschlossen Landwirt und Koch, für ein paar Pop-up-Dinner den Spieß umzudrehen. Das Merold zog mit dem Kochequipment auf die Weide, und aus dem vielbeschworenen „Farm to Table" wurde „Table to Farm" – eine lange Tafel mitten im hohen Gras der Ostbrandenburger Weite.

„Zurück zum Ursprung" klingt augenscheinlich nach einer Vereinfachung, beschreibt aber tatsächlich eine komplexe Herangehensweise, die sich das Merold zum Ziel gesetzt hat. Das zeigt sich durch den Fokus auf den Ursprung und Kontext der Produkte, verbunden mit dem Anspruch, ein möglichst ganzheitliches Bild der Lebensmittel zu zeichnen. Das Restaurant wird hier einerseits zum Botschafter für aktuelle Herausforderungen der Lieferkette und für Probleme, die der Klimawandel in Brandenburg verursacht. Andererseits wird Merold gleichzeitig zum kulturgeschichtlichen Spurensucher – die historischen Kochbücher, die sich auf dem Fenstersims des Lokals aneinanderreihen und Aufschluss über lokale Gerichte und in Vergessenheit geratene Techniken geben, sprechen diesbezüglich Bände.

2023 musste das Merold wegen Renovierungsarbeiten für rund ein Jahr zwischenzeitlich schließen. Da war unter den Hungrigen in der Hauptstadt Geduld gefragt – wenn auch mit guten Aussichten. Schließlich hat Merold schon einmal gezeigt, wozu eine kreative Auszeit bei ihm führen kann.

„Das Haltbarmachen durch Fermentation ist eine charmante Lösung, um die Abhängigkeit von der strikten Saisonalität etwas abzufedern.“

Vertiefung

Von Kühen und Menschen

Vor etwa 8000 Jahren begannen die ersten sesshaft gewordenen Menschen damit, Auerochsen zu zähmen und sie in ihre Gemeinschaften zu integrieren. Von den mittlerweile ausgerotteten Auerochsen stammen alle heute bekannten Rinderrassen ab. In der Zeit vor der industriellen Revolution stand ihre Rolle als Zugtier im Vordergrund, während die Gewinnung von Fleisch, Milch und Leder ein angenehmer Nebeneffekt war. Lange waren Rinder ein Zeichen von Wohlstand und eine Lebensversicherung für unsichere Zeiten. Über die Zeit hat sich die Aufgabe der Tiere gewandelt und sie sind von der Zugmaschine auf dem Acker zu reinen Fleisch- und Milchlieferanten geworden. Durch die Spezialisierung der Landwirtschaft ist es möglich und nötig geworden, dass sich die Betriebe auf einzelne Bereiche fokussieren, um konkurrenzfähig zu bleiben. Zumindest ist das die Denklogik der Industrie und des Handels. In den Ställen geht es vor allem um Effizienz und Wirtschaftlichkeit. Rindermastbetriebe kaufen Kraftfutter aus Übersee, um ihre Tiere zu füttern, und brauchen dafür nicht zwangsläufig eigenes Land. Ausnahmen bilden Rinder in der ökologischen und biologischen Landwirtschaft. Hier sind Landwirt:innen dazu verpflichtet, den Tieren Weidemöglichkeiten und Raufutter zu bieten, außerdem sind sie zum Düngen der Felder auf ihren Mist angewiesen. Dahinter steht der Gedanke, den natürlichen Nährstoffkreislauf möglichst geschlossen zu halten.

Mehr zu Fleischwirtschaft

Moderne Tierhaltung funktioniert auf Basis von rein ökonomischen Kriterien. Hohe Investitionskosten und niedrige Preisspannen beim Verkauf der Produkte sorgen für konstanten betriebswirtschaftlichen Optimierungsdruck auf Seiten der Landwirt:innen. Getragen wird das System wie in so vielen Bereichen durch die landwirtschaftlichen Subventionen der EU.

Ernährung ist ein lukratives Geschäft – nicht für die Bäuerinnen und Bauern, sondern für die großen Agrarunternehmen. Unter den 100 größten Lebensmittel- und Getränkekonzernen der Welt sind auch die zehn größten Schlacht- und Weiterverarbeitungsbetriebe vertreten. Die Größen der Branche sind auf wenige Länder verteilt, kontrollieren aber den weltweiten Fleischmarkt. Unangefochten auf Platz eins liegt JBS aus Brasilien. In den 400 Niederlassungen werden bis zu 75.000 Rinder, 115.000 Schweine, 14 Millionen Geflügeltiere und 16.000 Lämmer geschlachtet – jeden Tag.

Doch auch in Deutschland ist die Fleischindustrie stark. Jeden Tag werden hier zwei Millionen Tiere geschlachtet. Auf die fünf großen Schlachtunternehmen hierzulande entfallen zwei von drei geschlachteten Schweinen. Große Unternehmen kaufen seit Jahrzehnten immer mehr kleinere Betriebe auf und festigen so ihre Position. In ländlichen Regionen gibt es kaum noch fachliches Personal und die nötige Infrastruktur, um die Tiere vor Ort schlachten zu können. Durch diese Marktmacht diktieren die großen Unternehmen niedrige Erzeuger:innenpreise, sodass die landwirtschaftlichen Betriebe ihre Tiere teilweise unter Produktionskosten verkaufen müssen. Weil aus diesem Grund die Margen immer kleiner werden, müssen die Tierzuchtbetriebe immer größer werden – ein Teufelskreis für die Landwirt:innen. Aufrechterhalten wird dieses fragile System durch die EU-Subventionen der GAP. Nur durch diese Zusatzzahlungen ist es den einzelnen Betrieben möglich, Gewinne zu erzielen. Während der Corona-Pandemie sind die prekären Arbeitsbedingungen in der Fleischindustrie in den Fokus der Öffentlichkeit gerückt und doch ist seitdem wenig passiert. Möglich wird unser hoher Fleischkonsum erst durch die vielen ausländischen Arbeitskräfte, die in den Schlachthöfen arbeiten.

Es gibt Betriebe, die neue Wege gehen und sich nicht in diese Abhängigkeiten begeben wollen.

Allerdings ist ihr Anteil am Markt gering und es ist fraglich, ob sie es jemals in die breite Masse schaffen werden. Extensive Tierhaltung bedeutet höhere Erzeuger:innenkosten, was das Fleisch für den klassischen Lebensmitteleinzelhandel uninteressant macht. In den Regalen der Supermärkte steht anonymisierte und möglichst standardisierte Ware, die zudem möglichst preiswert sein soll. In dieser Umgebung ist kein Platz für teures Fleisch, das eine Geschichte zu erzählen hat. Es wird schlichtweg nicht gekauft. Neue Wege und Vermarktungsmodelle sind hier gefragt, bei denen eine persönliche Verbindung zwischen Tieren und Kund:innen aufgebaut wird. Für diejenigen, die weiterhin nicht auf Fleisch verzichten wollen, wird es Zeit, die anonyme Tierschlachtung nicht länger auszublenden und eine neue Wertigkeit für diese kostbare Ressource zu schaffen.

Gerade in der letzten Dekade ist viel passiert und die Öffentlichkeit sieht die Branche zunehmend kritisch. Politisch passiert allerdings wenig, trotz internationaler Beschlüsse wie auf der UN-Vollversammlung für die Sustainable Development Goals bei der Agenda 2030, in der 17 Ziele formuliert wurden, die für alle Mitgliedsstaaten der Vereinten Nationen gelten. Die industrielle Tierhaltung steht diesen Zielen allerdings bislang im Weg.

Mehr zu Klima und Umwelt

Laut Weltklimabericht des IPCC beträgt der Anteil des Ernährungssektors zwischen 21 und 37 Prozent am globalen Treibhausgasausstoß, je nachdem, was alles mit eingerechnet wird. Knapp die Hälfte dieser Emissionen fällt bei der Produktion und Verarbeitung von Futtermitteln an, ein Drittel entsteht bei der enterischen Fermentation aus den Mägen der Wiederkäuer, der Rest fällt bei der Verarbeitung und Lagerung von dem Dung der Tiere an. Obwohl Fleisch nur ein Drittel des Proteins und knapp 20 Prozent der Kalorien bereitstellt, die wir Menschen brauchen, ist es für über die Hälfte der THG-Emissionen des Nahrungsmittelsektors verantwortlich. Die Top fünf der Milch- und Fleischindustrie stoßen gemeinsam mehr aus als Exxon Mobile oder Shell. Einige dieser Unternehmen haben ihren Sitz auch in der EU. Wie hoch ihre Emissionen wirklich sind, kann nur geschätzt werden, denn sie werden von der Politik nicht verpflichtet, diese seriös zu ermitteln, geschweige denn auf Produkten zu kennzeichnen. Dabei würde diese Transparenz den Verbrauchenden bei der Wahl ihrer Produkte vielleicht helfen. Um die (Klima-)Effizienz zu verbessern, gibt es vor allem zwei Lösungen: Eine Option wäre die Intensivierung der Verhältnisse, was sich die Fleischwirtschaft wünscht – eine erhöhte Futtermittel- und Herdenproduktivität also, was zu mehr Fleisch bei gleichen Belastungen führen würde. Die Alternative ist, den Verbrauch tierischer Erzeugnisse drastisch zu reduzieren. Letzteres würde nicht nur unseren Planeten schützen, sondern hätte vor allem gesundheitliche Vorteile für die gesamte Gesellschaft. Flächen, die aktuell dem Futteranbau dienen, könnten für die Nahrungsmittelproduktion genutzt oder extensiviert werden, zum Beispiel für die Rückgewinnung von Grünland und Biotopen, was der Artenvielfalt und dem Ökosystem zugutekommen würde. Auch verschiedene Tierhaltungspraktiken, etwa die adaptive Mehrweidehaltung, können einen positiven Effekt haben und viele Emissionen sparen.

Mehr zur Klimakillerin Kuh

Eine Kuh stößt jährlich etwa 100 Kilogramm Methan aus, ein klimawirksames Gas, das bis zu 20-mal schädlicher ist als CO_2. Aber: It's not the cow, it's the how, wie Landwirt und Agrarwissenschaftler Manuel Winter zu sagen pflegt. Wenn die Kuh auf der Weide und nicht im Stall ist, dann frisst sie Gras, welches sie durch das Abfressen wiederum zum Wachstum anregt. Als Schutzreaktion bildet das Gras

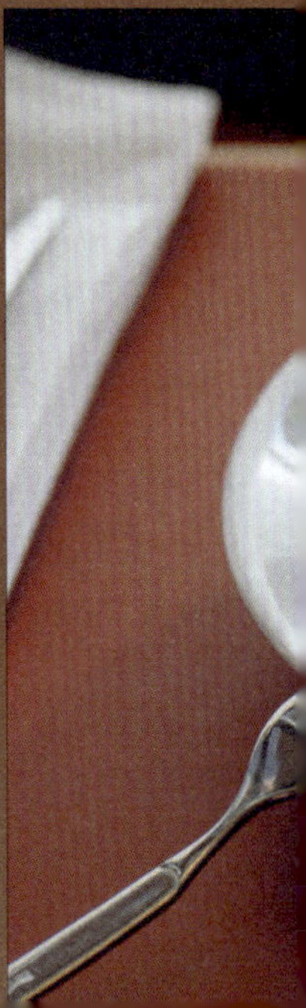

feine Wurzeln aus, die deutlich mehr CO_2 speichern können als Wälder. Das klimaschädliche Methan, das die Tiere ausstoßen, zerfällt über einen Zeitraum von zwölf Jahren auf natürliche Weise. Der frei gewordene Kohlenstoff wird wiederum von den Gräsern zum Wachsen benötigt und von ihnen im Boden eingelagert. Ein Kreislauf entsteht. Unter diesen Gegebenheiten wird die Kuh quasi klimaneutral.

Doch immer weniger Kühe haben Zugang zur Weide: Neun von zehn Tieren werden in Laufställen gehalten, und im Sommer hat nur jede dritte Kuh regelmäßigen Weidegang. Gerade in der konventionellen Rindermast stehen die Tiere dicht an dicht auf Betonspaltenböden im engen Stall. Dort werden sie häufig mit importiertem Kraftfutter gefüttert, das die Hochleistungsrassen brauchen, um die nötige Energie für die gewünschten Wachstumsraten beim Ansetzen von Fleisch zu erbringen. An dieser Stelle wird der natürliche und klimaneutrale Kohlenstoffkreislauf zwischen Kuh und Grasland unterbrochen. Besonders die unnatürlichen Nahrungsketten in der Mast führen zur immensen Schädigung des Klimas. Neben der energieintensiven Futtermittelerzeugung kommen die Unmengen an Gülle. An dieser Stelle ist es noch mal wichtig zu betonen, dass Kühe mit ihren Exkrementen auf Grasland einen wichtigen Beitrag zum Bodenaufbau und der Fruchtbarkeit leisten, was eine Grundvoraussetzung für erfolgreichen Ackerbau ist. Im Stall hingegen fallen pro Jahr 20 Kubikmeter Gülle pro Kuh an. Das entspricht über 100 herkömmlichen Mülltonnen. Durch die Vermischung von Urin und Kot entsteht ein extrem stickstoffreicher Dünger, der wiederum die Entstehung von Lachgas (Distickstoffmonoxid) begünstigt, einem Treibhausgas, das 300-mal schädlicher ist als CO_2.

Rindfleisch ist also nicht gleich Rindfleisch. Zwar nimmt die Zahl der auf der Weide gehaltenen Tiere immer weiter ab, und das in ganz Europa, aber es gibt auch noch einige Landwirt:innen, die ihre Tiere auf der Weide halten, vor allem in Brandenburg. Sie ernähren die Tiere von den eigenen Grünlandflächen oder binden sie auf Ackerbaubetrieben sogar mit in die Fruchtfolge ein. Diese Haltungsform ist mit einem Mehraufwand in Sachen Personal, Know-how und Organisation verbunden, ist aber der zentrale Pfeiler für eine klima- und tierwohlgerechte Fleischproduktion.

Ökologische und gesundheitliche Probleme durch Fleischproduktion

Neben der hohen Belastung für das Klima bringt ein hoher Fleischkonsum auch eine Vielzahl weiterer ökologischer Probleme mit sich. Massentierhaltung gefährdet die Qualität der Böden als Grundlage der Landwirtschaft und die Reinheit des Wassers als Quell des Lebens. Neben dem Klima sind damit die zwei zentralen Pfeiler der menschlichen Existenz in Gefahr. In die Liste der Probleme reiht sich schließlich ebenfalls die Luftverschmutzung, die für geschätzte 400.000 Tote jährlich in der EU mitverantwortlich gemacht wird – vor allem durch das in der Massentierhaltung entstehende Ammoniak. 20 Millionen Menschen leiden zudem unter zu hohen Nitratwerten, verursacht durch zu viel Stickstoff im Trinkwasser. Die Tiere bekommen im Schnitt doppelt so viele Antibiotika wie wir Menschen. An den resistenten Keimen sterben weitere 10.000 Menschen pro Jahr.

Ursprünglich fiel der Mist im Stall an und wurde bei Bedarf auf die umliegenden Felder ausgebracht, um wiederum das Pflanzenwachstum zu fördern. Teile der Ernte, die keine Verwendung als Nahrungsmittel fanden, wurden den Tieren wieder zugeführt. Ein Kreislauf entstand. Heute sind diese Nährstoffkreisläufe auf den Höfen verloren gegangen. Durch die industrielle Massentierhaltung ist das Gülleaufkommen zudem um ein Vielfaches höher, als es unter natürlichen Umständen der Fall wäre. Während früher vor allem Futtermittel von hofeigenen Flächen verfüttert wurden, stammt das Futter heute größtenteils aus Importen. Zwei Drittel der Futtermittel für die europäische Tierhaltung werden importiert. Es gibt zu viele Tiere auf dem Kontinent, um sie von den Erträgen aus eigenen Flächen satt zu bekommen. Durch das Ungleichgewicht entsteht beispielsweise in Deutschland ein Gülleüberschuss. Um diesen loszuwerden, wird intensiver gedüngt, als erforderlich ist. Die Böden können allerdings nicht alle zugeführten Nährstoffe aufnehmen, sodass diese ausgewaschen werden und in die Umwelt gelangen.

Import von Futtermitteln

Eine zentrale Säule der Massentierhaltung ist der Import von Futtermitteln. Im Verhältnis stammen 90 Prozent des Futters der Tiere aus Ackerlandflächen und nur zehn Prozent von Grünlandflächen. Soja ist ein wichtiger Bestandteil im Kraftfutter der Tiere und wird vor allem in der Hühner- und Schweine-, aber oft auch in der Rindermast eingesetzt, weil es viel mehr Eiweiß als andere Bohnenarten enthält. Dieses Futter ist wichtig, um den Tieren ein schnelles Wachstum zu ermöglichen – denn in der effizienzgetriebenen Mast ist Zeit eine zentrale Erfolgsgröße. Die Tiere sollen in möglichst kurzer Zeit möglichst viel Gewicht zunehmen. Während der letzten 20 Jahre hat sich der Anbau von Futtersoja verfünffacht. Auf Brasilien, Argentinien und die USA entfällt ein Großteil der Produktion. Geerntet werden vor allem genetisch veränderte Sorten. Nach der Viehwirtschaft selbst befindet sich der Anbau von Futtermitteln auf Platz zwei der weltweit größten Verantwortlichen für die Abholzung von Wäldern.

Fairerweise muss dazu gesagt werden, dass Deutschland im Vergleich einen hohen Eigenversorgungsanteil beim Futtermittelanbau aufweist. Zu den mengenmäßig wichtigsten Futtermitteln gehören Silomais, Gras, Getreide, Raps und Soja. Für den Anbau von Futtermitteln werden rund 60 Prozent der gesamten deutschen landwirtschaftlichen Nutzfläche verwendet. Durch diese Ackerfläche stehen Nutztiere paradoxerweise in Nahrungskonkurrenz mit uns Menschen. Gerade das Futter von Schweinen und Hühnern, das zu großen Teilen aus Getreide besteht, steht nicht unmittelbar für die menschliche Ernährung zur Verfügung. Auch in der intensiven Rindermast besteht dieser Konflikt, denn ein Großteil des Futters ist aus Maissilage. Statt Mais könnten auf den vorhandenen Flächen Lebensmittel für den direkten menschlichen Verzehr angebaut werden.

Fleischproduktion und -konsum in Deutschland

Im europäischen Vergleich steht die deutsche Schweinefleischproduktion mit 20 Prozent Marktanteil an der Spitze. Deutschland produziert so viel, dass es sogar ein Exportland für Fleisch ist. Knapp 20 Prozent mehr wird produziert, als im Land konsumiert wird. Tierbestände sind in der Bundesrepublik sehr unterschiedlich verteilt mit Zentren in NRW, Niedersachen und Bayern. Insgesamt stehen in den drei Ländern 60 Prozent der Schweine und über 50 Prozent der Rinder. Nach der

Wende wurde die Fleischwirtschaft der DDR eingestampft, weswegen es im Osten relativ wenige große Mastbetriebe gibt. Auch vor der Tierhaltung hat der Strukturwandel nicht haltgemacht, was sich sehr gut am Beispiel des nationalen Masthühnerbestands veranschaulichen lässt. In nur 17 Jahren hat sich der Bestand verdoppelt, während fast drei Viertel der Betriebe aufgegeben haben.

SCHLACHTZAHLEN IN DEUTSCHLAND 2022	
Hennen aus der Eierindustrie	30 Millionen
Puten	31 Millionen
Schweine	47 Millionen
Masthühner	631 Millionen
Rinder	31 Millionen
Schafe	2 Millionen
Ziegen	20.000
Gänse	500.000
Enten	16 Millionen

Dass wir jemals wieder zu so hohen Fleischwerten wie in den 1980er-Jahren zurückkehren werden, ist höchst unwahrscheinlich. Mittlerweile leben in Deutschland 1,6 Millionen Veganer:innen, knapp acht Millionen Vegetarier:innen und etwa zehn Millionen Flexitarier:innen (also Menschen, die nur gelegentlich Fleisch aus bestimmten Qualitäten und Haltungsformen konsumieren). Besonders die Generation der unter 30-Jährigen lehnt die Fleischindustrie größtenteils ab und ernährt sich doppelt so häufig vegetarisch und vegan wie der Durchschnitt der Bevölkerung, denn sie sieht in der Branche eine Bedrohung für den Planeten. Beobachtungen zeigen außerdem, dass mit höherer Bildung und höherem Einkommen der Fleischkonsum abnimmt und dass Frauen weniger Fleisch essen als Männer (in Deutschland essen Männer doppelt so viel Wurst wie Frauen). Die Richtung, in die unsere Gesellschaft sich entwickelt, ist zwar eindeutig, die Frage ist nur, wie lange dieser Transformationsprozess dauern wird.

Männliche Nachkommen von Milchkühen

Junge Rinder bis zum Alter von acht Monaten werden als Kälber bezeichnet. Hiervon gibt es in Deutschland 2,25 Millionen, mit einem leichten Überhang an weiblichen Kälbern. Den meisten von ihnen ist ein Leben als Milchkuh vorherbestimmt, wohingegen die ungeliebten männlichen Kälber in der Rindermast landen und in aller Regel schon früh geschlachtet werden. Das Problem ist, dass die männlichen Nachkommen der Milchkühe einer Rasse entstammen, die auf eine hohe Milchleistung gezüchtet und nicht darauf ausgelegt ist, viel und schnell Fleisch anzusetzen. Aus diesem Grund sind die Tiere nach ihrer Geburt eine Belastung für die Landwirt:innen, die sie möglichst schnell loswerden wollen. Zwei Wochen nach der Geburt dürfen sie die Tiere verkaufen. Viele werden für ein paar Euro ins Ausland verfrachtet, wo sie unter schwierigsten Bedingungen in einer Mastanlage landen. Um diesen Umständen entgegenzuwirken, wird vermehrt damit begonnen, wieder Fleischrassen in die Milchrassen einzukreuzen. Unterschieden wird in der Zucht vor allem in drei verschiedene Typen: einmal die Milchrassen, die darauf gezüchtet werden, möglichst ergiebige Euter hervorzubringen, die am Rest des Körpers allerdings sehr schmal sind; dann die Fleischrassen, die eine starke Muskulatur und eine gute Fleischstruktur bei niedriger Milchleistung haben; und schließlich die Zweinutzungsrassen, die für beide Zwecke gezüchtet werden.

Milchkühe machen mit rund vier Millionen Tieren den größten Teil der in Deutschland gehaltenen Rinder aus. In der Rindermast wiederum sind neben den Mastkälbern vor allem Jungbullen eine zentrale Säule. Sie bilden gemeinsam mit den Färsen, den weiblichen Kühen, die noch nicht gekalbt haben (ab einem Alter von etwa zwei Jahren können Kühe anfangen zu kalben), eine eigene Kategorie in der Statistik. Färsen ist ein Leben als Zuchttier oder Milchkuh vorbestimmt; die Jungbullen werden in der Intensivmast in der Regel nach 18 bis 24 Monaten geschlachtet. Mit fast 50 Prozent macht das Bullenfleisch den größten Anteil in der Rindfleischproduktion aus. Aus ihnen werden vorzugsweise Steaks und andere Cuts geschnitten. Knapp 32 Prozent des Rindfleischs entfällt auf Altkühe, sprich auf ausrangierte Milchkühe. Sie werden vor allem zu Hackfleisch oder Wurstwaren weiterverarbeitet. Färsen und Ochsen spielen für die Rindfleischerzeugung keine wesentliche Rolle. Kalbfleisch macht etwa fünf Prozent der gesamtdeutschen Rindfleischproduktion aus.

Mehr zu Wild und Wald

In Sachen Tierwohl ist lokal gejagtes Wild die beste Wahl: Kein Futtermittel muss importiert werden, beim Futter besteht zudem keine Nahrungskonkurrenz zu uns Menschen und auch die ausgeglichene CO_2-Bilanz spricht für sich. Allerdings gibt es kein flächendeckendes Vertriebsnetz für die Vermarktung von Wildfleisch und es ist mitunter schwer zu bekommen. Zudem ist es nicht ständig verfügbar und auch nur in begrenztem Umfang erhältlich. Für die künftige Fleischversorgung kann es ein kleiner Baustein sein, gegenüber der Nutztierhaltung wird es aber ein Nischenmarkt bleiben. Verantwortung, Abschuss, Schonzeiten und zu schießende Stückzahlen sind im Bundesjagdgesetz geregelt. Genau wie die Fische in Seen gilt Wild als herrenlos – sprich, es gehört niemandem. In Berlin und Brandenburg dürfen etwa 20.000 Menschen das Recht ausüben, zu jagen. Wie hoch die Wildpopulation in der Region ist, ist unklar und nur schwer zu schätzen. Auch wenn der Landesjagdverband über sinkende Jagdstrecken klagt, lässt

sich das aus den offiziellen Statistiken nicht herauslesen. Hauptsächlich wird Schalenwild (Rotwild, Schwarzwild und Rehwild) bejagt, was somit auch den Hauptteil des verfügbaren Wildfleisches ausmacht. Ein kleinerer Anteil entfällt auf Niederwild (Fasan, Kaninchen, und Ente).

Fleisch und seine Ersatzprodukte

Insbesondere die jüngere Generation, größtenteils aufgewachsen in nie zuvor da gewesenem Wohlstand und mit der Möglichkeit, alles zu essen, was es auf der Welt gibt, mahnt die Zerstörung ihrer künftigen Lebensgrundlage durch unser Konsumverhalten an. Aber wie tief verankert der Wunsch nach Fleisch ist, lässt sich an den Klassikern der deutschen Küche aufzeigen. Typische Gerichte in der Region Berlin-Brandenberg etwa tragen Fleisch als zentrale Komponente in sich – von Königsberger Klopsen über Leber Berliner Art bis hin zu Currywurst und Döner. Für sich stehende vegetarische und vegane Klassiker müssen erst noch geboren werden – eine gute Aufgabe für die kreativen und begabten Köch:innen des Landes. Viele Gerichte sind Imitate ihrer fleischlichen Geschwister, wie das Sellerieschnitzel oder der Veggieburger. Auch im Einzelhandel sind die veganen

und vegetarischen Produkte Klone fleischlichen Ursprungs, ob veganes Hack oder vegane Grillwurst. Vielleicht erobern diese Produkte gerade deswegen unaufhaltsam Meter für Meter in den Supermarktregalen: Sie erfordern keine Veränderung der Essgewohnheiten, schmecken wie Fleisch und Verbrauchende haben ein gutes Gewissen, da sie kein Tierleid verursacht haben.

Fleischkonsum: Ethik und Gesundheit

Ethisch gesehen ist die Frage, wie viel Fleisch denn eigentlich gegessen werden darf, wohl kaum zu beantworten. Welches Tier will schon freiwillig für unseren Genuss sterben und gegessen werden? Rechtfertigen müssen wir den Konsum von Produkten tierischen Ursprungs, ob Fisch oder Fleisch, vor uns selbst. Für eine bessere Gesundheit empfiehlt die deutsche Gesellschaft für Ernährung maximal 600 Gramm Fleisch pro Woche, sprich 31,2 Kilogramm pro Jahr. Aus einer ökologischen Perspektive wäre das wohl immer noch etwas zu viel. Die EAT-Lancet Commission hat in einer internationalen Studie ausgerechnet, dass weltweit ein Viertel des aktuellen Fleischkonsums angemessen wäre, um alle zehn Milliarden Menschen bis 2050 gesund und ausgewogen zu ernähren. Im Schnitt wären das knapp 15 Kilogramm Fleisch pro Jahr pro Person. So könnten weltweit Futtermittelanbauflächen reduziert werden und diese für den Nahrungsmittelanbau umfunktioniert werden. Andere Studien wiederum sagen, es wäre schon viel geschafft, wenn die Industrieländer ihren Konsum halbieren würden.

Besseres Fleisch?

Rind aus ökologischer Haltung muss Zugang zur Weide und mehr Platz im Stall haben. Bekannte Anbauverbände wie Bioland, Naturland oder Demeter gehen teilweise deutlich über die EG-Öko-Verordnung (gekennzeichnet durch das EU-Bio-siegel) hinaus. Flächengebundene Landwirtschaft schafft eigene Nährstoffkreisläufe auf jedem Bauernhof. Der Hof soll demnach Futter-und Nährstoffgrundlage des Wirtschaftens sein, um Boden, Grundwasser und Oberflächengewässer nicht zu belasten. Das Thünen-Institut schlägt beispielsweise maximal zwei Kühe pro Hektar vor. Aktuell ist die ökologische Tierhaltung in Brandenburg und Deutschland noch ein Nischenzweig. Nur knapp zehn Prozent des Rindfleischs, fünf Prozent des Schweinefleischs und drei Prozent des Geflügels werden in Brandenburg unter ökologischen Bedingungen gehalten. Gleichzeitig ist es entscheidend, den Landwirt:innen Perspektiven, Anreize, Know-how und andere Unterstützung zu bieten, um eine Umstellung von konventioneller auf ökologische Tierhaltung zu ermöglichen. Denn die Zahl der insgesamt gehaltenen Tiere muss drastisch reduziert werden. Ein Großteil der Emissionen aus der Landwirtschaft stammt von entwässerten Moorflächen, auf denen Tiere gehalten werden und die wiedervernässt werden müssen, aus dem Futtermittelanbau für die Tiermast oder aus den Mägen der Wiederkäuer selbst. Zum Wohlergehen der Tiere, für den Erhalt intakter Ökosysteme und unter dem Aspekt, die Folgen der Klimakatastrophe zu bekämpfen, ist dieser Weg alternativlos.

Fleischkonsum reduzieren

Kantinen könnten einen wichtigen Baustein für die Reduzierung des allgemeinen Fleischkonsums darstellen. 17 Millionen Deutsche essen täglich in Gemeinschaftsküchen – das ist ein riesiger Hebel. Doch auch der Handel ist in der Pflicht, etwas zu tun und seinen Beitrag zu leisten. Sei es durch das Anbieten von besserem Fleisch, wie es sich der ein oder andere Discounter vorgenommen hat, oder durch die Reduzierung des Angebots und die Schaffung von Alternativen.

Neben den pflanzlichen Fleischalternativen gibt es für diejenigen, die ihren Konsum partout nicht einschränken wollen, noch die Hoffnung auf In-vitro-Fleisch und insektenbasierte Möglichkeiten. Für Konsumierende besteht des Weiteren die Option, mehr Weidefleisch und Wildfleisch aus der Region zu essen. Das Konsumverhalten entscheidet darüber, ob an anderer Stelle Bio- und artgerechte Tierhaltung gefördert werden, denn es ist untrennbar verbunden mit politischen Weichenstellungen.

Außerdem ist es an der Zeit, reale Preise für das erzeugte Fleisch einzuführen, denn die realen Kosten der Massentierhaltung, sprich die Belastungen für Klima und Umwelt, werden aktuell von der Gesellschaft getragen und nicht von den Verursacher:innen in der industriellen Landwirtschaft. So werden jährlich Milliarden an Euros fällig, um die Schädigungen von Boden, Grundwasser und Klima wieder auszugleichen. Einzig aus diesem Grund ist ein so niedriger Fleisch- und Milchpreis überhaupt möglich.

Zuletzt sollte gerade beim Thema Fleisch die soziale Komponente erwähnt werden. Gutes, regionales Fleisch ist ein Luxusprodukt, das ist Fakt. Das können und wollen sich nicht alle Menschen leisten, was aus ökologischer Sichtweise bedauerlich, aus sozioökonomischer Perspektive aber völlig nachvollziehbar ist. Menschen, die in prekären Verhältnissen leben, haben schlicht nicht die Möglichkeit, teures regionales Fleisch zu beziehen, und greifen stattdessen zu billigen, verarbeiteten Industrieprodukten. Wichtig ist, dass für dieses Thema gesellschaftliche Lösungen gefunden werden und dass möglichst alle einen niedrigschwelligen Zugang zu guten Lebensmitteln erhalten – mit dem Ziel, dass Fleisch eine Ergänzung auf den Tellern ist und nicht mehr die Hauptkomponente eines Gerichts ausmacht, um so seinen Wert wiederzuentdecken und zum Erhalt des Planeten beizutragen.

06
FISCH

Einführung

Fast drei Viertel der Erdoberfläche sind mit Wasser bedeckt. Der größte Teil des blauen Planeten besteht aus Ozeanen. Nur drei Prozent der weltweiten Wasserreserven sind Süßwasser, wovon das meiste fest in Gletschern und den Polen gebunden ist. Wasser ist nicht nur für uns Menschen das zentrale Gut, das unser Überleben sichert, sondern auch die Heimat der Fische. Ob im Meer, in Flüssen oder in Seen, sie sind beinahe in allen Gewässern zu Hause. Die Deutschen mögen Fisch zwar nicht so sehr wie Fleisch, essen aber dennoch pro Kopf 12,7 Kilogramm Fanggewicht jährlich. Überwiegend handelt es sich um Fisch aus dem Meer. Wie bei allen anderen Lebensmitteln leben wir auch beim Fischangebot im Überfluss. Trotz des vielfältigen Angebots landen stets dieselben Arten auf dem Teller, denn die gesamte Fischerei ist ausgerichtet auf gut vermarktbare Tiere in den richtigen Größen.

Fische in Brandenburg

Viele Fische sind weit älter als wir Menschen, der Stör zum Beispiel. Vor nicht allzu langer Zeit schwammen die urzeitlichen Riesen auch noch durch Spree und Havel, ebenso wie der Lachs in der Prignitz zu Hause war und der junge Aal von der Sargassosee zurück in den Scharmützelsee schwamm. Doch seitdem ist viel passiert und wir Menschen haben die einst naturnahen Gewässer unseren Bedürfnissen angepasst. Große Wasserstraßen wie Elbe und Havel sind verbaut und begradigt. Dort gibt es kaum noch Plätze, an denen Döbel im Kies oder Hechte auf den überschwemmten Wiesen laichen können. Lachse und Störe, die vom Meer in die Flüsse ziehen, finden durch die Querverbauungen oft den Weg in die heimischen Gewässer nicht mehr. Erschwerend kommt der Faktor Mensch hinzu, der sein Übriges getan und viele Arten so stark bejagt hat, dass sie hier nicht mehr vorkommen.

Neben vielen Problemen und Herausforderungen haben die letzten Jahre aber auch ein Umdenken gebracht: Mit viel Aufwand und Mühe werden Flüsse renaturiert, ① Fische wieder angesiedelt und ② Gewässer gepflegt. Einige Fische sind sogar in großer Menge zurück, allerdings müssen sie erst noch groß werden und sich erfolgreich vermehren, bis die Erwerbsfischerei davon profitieren kann. Die Region ist im Wandel und es bleibt abzuwarten, wohin die Reise gehen wird.

01 → S. 255: Fischbesatz
02 → S. 255: Angeln und Naturschutz

„Viele Fische sind weit älter als wir Menschen."

Wasser in Deutschland und Brandenburg

In großen Teilen Deutschlands hat man das Glück, in einem wasserreichen Teil der Erde zu leben. Trotz klimatischer Veränderungen und anhaltender Trockenheit herrscht in vielen Teilen der Republik noch kein akuter Mangel – das ist in Brandenburg anders. Trotz der 3000 Seen und der unzähligen Flüsse wird das Wasser immer knapper. Die Ursachen dafür sind vielfältig. Wir Menschen verbrauchen immer mehr Wasser. Hinzu kommen die erhöhte Verdunstung durch Hitzewellen, die künstliche Bewässerung in der Landwirtschaft und der häufig ausbleibende Niederschlag in den Sommermonaten.

Einst war die ③ Region Berlin-Brandenburg geprägt von Sümpfen, Mooren und Auenlandschaften. Im Lauf der Zeit und im Zuge der Industrialisierung und Urbanisierung der Landschaft wurden viele Bereiche trockengelegt und versiegelt. Neue landwirtschaftliche Flächen und Siedlungen sind entstanden. Wiesen wurden drainiert, damit Traktoren sie bewirtschaften können, Flüsse begradigt und Seitenarme durchstochen. Das Wasser sollte möglichst schnell aus der Region ab- und ins Meer fließen. Heute fehlt das Wasser in der Landschaft und es beginnt ein Umdenken. Seit einigen Jahren hat sich die Erkenntnis durchgesetzt, dass manche Entscheidungen der letzten Jahrzehnte fehlerhaft waren, und es beginnt ein aufwendiger Rückbau. ④ Renaturierungsprojekte an der Spree und der Havel werden ins Leben gerufen, um die Flüsse wieder mäandrieren zu lassen und so das Wasser besser auf den Flächen zu halten.

03 → S. 251: Wasser in Berlin und Brandenburg
04 → S. 258: Perspektive Renaturierung

Die Lieblingsfische der Deutschen

Die Top drei sind Lachs, Alaska-Seelachs und Thunfisch, gefolgt von Hering. Das liebste Schalentier ist die Garnele. Süßwasserfische sucht man im Ranking vergebens. Nur ein Viertel der verzehrten Tiere stammt aus Binnengewässern. Am beliebtesten ist dabei die Forelle. Im Gegensatz zu vielen anderen Lebensmitteln ist Deutschland beim Fisch massiv auf den Import angewiesen. Knapp 90 Prozent des hierzulande verzehrten Fischs stammt aus dem Ausland. Polen ist mit über 20 Prozent der Fischerzeugnisse übrigens der wichtigste Exporteur für den hiesigen Fischkonsum. Bei den einheimischen Fischen sind es vor allem Hecht, Zander, Maräne, Schleie und Karpfen, die auf deutschen Tellern landen. Für die Vielzahl weiterer Arten scheint kein Platz zu sein.

Regionaler Fisch vs. Importfisch

⑤ Regional gefangener Fisch hat in verschiedenster Hinsicht vielerlei Vorteile. Diesen zu konsumieren stärkt die lokale Wirtschaft und geht mit einem besseren ökologischen Fußabdruck einher als bei importiertem Fisch. Ein Problem besteht darin, dass die Nachfrage das regionale Angebot bei Weitem übersteigt, mit der Folge, dass 80 Prozent des Süßwasserfischs importiert wird. Gerade die gefragten Arten können in der Region größtenteils nicht gezüchtet werden und falls doch, ist der Preisdruck ein wesentlicher Faktor. Dass ausschließlich regionaler Fisch konsumiert wird, ist also kein realistisches Zukunftsszenario, obwohl eine höhere regionale Eigenproduktion gemessen an dem hohen Absatz beträchtliches Potenzial bieten würde.

Wichtig wäre es, geeignete Rahmenbedingungen zu schaffen, um ein attraktives wirtschaftliches Umfeld aufzubauen. Was die Verbrauchenden heute schon tun können, ist, den Fisch, den es in der Region gibt, auch zu kaufen und somit die hiesige Fischwirtschaft zu unterstützen und neue Perspektiven zu schaffen.

Fischwirtschaft in Berlin und Brandenburg

Im Süden fließt die Elbe, im Osten die Oder, dazwischen Spree und Havel. Neben den großen und kleinen Flüssen finden wir in Berlin und Brandenburg zahlreiche Seen. Gemeinsam gelten die beiden Bundesländer mit ihren etwa 3000 Binnengewässern als die wasserreichsten der Republik. Mit dieser Ausgangssituation besitzt die Region eine überdurchschnittlich gute natürliche ⑥ Produktionsgrundlage. Die Besitzverhältnisse sind heterogen: Viele Gewässer gehören dem Bund, einige dem Land, teilweise sind sie aber auch in Privatbesitz. Fisch, der in der Region gefangen wird, speist sich aus drei Bereichen: aus der Erwerbsfischerei, also Menschen, die eine Ausbildung zum Fischwirt oder zur Fischwirtin abgeschlossen haben und die

05 → S. 251: Deutscher vs. importierter Fisch
06 → S. 251: Hintergrundwissen Fischerei: Bürokratie, Recht und Theorie

Tätigkeit haupt- oder nebenberuflich ausüben, aus der Fischerei durch Freizeitfischer:innen mit Angelschein, die hobbymäßig die Gewässer beangeln, und schließlich aus Aquakulturen, in denen Fische gewerblich gezüchtet und vermarktet werden.

Erwerbsfischerei in Berlin und Brandenburg

In der ⑦ Metropolregion Berlin-Brandenburg gibt es im bundesweiten Vergleich viele Berufsfischer:innen. Ein Viertel der gesamten Zunft ist hier ansässig. Die meisten Fischereiunternehmen sind kleine Familienbetriebe und konzentrieren sich auf die Einzugsgebiete von Oder, Havel und Spree und damit auf die größeren Fließgewässer des Landes. Die Zeiten sind allerdings alles anderc als leicht und die Erträge relativ gering, während der wirtschaftliche Druck hoch ist. Allein von den Fängen aus heimischen Gewässern können die meisten nicht leben, und so werden knapp zwei Drittel der Erlöse aus zugekauftem Fisch generiert. Mit der Zeit geben immer mehr Fischer:innen auf, auch wenn die Corona-Pandemie bei einigen Verbrauchenden zeitweise dazu geführt hat, wieder heimischen Fisch direkt von Erzeuger:innen zu kaufen.

07 → S. 253: Mehr zur Erwerbsfischerei in Berlin und Brandenburg

„Die gesamte Fischerei ist auf gut vermarktbare Tiere in den richtigen Größen ausgerichtet.“

Das alles war jedoch nicht immer so. Schaut man auf Auswertungen aus Vorkriegszeiten, erkennt man, dass die Fischerei einst ein florierender und zentraler Wirtschaftszweig in der Region war. Doch Flüsse wurden begradigt, Wasser durch Schleusen reguliert und Deiche errichtet, um Grünlandflächen für die Landwirtschaft zu gewinnen. Hinzu kommen die fortschreitende Urbanisierung der Gewässer und die freizeitliche Übernutzung, für die Ufer befestigt und Stege gebaut wurden. Zusätzlich befahren zahlreiche Boote die Gewässer.

Angelfischerei in Brandenburg

Im wasserreichsten deutschen Bundesland bildet die ⑧ Angelfischerei eine zentrale Säule beim Thema Fisch. Wer die Fischer:innenprüfung besteht, wird in der Regel auch Mitglied im Landesverband. Mit 100.000 Mitgliedern sowie der gleichen Anzahl an nichtorganisierten Angler:innen bildet der LAVB eine der größten Interessenvertretungen insgesamt im Land Brandenburg. Jeder zehnte Mensch in der Region hat direkt etwas mit der Angelei zu tun. Nirgendwo ist es so unbürokratisch und günstig zu angeln wie in Brandenburg. Trotz kleinerer ⑨ Konflikte mit Naturschutzorganisationen genießt die Zunft einen guten Ruf. Zunehmend entdeckt der lokale Tourismus, dass Freizeitfischen auch ein spannendes Segment mit viel Entwicklungspotenzial ist, das zur regionalen Wertschöpfung beitragen kann. Seit Neuestem gibt es etwa einen Angelführer, herausgegeben von der Verwaltung Seenland Oder-Spree.

Aquakultur

08 → S. 254: Angelfischerei: Verbände
09 → S. 257: Interessenskonflikte: Naturschutz und Fischerei
10 → S. 256: Entwicklung der Aquakultur
11 → S. 257: Aquakultur: Teiche und Biodiversität
12 → S. 256 Aquakultur in Brandenburg: Warm- und Kaltwasserteiche

Der Begriff ⑩ Aquakultur beschreibt die kontrollierte Aufzucht von aquatischen Organismen, zum Beispiel in ⑪ Teichen. Kennzeichnend ist der Eingriff in die Reproduktions- oder Wachstumsphase, um verbesserte Bedingungen und höhere Erträge zu schaffen, die über die natürlichen Kapazitäten hinausgehen. Im Gegensatz zum klassischen Angeln, wo die Fische wie beim Jagen als herrenlose Tiere gelten, bleiben die Fische in Aquakultur von der Geburt bis zur Entnahme im Besitz von natürlichen oder juristischen Personen. Auch in ⑫ Brandenburg wird Aquakultur betrieben, wenn auch nur in kleinem Maßstab.

„Regional gefangenen Fisch zu konsumieren stärkt die lokale Wirtschaft."

Interessenkonflikte in der Fischerei

13 → S. 258: Interessenskonflikte: Urbanisierung und Fischerei
14 → S. 257, 258: Interessenskonflikte: Tourismus und Fischerei / Interessenskonflikte: Wasserinfrastruktur und Fischerei

Viele der regionalen Gewässer sind übernutzt und ⑬ urbanisiert. Diese ⑭ morphologischen Veränderungen haben über die letzten Jahre massiv zugenommen und ein Ende ist nicht in Sicht. Das ist sowohl für die Fische als auch für die Fischerei schlecht. Ohnehin wurde die Branche in den letzten Jahrzehnten stark marginalisiert und ist mittlerweile wirtschaftlich so unbedeutend, dass ihre Anliegen wenig Gehör finden. Importe kommen meist aus dem Ausland und die Politik sieht keine Notwendigkeit, das zu ändern.

Fischerei Stechlinsee

Brandenburger Fischerdynastie an Land und auf dem Wasser

→ Lage
Norden | Stechlin, Oberhavel
Karte: 18
73 km von Berlin

→ Empfehlungen
Einen Wochenendausflug mit dem Rad machen (der RE5 fährt bis Fürstenberg), ein Tretboot mieten, mit den Maränen schwimmen, am Imbiss der Fischerei essen

Das alte AKW Rheinsberg besichtigen, entlang der Lychener Gewässer wandern, im Forsthaus Strelitz essen gehen, die Mecklenburgische Seenplatte besuchen

→ Kontakt
fischerei-stechlinsee.de
Instagram: @fischerei_stechlinsee

Wenn früh morgens der kalte Nebel noch tief über dem glasklaren Stechlinsee hängt, ist der 36-jährige Fischer Martin Böttcher schon mit seinem leise summenden Elektromotor unterwegs. Außer dem ans Bug schlagenden Wasser ist um diese Zeit fast nichts zu hören. Auch sonst gibt es am Großen Stechlinsee, kurz vor der Mecklenburgischen Landesgrenze, nur wenige der typischen Ärgernisse: Es herrscht kaum Lärm, die Luft- und Lichtverschmutzung ist rekordverdächtig niedrig und das Wasser weist fast keine Verunreinigungen auf. Der See ist unter Brandenburger:innen seit Jahren berühmt für sein sauberes, klares Wasser. Aus genau diesem Wasser zieht Familie Böttcher, seit sieben Generationen eine Fischerfamilie, ihren Fisch – vor allem die neu entdeckte Stechlin-Maräne. „Die Maränen sagen dir, was wirklich Sache ist“, erklärt Böttcher, sie seien ein Gradmesser für den Gewässerzustand.

Einer der Gründe für das saubere Wasser ist auf den ersten Blick recht überraschend: die direkte Nachbarschaft zum Kernkraftwerk Rheinsberg. Hinter Baumwipfeln ragt im klaren Morgenlicht gut sichtbar der Schornstein der Anlage empor. Das Kraftwerk ging 1966 als erster Atommeiler Deutschlands in Betrieb und stellte über Jahrzehnte die Energieversorgung der Region sicher. Damit einher gingen engmaschige Kontrollen der Wasserqualität. Das Leibniz-Institut für Gewässerökologie und Binnenfischerei betreibt bis heute direkt an der Wasserkante eine aktive Forschungsstation. So kommt es, dass der Stechlinsee deutschlandweit zu den am besten kontrollierten Binnengewässern gehört.

Obwohl das AKW, ein ehemaliges DDR-Prestigeprojekt, schon 1990 stillgelegt wurde, wird der Rückbau des Reaktorkomplexes noch einige Jahrzehnte andauern. Um ihn abzusichern, arbeiten noch rund 100 Menschen in dem ehemaligen Volkseigenen Kombinat, zum Beispiel in der nach wie vor aktiven Betriebsfeuerwehr oder der Kantine. Weil es vor Ort wohl nur eine recht überschaubare Anzahl dringlicher Aufgaben gibt, schmunzelt die Nachbarschaft über die einigermaßen entschleunigten Arbeitstage auf dem Gelände.

Von einem solchen Arbeitspensum ist Martin Böttcher weit entfernt. Sein Tag beginnt oft um halb fünf morgens und endet in vielen Fällen erst, wenn zum Sonnenuntergang die Netze für die Nacht gestellt sind. In den warmen Monaten verbringt er die Tage auf dem See, verarbeitet und verkauft die Tiere und betreibt gemeinsam mit seiner Familie den Imbiss sowie einige Ferienwohnungen. Herbst und Winter sind die Zeit fürs Abstreifen der Fische und für die Anzucht des Nachwuchses im eigenen Bruthaus. Ab März schlüpfen die neuen Tiere, die dann ausgesetzt werden müssen. Weil es hier keine anderen Fischer:innen gibt, lässt sich der Bestand sehr gut kontrollieren und pflegen.

Eine gute Viertelstunde braucht Böttcher vom Ufer bis zu seinen Stellnetzen. Beim Einholen zieht er mehrere Kilogramm Maränen aus dem Wasser. Durch den schnellen Druckabfall sind die Tiere sofort tot. Zwei Biologen des Leibniz-Instituts haben vor einigen Jahren im See eine neue Art der kleinen Maräne entdeckt – das war eine Sensation. In Anlehnung an Theodor Fontane, der dem Gewässer mit seinem letzten Roman zu Berühmtheit verhalf, bekam die Stechlin-Maräne den lateinischen Namen *Coregonus fontanae*. Sie laicht

„Der Stechlinsee gehört deutschlandweit zu den am besten kontrollierten Binnengewässern."

auch im Frühjahr, während ihre bereits bekannten Verwandten ihre Eier im Herbst und Winter ablegen. Das war zwar für Böttchers Vater Rainer damals eine längst bekannte Information, in Wissenschaftskreisen aber eine frohe Kunde mit Seltenheitswert. Das Fleisch des Fisches aus der Familie der Lachsfische ist hell und zart und gilt geschmacklich als wenig „fischig“, was ihn für viele zugänglich macht. Neben der Maräne ist der See Heimat für Hechte, Aale, Flussbarsche, Schleien, Plötzen und Rotfedern.

Nach unten reicht der Stechlinsee knapp 70 Meter in die Tiefe. Unter den Rumpf von Böttchers kleiner blauer Nussschale würde also ziemlich genau dreimal das Brandenburger Tor passen. Das macht den See zum zweittiefsten in ganz Norddeutschland. Beim Tauchen hat man gut und gern eine Sichtweite von zwölf Metern, was für Binnengewässer ein absoluter Spitzenwert ist. Die Freude der Tauchenden ist jedoch gleichzeitig das Leid mancher Fische, denn kristallklares Wasser bedeutet auch Nährstoffarmut. Für viele Fische fehlt so die Lebensgrundlage, was den eingeschränkten Artenreichtum im See erklärt. „Arten wie der Zander würden hier verhungern“, erklärt Böttcher. Für die Maräne hingegen sind die Bedingungen perfekt.

Zurück an Land werden die Tiere ausgenommen. An manchen Tagen geht der Fang zur Hälfte in den hauseigenen Räucherofen, die andere Hälfte übernimmt die Plattform 2020. Der Lieferdienst wurde aus den Reihen der mittlerweile bekannten Berliner Markthalle Neun gegründet, auf die so manche gastronomische Neuheit in der Hauptstadt zurückgeht. Die Plattform hat es sich zur Mission gemacht, eine Brücke zwischen Äckern, Weiden und Seen und hungrigen Berliner:innen zu bauen. Das Logistiknetzwerk ermöglicht es Gastronomie und Verbrauchenden, das Brandenburger Umland auf ihre Teller zu bekommen. Böttcher beliefert über diesen Kanal auch Restaurants wie das Otto im Prenzlauer Berg (S. 188) oder das Neuköllner Merold (S. 206).

Der See ist umgeben von schattigen Buchenwäldern, deren Holz in den Räucheröfen neben dem Anleger

zum Einsatz kommt. Dort entsteht ein vergleichsweise mildes, für diese Holzart typisches Raucharoma, das manchem vom Schwarzwälder Schinken bekannt sein mag. An der Maräne verstärkt es die leicht nussige Nuance des Fischs und macht sie haltbar. Verkauft wird der Räucherfisch vor allem in der hofeigenen Gastronomie oder im Hofladen.

Es ist wohl nicht übertrieben, die Böttchers als eine Art Brandenburger Fischerdynastie zu beschreiben. Sie waren oder sind in der Bezirksfischermeisterei, als Ausbilder und in Prüfungsausschüssen vertreten und bewirtschaften den See seit 1948, als sich Urgroßvater Kurt aus Westpreußen hier niederließ. Seitdem haben sie die Fischerei in Brandenburg maßgeblich mitgeprägt. Nach einer Neuordnung zu Wendezeiten übernahmen sie die Vermarktung in der neu entstandenen freien Marktwirtschaft mithilfe eines improvisierten alten Verkaufswagens, den ihnen ein Bekannter überließ. Seitdem hat die Fischerei ihren festen Platz in der Ausflugsplanung vieler Brandenburger:innen und Berliner:innen.

In Fontanes letztem Roman *Der Stechlin* fängt das Wasser des Sees gelegentlich an zu brodeln, wenn große Umbrüche oder bedeutende Ereignisse anstehen. Beobachtet man heute aufmerksam die Oberfläche, müsste sich mit etwas Fantasie ebenfalls ein Sprudeln erahnen lassen. Der Anlass: Böttcher hat Nachwuchs bekommen. Die siebte Fischergeneration am Stechlinsee könnte also bald um eine achte ergänzt werden.

„Verkauft wird der Räucherfisch vor allem in der hofeigenen Gastronomie oder im Hofladen.“

25 Teiche

Fischzucht für die Region

→ Lage
Südwesten | Gräben, Potsdam-Mittelmark
Karte: 19
81 km von Berlin

→ Empfehlungen
Dem Hof einen Angelbesuch mit Übernachtung abstatten

Vom Turm der Burg Ziesar die Aussicht genießen, den Kunstwanderweg in Wiesenburg/Mark laufen und danach im Schlossgarten entspannen, in der Chocolaterie der Burg Eisenhardt einkehren, auf dem Spargelhof Klaistow Gemüse selbst ernten

→ Kontakt
25teiche.com
Instagram: @25.teiche

Eine Autostunde südwestlich von Berlin liegt im Hohen Fläming der Rottstocker Forellenhof 25 Teiche. Seit Matthias Engels ihn 2013 gemeinsam mit seiner Partnerin Susanne übernommen hat, züchten sie hier Forelle, Saibling und Stör. Neben Berliner Spitzenrestaurants, die von hier versorgt werden, freuen sich auch Angler:innen über den Ort, der über die Jahre ein beliebtes Ausflugsziel für Fischliebhaber:innen geworden ist. Wenn gelegentlich Medien für eine Reportage zu Besuch sind, zieht der 60-jährige Engels auch schon mal einen Stör mit den Händen aus dem Teich – ein kantiger, tätowierter Fischer mit Vollbart, der mit nichts als seinen bloßen Händen einen 20 Kilogramm schweren urtümlichen Knochenfisch fängt bietet ein beliebtes archaisches Motiv, zu dem das Storytelling quasi ein Selbstläufer ist.

Susanne und Matthias Engels wissen um die Macht guter Bilder, denn in ihrem vorherigen Leben waren sie als Medienmacher:innen rund um den Globus unterwegs. Susanne Engels kümmerte sich als TV-Produzentin um das Erzählerische, Matthias Engels als technischer Leiter der Übertragungen um die Umsetzung. Nach ihrem Abschied von der Branche fanden die Bayerin und der Ostfriese zwischen Potsdam und Magdeburg einen neuen Schaffensort. Mit viel Mut und Enthusiasmus bauten sie hier eine Teichwirtschaft um, die bereits seit über 100 Jahren bestand. Der Forellenhof hatte schon zu Kaiserzeiten eine wichtige Bedeutung, überstand den Nationalsozialismus und war zu DDR-Zeiten Teil des VEB Binnenfischerei Potsdam.

Schon bald nach der Übernahme war den Engels klar, dass es auf dem Berliner Markt eine vielversprechende Lücke zu füllen gab. Fisch aus dem Umland suchte man auf den Tellern der Hauptstadtgastronom:innen vergeblich. Wenn hochwertiger Fisch serviert wurde, hatte dieser in fast allen Fällen einen Weg von mindestens 1000 Kilometern hinter sich. Das lag vor allem an mangelnden Alternativen, denn anspruchsvolle Fischwirtschaft war in Brandenburg kaum existent. Infrage kamen, wenn überhaupt, die Fischerei Stechlinsee (→ S. 232) oder Fisch aus der Müritz.

Zehn Jahre später stehen 17 Michelin-Sterne auf der Lieferliste von 25 Teiche. Jeden Dienstag fährt Matthias Engels zum Ausliefern nach Berlin, tauscht sich mit Köch:innen aus und fordert sie immer wieder mit neuen Vorschlägen heraus. Bei der Lieferung im Restaurant Merold schwärmt er Koch Jonas Merold (→ S. 206) zum Beispiel von der Saiblingsleber vor. Seine wöchentliche Route führt zu den Spitzengastronom:innen Berlins. Im Bricole wird der Stör flambiert, im Lode & Stijn (→ S. 244) wurde er zuletzt trockengereift (Dry Aging). Marco Müller, Küchenchef des Rutz, gehört ebenso wie das Bandol sur mer und das Katz Orange zu den treuen Kund:innen.

Doch was begeistert die Köch:innen Berlins derart an den Rottstocker Fischen? Das sei neben einer ganzheitlichen Arbeitsweise vor allem einfach „die geile Qualität", sagt Matthias Engels stolz. Für diese Qualität gibt es mehrere Erklärungen, und sie hängen alle mit der Wasserquelle zusammen. Die 25 namensgebenden Teiche werden aus einer besonders mineralhaltigen Quelle gespeist, die

„Zehn Jahre später stehen 17 Michelin-Sterne auf der Lieferliste von 25 Teiche.“

„Die 25 namensgebenden Teiche werden aus einer besonders mineralhaltigen Quelle gespeist."

direkt am Rand des Geländes entspringt. Das Wasser wird im Zickzack durch die Becken geleitet, hat eine ganzjährig konstante Temperatur von acht Grad und bietet damit optimale, verlässliche Bedingungen für die Aufzucht der Fische. Matthias Engels lässt ihnen viel Zeit zum Wachsen und siedelt wesentlich weniger Fische in den Becken an, als möglich wäre.

Susanne Engels erinnert sich an einen Besuch dänischer Fischereiwirte, die irritiert waren, warum nicht viel mehr Tiere in den Teichen schwammen. Ihrer Meinung nach ist eine intensive Fischmästerei, wie es sie sonst an vergleichbaren Orten gibt, im Grunde nichts anderes als klassische Massentierhaltung im Wasser. Stattdessen wird der Platz im Becken unter anderem für Wasserpflanzen genutzt, die neben anderen positiven Effekten auch einen natürlichen Schutz vor Raubvögeln bieten. Dass diese trotzdem ein Problem sind, zeigt der Blick auf die Schadenssumme: Rund 12.000 Euro jährlich koste den Betrieb das „All-you-can-eat-Buffet", wie Matthias Engels das Angebot für die Vögel mit einem lachenden und einem weinenden Auge nennt.

Zum Gelände des Forellenhofs gehören acht Hektar Wald, auf denen hauptsächlich Erlen stehen. Ergänzt durch Buchenspäne liefern die Bäume ein optimales Futter für die sechs hauseigenen Räucheröfen. Die Nachfrage war so groß, dass Matthias

Engels mittlerweile Räucherseminare anbietet, bei denen Interessierte das Handwerk selbst lernen können. Ein zweites Herzensprojekt ist die Verarbeitung der ganzen Tiere. „Fisch ist so viel mehr als nur Filet“, betont Matthias Engels. Nach dem Erfolg des hauseigenen regionalen Kaviars hat er sich tiefer in die Welt der Delikatessen hineingearbeitet und zunächst eine Fischblutwurst entwickelt. Arne Anker, Küchenchef und Inhaber des Brikz, hatte Freude am Verfeinern der Rezeptur und so ist die Blutwurst immer wiederkehrender Bestandteil seiner Menükarte geworden. Wenig später begann Engels, mit der Leber von Saibling und Bachforelle im Räucherofen zu experimentieren. Diese naturgemäß sehr kleinen Innereien fanden daraufhin bei Tim Raue Verwendung und haben mittlerweile einen festen Platz in dessen Speisefolge.

Der Fischer hat inzwischen auch seinen Abschluss als Fischwirt absolviert, 25 Jahre nach seinem Diplom als Elektroingenieur. Den landwirtschaftlichen Abschluss ohne die üblichen drei Jahre Lehre zu machen, war neben der aufwendigen Arbeit auf der Farm möglich geworden, weil sich Matthias Engels nach über sieben Jahren als Vollzeitfischer zur Abschlussprüfung anmelden durfte – als ältester Prüfling, der jemals in Brandenburg teilnahm. Nachdem die Fänge der Angler:innen gewogen und abgerechnet sind, endet Matthias Engels' Tag mit einem abendlichen Rundgang über den Forellenhof. Selbst die Angel auszuwerfen, ist für alle Interessierten eine gute Gelegenheit, die Fische von 25 Teiche auf den Teller zu bekommen, ohne in einem Berliner Restaurant dafür grüne Scheine auf den Tisch legen zu müssen.

Lode & Stijn Remi

Regionale Haute Cuisine

→ Lage
Berlin | Mitte
Karte: 20

→ Empfehlungen
Beim Besuch im Remi Bitterballen, Moor-Mohrrüben und Makrele probieren

In der Gaststätte W. Prassnik Bier trinken, im Mercan Mittag essen, im Companion Coffee Kaffee trinken und ein Grilled-Cheese-Sandwich essen

→ Kontakt
remi-berlin.de
Instagram: @lode.and.stijn
@restaurant_remi

Regionales Fine Dining mitten in Kreuzberg – was vor einem Jahrzehnt kaum vorstellbar schien, setzten die beiden Niederländer Lode van Zuylen und Stijn Remi 2014 mit der Eröffnung ihres ersten Restaurants kurzerhand um. Nach neun Jahren und einem grünen Michelin-Stern ist das Lode & Stijn zwar mittlerweile passé, Küchenhandschrift und kreativer Geist sind aber nahtlos ins Schwesterrestaurant Remi weitergezogen. Alles, was hier im Erdgeschoss des Suhrkamp-Verlags auf den Teller kommt, ist handwerklich hergestellt. Die erweiterte Auswahl der lokalen Köstlichkeiten findet sich auf der Abendkarte, für den kleineren Geldbeutel oder einen spontanen Abstecher bietet das Remi auch einen Mittagstisch. Ob mittags oder abends: Hier gibt es Brandenburg durch und durch. An die niederländischen Wurzeln der beiden Köche erinnern nur die berühmten Bitterballen – die man sich allerdings nicht entgehen lassen sollte.

2014 zogen Lode van Zuylen und Stijn Remi zeitgleich nach Berlin, kannten sich aber bereits aus ihrer gemeinsamen Zeit am Herd in den Niederlanden. Im Gepäck hatten sie den Traum vom eigenen Lokal. Ohne besonders ausgeprägte Deutschkenntnisse oder Ahnung von der Berliner Gastronomie seien sie angekommen, erzählt van Zuylen. Schnell tauchten sie in den Kosmos der Markthalle Neun ein, deren Zauber bis heute anhält. Damals war die Markthalle eine Neuheit, heute ist sie eine Institution. Kochen in einem anderen Restaurant kam für die beiden zu Beginn nicht infrage, denn die klassisch französisch inspirierte und leicht angestaubte Berliner Haute Cuisine reizte sie nicht. Remi heuerte bei Heidenpeters an und van Zuylen begann als Bäcker bei Sironi. Was heute etabliert scheint, war damals eine der ersten Sauerteigbäckereien in Berlin. Durch ihre Arbeit in der Markthalle konnten die beiden ein starkes lokales Netzwerk knüpfen und bekamen so Zugang zu besonderen Produkten. „Da ist ganz, ganz viel Energie gewesen", erinnert sich van Zuylen gern zurück.

Nebenher fingen sie an, pop-up-mäßig in Cafés zu kochen, und irgendwann gab es die Option auf den ersten eigenen Laden. Im Nachhinein klingt die Geschichte romantisch, aber rückblickend bezeichnet van Zuylen sie einfach nur als jung und naiv. Aber wie so oft, sind Zeit und Geschmack ein gerechter Richter. Van Zuylen führte das Stammhaus Lode & Stijn in Kreuzberg und hat sich mittlerweile Remi im nach diesem benannten Schwesterrestaurant in Mitte angeschlossen. Beide Restaurants folgten und folgen dem Ansatz, möglichst handwerklich, frisch und regional zu kochen – oder in den Worten der Niederländer: einfach „lekker". Um diesem Selbstverständnis auf den Grund zu gehen, lohnt sich besonders der Blick auf van Zuylens erste eigene Wirkungsstätte.

Bekannt wurde die Küche des Lode & Stijn vor allem für zwei Dinge: das selbst gebackene Sauerteigbrot und die regionalen Produkte in der Küche. Van Zuylen stammt aus einer niederländischen Bäckerfamilie, deren Familienbetrieb seit 1672 besteht. Als Jugendlicher hatte er zunächst wenig Muße, in die Fußstapfen seines Vaters zu treten. Erst als er Chad Robertson von der Tartine Bakery in San Francisco kennenlernte, besann er sich zurück auf seine Wurzeln und führte das Traditionshandwerk seiner Vorfahren fort. Heute wird im Restaurant täglich frisch gebacken.

Was mittlerweile ein schmackhafter Begleiter beim Menü ist, war während der Corona-Pandemie überlebenswichtiger Notgroschen und Beschäftigungstherapie zugleich. Das Restaurant wurde damals über Monate

„Die klassisch französisch inspirierte und leicht angestaubte Berliner Haute Cuisine reizte sie nicht.“

hinweg zur Bäckerei umfunktioniert. Aus dem Ladenfenster verkauften Van Zuylen und sein Team frisches Brot und Sausage Rolls aus selbst gemachtem Blätterteig. Natürlich reichten die Einnahmen daraus vorn und hinten nicht, aber es gab etwas zu tun und zumindest die Fixkosten ließen sich decken. Retrospektiv betrachtet mutet es verrückt an, dass Restaurants vor nicht allzu langer Zeit fast ein ganzes Jahr schließen mussten. Auch wenn die Angestellten, wie so viele Leute in dieser Zeit, in Kurzarbeit vermeintlich gut versorgt waren, ist ein Auskommen in der Gastronomie ohne Trinkgeld kaum machbar – in Berlin zwar noch eher als in London, aber mit oft 1000 Euro netto (während der Kurzarbeit) ist das Leben dennoch kein Luxusdampfer.

Selbst wenn ein Menü in einem Restaurant über 100 Euro kostet, werden weder Wirt:innen noch Mitarbeitende dadurch zwangsläufig reich. Aber es ist möglich, einen tollen Arbeitsplatz zu schaffen und die Produkte mit viel Aufwand und Fürsorge zu behandeln. Hinzu kommt in dem Modell von Remi und van Zuylen, dass die Menschen, die diese Produkte erzeugen, einen fairen Preis dafür bekommen. Auch die Tatsache, dass dem Personal eine Vier-Tage-Woche ermöglicht wird, ist Ausdruck von sozialer Nachhaltigkeit.

Durch das Schaffen eines Mikrokosmosrestaurants sind viele Menschen miteinander verbunden und hängen voneinander ab, auch in wirtschaftlicher Hinsicht. Das ist vor allem der Fall, wenn man seine Produkte wie van Zuylen aus kleinteiliger Landwirtschaft beschafft, statt im Großhandel einzukaufen. So ist das Restaurant über die Jahre mit vielen Erzeuger:innen gemeinsam gewachsen, etwa im Falle von Matthias Engels von 25 Teiche (→ S. 238), der Plattform 2020 oder David Peacock und Viola Garnetzke vom Erdhof Seewalde. Der Austausch schafft ein Verständnis für die Arbeitsweisen der jeweils anderen – zum Beispiel wenn van Zuylen beim Entenrupfen mitmacht und mit der Züchterin bei der Gelegenheit schonende Verarbeitungsmethoden bespricht.

Seine Anfänge nahm das Lode & Stijn als eine Art Bistro, über die Zeit hat es sich kontinuierlich weiterentwickelt. Viele der Erzeuger:innen aus dem Berliner Umland sind relativ frisch auf dem Acker und ihre Höfe sind noch in der ersten Generation. Das liegt vor allem an der Geschichte der Stadt. Bis 1990 war es in Berlin durch die Mauer schwierig, Lebensmittel zu beschaffen. An Regionalität war in West-Berlin nicht zu denken. Und dass in der DDR auch nicht unbedingt Wert auf kleinteilige Landwirtschaft und Spitzengastronomie gelegt wurde, ist kein Geheimnis, auch wenn große Teile der Bevölkerung damals selbst Gemüse angebaut haben. Die Tatsache, dass in den letzten zehn Jahren so viele neue lokal orientierte Restaurants aufgemacht haben, hängt damit zusammen, dass nach einem Jahrhundert der Zerstörung und Teilung in Berlin langsam wieder kleine Pflanzen zu sprießen beginnen. Gärtner:innen haben sich im Umland niedergelassen und können den Hunger nach Regionalität und frischen Produkten stillen.

Bei den beiden Niederländern hat sich das Thema Regionalität erst mit der Zeit herauskristallisiert. Aus ihrer exzellent versorgten Heimat waren sie es gewohnt, dass alles stets verfügbar war, auch in hervorragender Qualität. Ein Anruf genügte, die Wege waren kurz. Von Amsterdam nach Utrecht braucht man so lange wie von der Uckermark nach Kreuzberg. Van Zuylen führt die gute Logistik und Infrastruktur auf die alten Handelsnetzwerke der Niederlanden zurück. Doch langsam entstehen auch in Berlin die logistischen Strukturen, um die Stadt mit dem Umland zu verbinden. „In zwei Jahrzehnten werden wir auf die heutige Zeit zurückschauen und mit dieser Stadt die ‚Nobelhart & Schmutzig'- oder die ‚Ernst'-Schule verbinden", prognostiziert der Koch. Nie zuvor hat es eine kulinarische Stilistik geschafft, dauerhaft mit der Hauptstadt verbunden zu werden – umso schöner, dass van Zuylen und Remi nun ihren Stuhl mit an diesen neuen Tisch gestellt haben.

Vertiefung

Wasser in Berlin und Brandenburg

Die Ressource Wasser wird in Zukunft in der trockensten Region Deutschlands knapper werden. Zwar bleibt das Niederschlagsniveau ähnlich, doch mit erhöhten Temperaturen steigt die Verdunstung. Folgen sind weniger Wasser in den Flüssen, eine Grundwasserabsenkung oder gar das Austrocknen von ganzen Gewässern. Erpe und schwarze Elster sind in den letzten Jahren bereits monatelang trockengefallen. Auch Seen wie der Stechlinsee, der Straussee oder der Seddiner See kämpfen mit der anhaltenden Trockenheit. Auf lange Sicht werden einige Seen in Brandenburg ganz austrocknen. Hochebenen wie der Fläming oder der Barnim werden sich mit massiven Problemen konfrontiert sehen, die Niederungen des Urstromtals wohl eher verschont bleiben. Die Wasserkrise beginnt jetzt erst und wird uns in den nächsten Jahren noch weiter fordern. Berlin bezieht sein Trinkwasser zu 70 Prozent aus der Spree. Obwohl der Lausitzer Tagebau aktuell viel Grundwasser in die Spree pumpt und so den Wasserstand künstlich anhebt, fließt die Spree im Sommer aufgrund des geringen Zustroms aus Brandenburg teilweise rückwärts. Mit dem Kohleausstieg wird diese zusätzliche Wasserquelle außerdem versiegen, die hohen Temperaturen tun ihr Übriges – mit Konsequenzen für den Spreewald. Denn hier verdunsten riesige Mengen Wasser in den künstlichen Kanälen. Das birgt die Gefahr, dass einige von ihnen in Zukunft geschlossen werden müssen. Das wiederum wäre ein Worst-Case-Szenario für das Ökosystem und den Tourismus vor Ort. Auch die Talsperre in Spremberg flussaufwärts im Süden Brandenburgs führt immer weniger Wasser und wird die Probleme nicht lösen können.

Deutscher vs. internationaler Fisch

Gerade bei Salmoniden wie den Forellen und Saiblingen sind Länder wie Chile und die Türkei klimatisch besser aufgestellt als Deutschland und können kostengünstiger produzieren. In der Folge landet kaum deutscher Zuchtfisch im Supermarktregal, weil er schlicht teurer ist. Lokale Züchter:innen und Fischer:innen wählen vor allem den Weg über die Direktvermarktung oder den Fischeinzelhandel.

Im Bereich Aquakultur spielt Brandenburg eine untergeordnete Rolle. Einerseits sind die klimatischen Bedingungen für Kaltwasseranlagen, in denen sich die Salmoniden wohlfühlen, zu warm, mit ein paar Ausnahmen im Fläming und der Uckermark. Mittelgebirgsregionen und der alpine Raum eignen sich für die Zucht von Saiblingen und Forellen deutlich besser. Warmwasseranlagen, in denen sich Karpfen wohlfühlen, gibt es hingegen noch einige, auch wenn die Zahl der Karpfenteichwirt:innen rückläufig ist. Probleme hierbei sind die Wirtschaftlichkeit, der Preisdruck durch Importe sowie der Verlust von Fischen durch Wildtiere wie Otter und Kormorane. Knapp 60 Prozent der in Deutschland verzehrten Karpfen stammen jedoch aus heimischen Gewässern. Damit ist der Karpfen die einzige Art, deren Bedarf einigermaßen aus heimischer Produktion gedeckt werden kann.

Nicht nur gewerbliche Unternehmen, sondern auch Freizeitfischer:innen bewirtschaften große Teile der Binnengewässer – in Brandenburg sind es fast 20.000 Hektar. In vielen industrialisierten Ländern werden große Teile der Fangmengen in Seen und Flüssen durch Freizeitfischer:innen entnommen.

Hintergrundwissen Fischerei: Bürokratie, Recht und Theorie

Für Berlin und Brandenburg gilt: Alle, die einen gültigen Fischereischein haben und somit die Angelprüfung bestanden haben, dürfen offiziell angeln gehen. Sie führen den sogenannten Fischereischein A (für Angelfischerei). Zusätzlich muss jährlich eine Fischereiabgabe bezahlt werden, eine Art Angelsteuer, nur dann ist der Fischereischein gültig. Die Angelkarte besagt, zu welchen Bedingungen und

Gesamtaufkommen an Fischen im Jahr 2021 in t				
BUNDESLAND	ERWERBS-FISCHEREI	ANGEL-FISCHEREI	AQUAKULTUR	GESAMT
Berlin	74	176	–	250
Brandenburg	1164	1883	809	3856
Gesamt Deutschland	2350	14.519	18.439	35.308

Quelle: Jahresbericht Binnenfischerei 2021, Institut für Binnenfischerei e. V.

Konditionen in dem jeweiligen Gewässer geangelt werden darf.

Brandenburg hat diese Thematik besonders simpel gelöst: Wer im hiesigen Verband Mitglied ist, darf in jedem Verbandsgewässer des Landes angeln. Zusätzlich gibt es die Möglichkeit, ohne Fischereischein sogenanntes Friedfischangeln zu betreiben (also Angeln mit einem einfachen Haken, bestückt mit Brot oder Würmern). Nur die jeweilige Angelkarte ist dazu verpflichtend. Wer diese nicht vorweisen kann, muss eine hohe Strafe zahlen. Fischereirecht ist Ländersache, und so hat jedes Bundesland unterschiedliche Handhabungen. In Brandenburg drohen fürs Wildfischen Strafen bis zu 50.000 Euro; in Berlin ebenso; zusätzlich besteht in besonders schweren Fällen die Möglichkeit auf zwei Jahre Gefängnis.

Das Angeln an Besatzseen, bei denen die Fische künstlich eingesetzt wurden, ist gegen das Lösen einer Erlaubniskarte ebenfalls ohne Fischereischein möglich. Klassiker hierfür sind Karpfen- oder Forellenteiche. Dieser Umstand erklärt auch die Diskrepanz zwischen den Menschen in Deutschland mit Fischereischein (1,65 Millionen) und denjenigen, die aktiv oder gelegentlich angeln gehen (6,4 Millionen).

Um den Fischereischein B (für Berufsfischer) zu erwerben, bedarf es der Ausbildung zum Fischwirt beziehungsweise zur Fischwirtin. In Brandenburg haben im Jahr 2021 drei Personen, in Berlin eine diese Ausbildung erfolgreich abgeschlossen. Der fischereiliche Nachwuchs und die Betriebsnachfolge gelten als die größte Sorge in der Fischerei. Dazu kommen zunehmend strengere Naturschutzauflagen, die die Gewässerbewirtschaftung teilweise einschränken – ein klassischer Zielkonflikt zwischen regionalem Essen und Naturschutz. Fischereibetriebe bemängeln ihre unzureichende Beteiligung an der Naturschutzplanung, sie würden meist vor vollendete Tatsachen gestellt. In diesem Licht besteht die Aufgabe der Gesellschaft darin, darüber zu diskutieren, ob es tatsächlich besser ist, Fisch aus Ländern zu importieren, in denen der Naturschutz zweitrangig ist, und die ohnehin volatile Fischwirtschaft dadurch weiter unter Druck zu setzen. Es sollten also mehr gemeinschaftliche Lösungen im Sinne aller Akteur:innen entwickelt werden.

Die Besitzverhältnisse der Gewässer in der Region Berlin-Brandenburg sind sehr divers. Oder, Havel und Elbe gehören dem Bund; Spree, Nuthe und Panke den Ländern. Auf den Fließgewässern gibt es sogenannte Koppelfischereirechte. Dabei ist es mehreren Personen gleichzeitig erlaubt, an ein und derselben Stelle zu fischen, ein Beispiel dafür ist die Potsdamer Altstädter und Neustädter Innung. Diese Koppelfischereirechte dürfen nur von Berufsfischer:innen gepachtet werden. Historisch gesehen stammt dieses Konzept aus dem

13. Jahrhundert, aus Zeiten des ersten Markgrafen von Brandenburg, Albrecht des Bären. Sein Motto lautete: „Mir gehört das Wasser, ihr und eure Nachkommen dürft es bewirtschaften, und ich bekomme einen Teil des Ertrags ab." Heute ist es ein grundstücksgleiches Recht, das handelbar ist.

Daneben ist das Eigentumsfischereirecht verbreitet. Gewässer und Fischerei liegen dabei in einer Hand. Das Selbstständigenrecht wiederum beschreibt, dass Person A zwar das Gewässer gehört, Person B aber darauf fischen darf. Diese Eigentumsform herrscht vor allem im Spreewald und auf den anderen großen Flüssen vor. Landes- und Kreisangelverbände versuchen an möglichst viele dieser Fischereirechte zu kommen, um ihren Mitgliedern ein besonders großes Angebot an Fischereimöglichkeiten zu bieten.

Mehr zur Erwerbsfischerei in Berlin und Brandenburg

Die natürlichen Lebensräume der Fische werden immer enger und teilweise sind die Bedingungen für die Reproduktion der Tiere nicht mehr ausreichend gegeben. Raubfischen wie Hechten und Zandern fehlen durch Lebensraumveränderungen die Laichplätze, stattdessen dominieren Arten wie Bleie, Güstern und Plötzen. Ihnen scheinen die neuen Umstände wenig auszumachen, gleichzeitig neigen sie zur Massenvermehrung. Das hat weitreichende Folgen für das Ökosystem, wie man anhand der Fangzahlen sehen kann.

Drei von vier Fischen, die von Erwerbsfischer:innen gefangen werden, landen nicht auf unseren Tellern, sondern in Biogasanlagen oder in Zoos. Das ist eine absurd hohe Zahl. Und die Fischer:innen werden für das Entsorgen und die damit entstandenen Ausfälle sogar subventioniert. Problematisch ist andersherum, dass die wenigen Betriebe, die unliebsame Fische dennoch verwerten und vermarkten, keinerlei Unterstützung bekommen. Als Futterfisch deklarierte Arten sind häufig nicht für den menschlichen Verzehr bestimmt oder gewollt. Einerseits herrscht in unserer Gesellschaft ein Überangebot an Fisch und die meisten sind auf wenige Arten beim Verzehr fixiert. Aus ökonomischer und geschmacklicher Perspektive entscheiden sich viele lieber für das perfekte, günstige und leicht zuzubereitende Lachsfilet als für eine handlange, grätige und modrig schmeckende Plötze, die im Zweifel auch noch teurer ist. Andererseits ist es auch so, dass einige der herausgefischten Tiere dadurch, dass sie häufig sehr mager sind und kaum Fleisch bilden, ohnehin nur schwer für den Verzehr geeignet sind. Mancherorts werden die Fischer, etwa Wolfgang Schroeder an der Havel, kreativ und machen aus den Tieren Fischburgerpattys oder Backfisch, anstatt sie wegzuwerfen. Leider gibt es aktuell noch zu wenige Fischer:innen, die dabei mit Mut und gutem Beispiel vorangehen.

Für das Ökosystem ist die fischereiliche Hege besonders wichtig, damit die Artenverteilung der Fische einigermaßen im Gleichgewicht bleibt. Berlin und Brandenburg entschädigen Fischer:innen finanziell für das Entnehmen der nicht verwertbaren Weißfische, damit ihnen aus diesem Umstand kein Schaden entsteht. Grundsätzlich wären die Fische aufgrund ihrer Physis auch gut geeignet, um daraus Fischfutter für beispielsweise Salmoniden herzustellen, allerdings ist die Arbeit, die das bedeutet, nicht wirtschaftlich lohnenswert. Ein Problem ist, dass Futterfische dezentral, in kleiner Menge und über das ganze Jahr hinweg gefangen werden. Der Aufwand, sie zusammenzuführen und zu konzentrieren, wäre sehr hoch. Außerdem lohnen die kleinen Mengen sich aktuell nicht für die Weiterverarbeitung.

Seen und Flüsse leben von ihrer natürlichen Reproduktion. Eine zukunftsfähige Fischerei nimmt nicht so viel, wie sie kann, sondern nur so viel, wie jedes Jahr nachwächst. In der Theorie sind das in etwa 30 Prozent. Sind die Reproduktionsbedingungen nicht ausreichend, muss dies durch Fischbrutanstalten ausgeglichen werden. Ein genereller Besatz von Gewässern dagegen macht wenig Sinn. Studien haben gezeigt, dass das Genmaterial von lokalen Populationen sich von der DNA von frisch besetzten Zuchtfischen unterscheidet und besser angepasst ist. Die Zuchtfische können in den neuen Lebensräumen deshalb kaum bis gar nicht überleben. Eine Ausnahme bildet etwa der Aal, der ohne Besatz gar nicht mehr existent wäre.

Angelfischerei: Verbände

16.000 Hektar Gewässer bewirtschaftet der Landesanglerverband Brandenburg, was knapp 20 Prozent der gesamten fischereilichen Fläche des Landes entspricht. Dazu kommt die gleiche Anzahl an Verbandsvertragsgewässern, also Seen oder Flüsse wie die Oder, an denen die Mitglieder des Verbands zu vergünstigten Konditionen im Revier von Berufsfischer:innen angeln können. Diese Dimensionen zeigen, welchen Stellenwert die Freizeitfischerei in der Region hat und welche Möglichkeiten es für Hobbyfischer:innen gibt. Offiziell besteht der Verband aus 40 Kreisanglerverbänden, in die die ortsansässigen Angelvereine eingegliedert sind. In diesen Angelvereinen wiederum sind die einzelnen

Zusammensetzung der Fänge der deutschen Erwerbsfischerei in ausgewählten Bundesländern

ART	BERLIN (t)	BERLIN (%)	BRANDENBURG (t)	BRANDENBURG (%)
Aal	3,8	5,1	35,5	3,1
Barsch	1,3	1,8	11	0,9
Hecht	1,1	1,5	62	5,3
Karpfen	0,6	0,8	32	2,8
Kleine Maräne	–	–	8	0,7
Schleie	0,2	0,3	25	2,1
Zander	5,7	7,7	51	4,4
Wels	0,7	0,9	17	1,5
Futterfisch	39,2	52,9	900	77,4

Quelle: Jahresbericht Binnenfischerei 2021, Institut für Binnenfischer e. V.

Mitglieder angemeldet. Ist man einmal auf lokaler Ebene angemeldet, kann man in allen Vereinsgewässern landesweit fischten.

In den alten Bundesländern sind die Strukturen wesentlich dezentraler: Jeder lokale Verein hat sein eigenes Gewässer, in dem nur die Mitglieder dieses Vereins angeln dürfen. In diesen Gewässern leben 20 Hauptfischarten, mit einem klaren Fokus auf Raubfische wie Zander, Hecht oder Wels. Anders als in der Berufsfischerei wird in der Freizeitfischerei versucht, auch für Weißfische (auch Futterfische) genannt, eine passende Verwendung zu finden. Sie werden also nicht pauschal entsorgt. Dennoch sind sie in den Gewässern ein Problem für den Fischbestand und müssen teilweise gezielt beangelt werden. Hierfür gibt es sogenannte Hegeveranstaltungen. Probleme mit Überfischung scheint es in den meisten abgeschlossenen Seen weniger zu geben, denn durch das Angeln mit Rute bekommt man kein Gewässer leer gefischt. Jahr für Jahr muss Biomasse in Form von Altfisch abgeschöpft werden, sonst haben die Jungfische keine Möglichkeit, Nahrung aufzunehmen, und die nächste Generation bleibt auf der Strecke. Es gilt die Faustformel: Je mehr Fisch gefangen wird, desto mehr kommt in der nächsten Saison nach. Alle Gewässer werden von Gewässerökolog:innen und Ingenieur:innen überwacht und professionell bewirtschaftet.

Fischbesatz

Auch in der Freizeitfischerei wird mit Besatz gearbeitet (es werden also Fische oder befruchtete Eier in ein Gewässer eingesetzt), beim Aal etwa, der durch die Querverbauung von Flüssen nicht mehr hochwandern kann. Zum Laichen wandert dieser faszinierende und vom Aussterben bedrohte Fisch immer in die Sargassosee. Egal von welchem Erdteil die Fische kommen und welcher Aalart sie angehören – sie alle schwimmen in diesen speziellen Teil des Atlantiks nahe Florida, um sich zu vermehren. Als Glasaale machen sich die hiesigen Tiere mithilfe des Golfstroms auf den Weg zurück nach Europa. Instinktiv schwimmen sie in Richtung des Sees, aus dem ihr Muttertier stammt – in der Regel vergebens, denn die Wanderrouten sind in ganz Europa verbaut. Aus diesem Grund werden die Jungtiere vor der europäischen Atlantikküste abgefischt und in den Seen ausgesetzt, wo sie in Ruhe heranwachsen können.

Angeln und Naturschutz

Freizeitliches Angeln und Naturschutz schließen sich nicht zwangsläufig aus. Neben dem Fangen von Fischen geht es Angler:innen vor allem auch um das Naturerlebnis. Bei der Wahl zwischen verbauter Hafenkante und naturbelassenem Flusslauf fällt die Entscheidung für den nächsten Angelausflug nicht schwer. Neben der Wiederansiedlung von einst heimischen Fischen wie der Meerforelle und dem Lachs in der Stepenitz setzen sich die Hobbyfischer:innen Brandenburgs auch für die Renaturierung der Flüsse ein – teilweise mit Erfolg. Die Meerforelle etwa kommt mittlerweile selbstständig in die Flussläufe zurück und darf sogar befischt werden. Der Lachs ziert sich noch etwas, aber wer weiß, was die Zukunft bereithält. Es ist also ein ureigenes Interesse der meisten Angler:innen, die Natur sauber und im Gleichgewicht zu halten. Mehrere Hunderttausend Stunden ehrenamtlicher Arbeit werden jährlich geleistet, um die Gewässer mit ihrer Flora und Fauna zu hegen – im eigenen Interesse, aber natürlich dient es dem Wohl aller.

Entwicklung der Aquakultur

Seit Jahren wächst die Aquakultur rasant und gilt als die am schnellsten wachsende Branche der Lebensmittelindustrie – schneller noch als die industrielle Intensivhaltung von Landtieren. Allein in den letzten zehn Jahren ist der Anteil der Aquakultur um knapp 100 Prozent gestiegen. Mittlerweile werden deutlich mehr Fische, Krebstiere und Muscheln aus Aquakultur gegessen als aus Wildfang. Weltweit verteidigt China dabei seit Jahrzehnten den ersten Platz. Dort werden mehr Tiere in Aquakultur großgezogen als im Rest der Welt zusammen. In Europa werden gerade einmal 3,7 Prozent der weltweiten Aquakulturproduktion erzeugt, mit Fisch im Wert von knapp 60 Milliarden Dollar aber die meisten Fischprodukte importiert.

Mit Zuwachsraten von knapp zehn Prozent findet in Deutschland dagegen allgemein ein geringerer Ausbau der Aquakultur statt, obwohl die Standortfaktoren hierzulande günstig wären und derzeit noch gut ausgebildetes Fachpersonal für eine Produktionssteigerung vorhanden ist. Grund dafür sind die niedrigen Preise der importierten Produkte und die im internationalen Vergleich hohen behördlichen Standards für Aquakulturanlagen in Deutschland.

Aquakultur in Brandenburg: Warm- und Kaltwasserteiche

Die Aufzucht von Fischen in Teichen blickt auf eine jahrtausendealte Tradition zurück. Unterschieden wird in zwei Grundtypen: in die Aufzucht in Warm- und in Kaltwasserteichen. Im Gegensatz zu Warmwasserteichen zeichnen sich Kaltwasseranlagen durch einen ständigen und geregelten Durchfluss aus. Teilweise wird das fließende Wasser durch Kreislaufführung mehrfach genutzt. Die Wassertemperatur wird durch das Fließgewässer bestimmt, sollte aber niemals über 18 Grad erreichen, im besten Fall liegt sie deutlich darunter. Mit dieser Bewirtschaftungsmethode werden Salmonidenartige gezüchtet, also Forellen, Saiblinge oder Lachsforellen. Mit rund drei Viertel der gehaltenen Fische dominiert die Regenbogenforelle klar den Markt. Durch die warmen klimatischen Bedingungen, die in Brandenburg vorherrschend sind, spielt diese Produktionsweise in dem Bundesland jedoch eine untergeordnete Rolle.

Fischzucht in Deutschland und Brandenburg

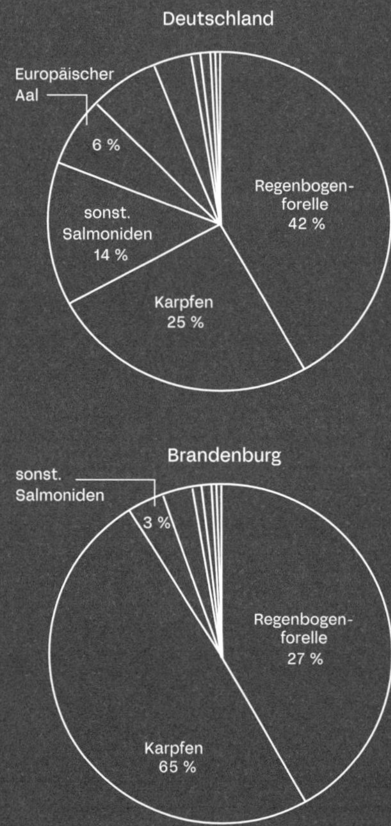

Quelle: European Market Observatory for Fisheries and Aquaculture (EUMOFA), 2021

In der Region Brandenburg werden überwiegend Karpfenteiche (also Warmwasseranlagen) bewirtschaftet, nur teilweise gibt es Forellenzucht aus Kaltwasseranlagen. In den letzten 30 Jahren ist die Forellenzucht um mehr als 50 Prozent zurückgegangen, was unter anderem mit dem mittlerweile deutlich wärmeren Klima der Region zusammenhängt. Auch die Karpfenteichwirtschaft ist in dieser Zeit um ein Drittel geschrumpft. Vor allem in der Lausitz prägen die Warmwasserteiche aber noch das Landschaftsbild. Manche von ihnen sind über 750 Jahre alt. Diese Teiche wurden auf grundwassernahen versumpften Geländesenken und Flussniederungen angelegt, die landwirtschaftlich schwer nutzbar waren. Durch ihre Umfunktionierung zu Teichen brachten sie eine enorme Steigerung des Bodenertrags mit sich. Neben der Wanderschäferei gelten sie als eine der ökologischsten Formen der Landnutzung.

Der Karpfen mag es warm und wächst erst ab Wassertemperaturen von über 20 Grad gut heran. Aus diesem Grund braucht er in unseren Breitengraden drei Jahre, um zu einem zwei Kilogramm schweren Speisefisch zu werden. Gezählt wird das Leben der Karpfen in Sommern. Nach einem Sommer sind die Tiere 50 bis 100 Gramm schwer, nach zwei etwa ein Pfund und im dritten Sommer sind sie bereit zum Ernten. Im Herbst werden die Tiere abgeschöpft, damit sie pünktlich zu Weihnachten auf den Tisch kommen können. Wer sich fragt, ob es so etwas wie nachhaltig produzierten Fisch gibt, der ohne schlechtes Gewissen verzehrt werden kann, dem sei regionaler Karpfen ans Herz gelegt.

Aquakultur: Teiche und Biodiversität

Neben Karpfen fühlen sich auch Hechte, Schleien und Zander in Warmwasserteichen wohl. Gerade für die Natur bringt die Karpfenteichwirtschaft viele Vorteile, denn die Teiche sind regelrechte Biodiversitäts-Hotspots. Man triff hier viel mehr Arten an als vor der Bewirtschaftung. Somit ist die Teichwirtschaft vielleicht die einzige Form der menschlichen Bewirtschaftung, durch die die Biodiversität zugenommen hat. Vom Wiedehopf bis zum Eisvogel, vom Grasfrosch bis zur Kreuzotter: Hier ist eine Vielfalt an Arten zu Hause.

Nichtsdestotrotz kämpfen die Teichwirt:innen um ihr wirtschaftliches Überleben, und die Zahlen sind Jahr für Jahr rückläufig. Die hohe Biodiversität ruft nämlich auch die Fressfeinde des Karpfens auf den Plan. In der Lausitz ist die vitalste Fischotterpopulation Mitteleuropas zu Hause, gemeinsam mit dem viel gescholtenen Kormoran, dem bei Weitem unbeliebtesten Vogel unter Angler:innen. Tatsächlich wildern diese beiden Arten, wenn sie nicht daran gehindert werden, die Teiche teilweise gänzlich leer. Unter großem bürokratischem Aufwand ist es mittlerweile zwar möglich, gegen diese Räuber vorzugehen und die Fische zu schützen, das kostet die Teichwirt:innen allerdings Zeit und Nerven, was eine zusätzliche Belastung in einer wirtschaftlich sowieso schon schwierigen Lage darstellt. Und als wäre all das noch nicht genug, wird die Unsicherheit durch den Wassermangel der letzten Jahre noch verstärkt.

Interessenskonflikte: Tourismus und Fischerei

Da der Tourismus von Bund und Ländern als ein erstrebenswertes Entwicklungsziel ausgegeben wird, wird ihm bei der Gewässer- und Landschaftsentwicklung ein hoher Stellenwert beigemessen. Zudem ist er ein zentraler Wirtschaftsfaktor, von dem viele Arbeitsplätze abhängen. Doch die starke touristische Nutzung schadet dem Ökosystem der Fische ganz erheblich. Seichte Stellen, an denen Fische laichen und Jungfische heranwachsen, werden zu Badestellen umgestaltet. Der Verkehr durch Boote und andere Wassersportgeräte bringt den Biorhythmus durcheinander.

Interessenskonflikte: Naturschutz und Fischerei

Naturschutz genießt in der Gesellschaft einen hohen Stellenwert und findet ebenfalls hohe Beachtung bei der Entwicklung von Flüssen und Seen. Häufig kommt es deshalb zu Konflikten zwischen der fischereilichen Nutzung von Gewässern und dem Naturschutz – mit der Folge, dass die Fischerei den Kürzeren zieht. Dabei ist sie eine Querschnittsbranche, die all diese Bereiche tangiert und deren Interessen es durchaus verdient hätten, gehört zu werden. Ähnlich wie Jäger:innen tragen Fischer:innen wesentlich dazu bei, ein stabiles Ökosystem zu schaffen und sind daran interessiert, die Natur zu erhalten.

Interessenskonflikte: Urbanisierung und Fischerei

Die Urbanisierung der Gewässer im Großraum Berlin hat wesentlichen Einfluss auf die Artenzusammensetzung. Uferanlagen wurden befestigt und Stege und Boote säumen das Erscheinungsbild. Große Teile der Uferanlagen werden dadurch abgedunkelt. Gerade in diesen ersten zwei Metern an der Wasserkante findet aber die Reproduktion der Fische statt. Ohne Sonne ist jedoch keine Primärproduktion möglich, also keine Bildung von Biomasse, was wiederum den Futterkreislauf für viele Tiere unterbricht und keinen Raum zum Laichen der Eier lässt. Entsprechend vermehren sich weitestgehend nur die Futterfische, die recht anspruchslos in der Reproduktion sind, während andere Arten wie Hechte und Zander zurückgedrängt werden. Zwar gibt es Bemühungen, etwa Retortenhechte zu zeugen, allerdings ist das aufwendig. Viel einfacher wäre es, Biotope wiederherzustellen, denn eigentlich laicht der Hecht auf sogenannten Laichwiesen. Vereinzelt gibt es diese wertvollen Auenlandschaften noch, etwa in Brandenburg an der Havel, aber sie sind selten geworden.

Interessenskonflikte: Wasserinfrastruktur und Fischerei

Ein weiteres Hindernis für die Reproduktion seltener Fischarten sind Wehre und Schleusen. Störe und Lachse würden sich gern wieder hier ansiedeln, doch die Infrastruktur lässt das aktuell noch nicht zu. Viele Projekte wurden in den letzten Jahrzehnten gestartet, um die einst heimischen Tiere wieder in das Ökosystem einzugliedern. Dem natürlichen Zyklus nach würde der Lachs in der Nuthe laichen und seine Kinder dort schlüpfen. Dann würden sie etwa ein Jahr dort verbringen und danach durch Havel und Elbe bis hoch nach Grönland schwimmen, um sich fett zu fressen. Nach ein paar Jahren würden sie zurückschwimmen, um an dem Ort zu laichen, an dem sie geboren wurden. Die Rückreisebedingungen sind allerdings problematisch. In der Tideelbe unweit des Hamburger Hafens kommt es regelmäßig im Sommer – also in der Zeit, in der die Fische stromaufwärts schwimmen – zu sogenannten Sauerstofflöchern. Es gibt dann keine Algen, die Sauerstoff produzieren, und so ist regelmäßig ein Fischsterben die Folge. Falls die Tiere das Hindernis doch passieren, stehen sie am Eingang der Havel vor dem nächsten Problem. Zwar gibt es mittlerweile vereinzelt Fischtreppen, aber bis an ihren Geburtsort schaffen es nur die wenigsten. Es gibt also noch viel zu tun.

Perspektive Renaturierung

Noch im Preußischen Kaiserreich begann man mit der Melioration von Feuchtwiesen und Niedermooren und dem Bau von Deichen. Einerseits sollte die Bevölkerung im Falle von Elbhochwasser dadurch besser geschützt sein, und andererseits sollten Weideflächen für die Landwirtschaft hinzugewonnen werden. Das hatte Konsequenzen für die Natur. Wo einst das Leben pulsierte, sind aus Biodiversitäts-Hotspots eintönige Wiesenlandschaften entstanden, die nur mithilfe teurer Pumpsysteme trocken bleiben. Dabei lebten Fluss und Mensch bis dahin lange im Einklang miteinander und profitierten voneinander. Regelmäßig überflutete die Havel die Äcker und brachte wichtigen Dünger auf die Felder. Das gab außerdem den Fischen die Möglichkeit zu laichen und für Nachwuchs zu sorgen.

Mit der Begradigung der Flüsse ist die ökologische Vielfalt eingebrochen und die Lebensgrundlage vieler Fischereibetriebe langsam verschwunden. Zum Glück läuft seit einiger Zeit ein großes Renaturierungsprojekt entlang der Havel in der Nähe von Rathenow. Alte mäan-

drierende Flussarme wurden wieder angeschlossen, Wiesen geflutet und Auenwälder gepflanzt. Naturschützer:innen zeigen sich ob der positiven Entwicklung vorsichtig optimistisch und auch die Fischereibetriebe stellen fest, dass es wieder mehr Jungfische im Fluss gibt. Aktuell schauen Behörden aus ganz Deutschland auf das Renaturierungsprojekt, und mit etwas Glück wird diese Strategie auch auf andere Flüsse angewandt werden, um der Natur und den Tieren in unserem Land wieder mehr Raum zu geben.

07

BIENEN

Einführung

Sie bilden Staaten von bis zu 80.000 Tieren, sind älter als wir Menschen und könnten aufgrund ihrer Ernährungsweise durch Pollen und Blüten schon in der mittleren Kreidezeit vor rund 90 Millionen Jahren entstanden sein: die Bienen. Als sich die ersten Menschen entwickelten, gab es die Honigbienenvölker also schon seit langer Zeit. Nachdem die Menschen sesshaft geworden waren und mit Ackerbau und Viehzucht begonnen hatten, hielten auch die Honigbienen Einzug in die Gemeinden. Die älteste Bienenhaltung wird im vorderen Orient vermutet. In der Antike wurden die Ägypter, Griechen und Römer allesamt der Bienen habhaft, um sich durch deren fleißige Arbeit mit Honig und Wachs zu versorgen sowie Obstbäume zuverlässig bestäuben zu lassen.

Bienen und Menschen: Die Anfänge

Der Ursprung der Biene liegt auf dem afrikanischen Kontinent. Mindestens seit der Steinzeit, in der die Menschen als Jäger und Sammler die Wälder durchstreiften, ist ihr Honig als energiereiche und die Bienenbrut als eiweißreiche Nahrung beliebt. Die Stöcke wurden systematisch geplündert und es war bereits bekannt, dass Bienen mithilfe von Rauch zurückgetrieben werden konnten. Eine geschätzt 10.000 Jahre alte spanische Höhlenzeichnung eines Honigjägers dokumentiert die Erbeutung von Bienenprodukten in diesem Zeitraum.

Bienenzucht und -domestizierung

Ab dem 19. Jahrhundert wurden vermehrt Bienen gezüchtet, die besonders viel Honig produzierten, da dieser nun begehrter war als Wachs. Durch diese Auslese entstand eine Vielzahl von Honigbienen, die als friedfertiger als die nordeuropäische Dunkle Biene galten und fortan von den Imker:innen bevorzugt wurden. Besonders populär ist die *Apis mellifera ligustica*, die Italienische Biene. Ihr Gemüt gilt als sehr ausgeglichen, und dazu ist sie eine außerordentlich fleißige Pollensammlerin, was für hohe Honigerträge sorgt. Sie ist die Biene der Weltimkerei. Von den über 20.000 verschiedenen Bienenarten weltweit sind nur sieben besonders relevant für die Honigproduktion. Über Jahrtausende wurden die Bienen in traditionellen stationären Beuten gehalten. Das Sammeln des Honigs war aufwendig und wenig ertragreich. Doch der technische Fortschritt machte auch vor den Bienen nicht halt.

Vor 150 Jahren wurde damit begonnen, die Bienen in Imkerkästen zu domestizieren und sie an die Menschen zu gewöhnen. Unter anderem machte die Erfindung des Rähmchens und der damit herausnehmbaren Wabe das Leben der Imker:innen deutlich leichter. Zeitgleich wurde auch die Honigschleuder erfunden, womit die Waben nach der Honiggewinnung wiederverwendet werden konnten. Die moderne Imkerei entstand.

„Heute ist aus der traditionellen Bienenhaltung eine globale Industrie geworden."

Die Industriebienen Chinas

Heute ist aus der traditionellen Bienenhaltung eine globale Industrie geworden. Führend in der Honigproduktion ist dabei China. Mit einem weltweiten Marktanteil von etwa 25 Prozent stammt jedes vierte Kilogramm Honig aus dem Reich der Mitte. In gewisser Weise ist Chinas Entwicklung zur Honigsupermacht verblüffend und paradox, denn zu (1) Zeiten Maos waren Vögel und Insekten ungeliebte Gäste. In der Obstbauprovinz Sichuan zwitschert heute kein Vogel mehr und keine summende Biene fliegt von Blüte zu Blüte. Bestäubt werden die Bäume von Menschen per Hand. Obwohl es also nahezu keine Wildbienen mehr in China gibt, hat die Zahl der Honigbienen in den letzten Jahrzehnten deutlich zugenommen.

01 → S. 283: Bienen in Maos China

Imkerei und Honigkonsum in Deutschland

Anders als in China ist der Markt bei uns in ② Deutschland nicht so industrialisiert und die Imkerei deutlich kleinteiliger. Es gibt nur wenige Erwerbsimker:innen, für die meisten ist es ein Hobby. Deutsche sind Honigliebhaber:innen und essen im Schnitt mehr als ein Kilogramm pro Jahr – zwei große Gläser voll Honig. Da die einheimischen Imker:innen diesen Bedarf nicht decken können, ist Deutschland zum Großteil auf Importe angewiesen. Knapp 80 Prozent des verzehrten Honigs kommt aus dem Ausland. Woher der Honig genau stammt, erfahren die Verbrauchenden allerdings selten. Hersteller sind bislang nicht verpflichtet zu deklarieren, von welchem Erdteil der Honig kommt. Das ist für Honighungrige natürlich intransparent, sodass es sich lohnt, regionale Imker:innen aufzusuchen

Fleißige Bienen: Bestäubung

Der größte Nutzen, den die Menschheit aus den Bienen zieht, ist nicht Honig, Propolis oder Wachs, sondern das Bestäuben von Blütenpflanzen – eine gigantische immaterielle Ökosystemdienstleistung. Den Gesamtwert der Bestäubung schätzt die Ernährungs- und Landwirtschaftsorganisation der Vereinten Nationen auf 180 Milliarden Euro. Rund 80 Prozent der von uns verzehrten Pflanzen sind darauf angewiesen, von Bienen bestäubt zu werden. Ohne sie würden Pflanzen und Bäume kaum noch Äpfel, Nüsse, Erdbeeren, Kirschen, Gurken, Kürbisse, Mandeln oder Weintrauben tragen. Ohne die Bienen würde die moderne Landwirtschaft zusammenbrechen, und doch sind die Tiere gefährdet. Monokulturen, Pestizide, die Versiegelung von Flächen und der Klimawandel machen ihnen zu schaffen. Das gilt besonders in den ③ USA, wo sich die Imkerei in eine besonders intensive Landwirtschaft eingliedert. Obst- und Gemüsefarmen werden zwischen Februar und Oktober von Wanderimker:innen besucht. Das ist ein einträgliches Geschäft, bei dem Imker:innen pro Volk zwischen 50 und 250 US-Dollar von den Landwirt:innen bekommt. Die Bienen werden dafür mit LKWs von einem Bundesstaat in den nächsten gebracht. Besonders die Mandelernte in Kalifornien hängt von dieser Praktik ab.

02 → S. 283: Geschichte der Bienenhaltung in Deutschland03 → S. 283: Bienen und Kolonialismus

Der Superorganismus Bien

Neben der Biene verdient auch der Bien einen genaueren Blick. So wird der Superorganismus genannt, der das ganze Honigbienenvolk umfasst. Jede einzelne Biene ist nur eine Zelle und Teil von etwas Größerem. Die Arbeit der weiblichen Bienen ist multifunktional und passt sich den Bedürfnissen des Volkes an. Bienenvölker lassen sich in drei Gruppen einteilen. ④ Die Arbeiterinnen (weibliche Tiere), die Drohnen (männliche Tiere) und die ⑤ Königin, auch Weisel genannt. Zahlenmäßig sind die weiblichen Bienen klar in der Überzahl; meist sind es mehrere Tausend, dazu ein paar Hundert Drohnen und nur eine Königin. Eine neue Königin gibt es in der ⑥ Schwarmzeit. Der Bien ist ein altruistisches System, in dem jedes Tier seinen Platz hat und seine Bedürfnisse dem Ganzen unterordnet. Dabei wird der Organismus von niemandem zentral gesteuert, sondern lebt in gewisser Weise demokratisch. Seine Entwicklung als Kollektiv hängt von den Entscheidungen der jeweiligen Individuen ab.

04 → S. 285: Männliche und weibliche Bienen
05 → S. 285: Die Königin
06 → S. 286 Schwärmen

„Jede einzelne Biene ist nur eine Zelle und Teil von etwas Größerem."

„Eine der größten Bedrohungen für Insekten und für viele andere Arten ist die industrielle Landwirtschaft."

Wildbienen vs. Honigbienen

Wildbienen sind in der Regel solitäre Bienen und haben nicht viel mit der Honigbiene (*Apis*) gemein. Sie leben allein, ohne einen Staat, produzieren Honig nur für den Eigenbedarf und überwintern nicht. Ihre Lebensspanne beträgt nur ein paar Wochen, in der männliche und weibliche Bienen möglichst viele Nester ⑦ befruchten.

Ganz anders ist die Organisation der Honigbiene. Sie bleibt stets im Verbund des Bien. Sobald es ⑧ Anfang des Jahres etwas wärmer wird, werden auch die Bienen in ihren Beuten aktiv. Schon kurz nach Weihnachten wird angefangen zu brüten. Die Larven und Jungtiere wachsen mit den Pollenvorräten auf, die für den Winter angelegt wurden. Sobald der Biorhythmus erkannt hat, dass es auf den Frühling zugeht, arbeiten die Tiere darauf hin, Pollen, Nektar oder Honigtau zu sammeln. Ziel ist es, möglichst viel von den eingelagerten Vorräten in Biomasse, sprich Bienen, umzuwandeln. Wenn im April die Obstblüte anfängt, müssen die Tiere bereit sein und in großer Zahl ausschwärmen können.

Honig dient ⑨ wild lebenden Honigbienen als Vorrat, um über den Winter zu kommen. Moderne Imker:innen ersetzen den gestohlenen Honig durch Zuckersirup, was günstig ist und die Tiere dennoch durch den Winter bringt.

07 → S. 287: Die Fortpflanzung von Wildbienen
08 → S. 286: Bienen und Jahreszeiten
09 → S. 287, 288: Honigbienen im Wald / Bienenbehausungen im Wald

Wildbienen in Berlin und Brandenburg

In Berlin gibt es immerhin über 300 verschiedene Bienenarten, und in Brandenburg sind es noch einige Dutzend mehr. Aber sie sind gefährdet, über 50 Prozent der Arten stehen auf der Roten Liste der IUCN. In Berlin haben die Wildbienen es immer schwerer, da sie gern auf Brachflächen nisten und die Stadt zunehmend versiegelt wird. In Brandenburg hingegen machen den Wildbienen die intensive Landwirtschaft und das damit einhergehende magere Futterangebot zu schaffen. Im Gegensatz zu Honigbienen haben Wildbienen einen viel kleineren Flugradius und sind darauf angewiesen, dass sich in ihrer unmittelbaren Nähe genug Trachtpflanzen befinden, um ihre Art zu erhalten. Hinzu kommt, dass die Wildbienen eine Art Symbiose mit der Pflanze eingehen, auf die sie spezialisiert sind. Fällt einer der beiden aus, stirbt der andere ebenfalls. Indem man ihnen ein diverses Nahrungsangebot schafft, kann man den Bienen helfen. Statt eines gepflegten Rasens im Garten sollte man daher Wildblumenwiesen anlegen.

Pestizide und Nützlinge

Eine der größten Bedrohungen für ⑩ Insekten und für viele andere Arten ist die industrielle Landwirtschaft. Felder werden immer größer, ⑪ Monokulturen dominieren das Landschaftsbild und es werden großflächig ⑫ Pestizide ausgebracht. Dieser Mix ist eine meist tödliche Mischung für die Tiere, die außerdem anfälliger für ⑬ Schädlinge werden. Das Paradoxe ist, dass die Landwirtschaft auf die Tiere und ihre Ökosystemdienstleistungen angewiesen ist und ihr Erfolg hochgradig von ihnen abhängt. Die heutigen Kulturlandschaften wären ohne die Arbeit der Bestäuber gar nicht existent. Eine Biene trägt die Pollen von Blüte zu Blüte und besucht für ein halbes Kilogramm Honig etwa zehn Millionen Blüten. Anstelle von Chemie könnte die Lösung auch in der Natur selbst liegen: in der Vorsorge durch ⑭ Nützlinge. Lösungsansätze liegen bereit und langsam wird begonnen, einzelne Maßnahmen umzusetzen.
⑮ Der große Paukenschlag steht aber bislang noch aus, obwohl die Sache dringend ist. Albert Einstein wird das bekannte Zitat zugeschrieben: „Wenn die Biene einmal von der Erde verschwindet, hat der Mensch nur noch vier Jahre zu leben."

10 → S. 288: Hintergrundwissen Insekten
11 → S. 284: Probleme für Bienen: Monokulturen
12 → S. 289: Geschichte der Pestizide / Pestizide und Insektensterben
13 → S. 285: Probleme für Bienen: die Varroamilbe
14 → S. 288, 290: Ökosystem: Bienenfreunde und -feinde / Nützlinge
15 → S. 290 Pestizide und Politik

Beckmann Urtracht

Wilder und ursprünglicher Honig

→ Lage
Süden | Märkisch Wilmersdorf, Teltow-Fläming
Karte: 21
35 km von Berlin

→ Empfehlungen
Ein Glas Honig (erhältlich zum Beispiel auf dem Akazienmarkt in Schöneberg) für daheim erstehen, einen Workshoptag mit dem Imker erleben, den Honig im Nobelhart & Schmutzig mit regionalem Safraneis probieren

→ Kontakt
urtracht.de
Instagram: @urtracht

Von etwa 150.000 Imker:innen in Deutschland gehen etwa 95 Prozent ihrer Aufgabe hobbymäßig nach. Einige Tausend verfolgen die Honigproduktion im Nebenerwerb und nur 500 sind Berufsimker:innen, so wie Ulrich Beckmann. Ein Bienenvolk zu betreuen, sieht in seinem Fall allerdings anders aus, als es gemeinhin der Fall ist. „Honig machen, ohne den Bienen welchen wegzunehmen" – die Beschreibung seines Konzepts stoße laut Beckmann fast immer auf Stirnrunzeln, schließlich ist Honigdiebstahl doch quasi seine Jobbeschreibung. Auf den Flächen von Wilmars Gaerten bei Trebbin, etwa 30 Kilometer südlich von Berlin, führt der 52-Jährige einen Ein-Mann-Betrieb, für den es nicht so recht eine Schublade zu geben scheint. Im Biotop von Gemüsegarten und Agroforst ist seine Arbeit ein unverzichtbares Puzzlestück; ohne die Bienen würde im Kreislauf des Ökosystems eine entscheidende Lücke klaffen.

„Meine Kernaufgabe sind die Bienen“, sagt Ulrich Beckman. Bei konventionellen Imker:innen hingegen stehe das Produkt an erster Stelle. „Erst kommt die Biene, dann der Imker“, findet er. Erst das Tier, dann der Honig. Beim klassischen Imkern werden dem Bienenvolk regelmäßig Waben entnommen, die über Holzrahmen ins Magazin des Brutraums gehängt sind. Nachdem diese geschleudert wurden, erhalten die Tiere sie leer zurück. Dieses Vorgehen führt zu einem dauerhaften Existenzstress – leere Waben bedeuten aus Bienenperspektive Nahrungsnot im Winter. Allein diese Grundvoraussetzungen sehen bei Beckmann anders aus: Statt einem vorgefertigten Skelett stellt er den Bienen nichts als eine leere Kiste mit einer kleinen Öffnung zur Verfügung. „Ein gesundes Bienenvolk baut sich immer nur so viele Waben, wie es gerade braucht“, erklärt er. Und deren Funktion ändert sich laufend: Erst ist die Wabe Brutstätte für den Nachwuchs, später wird in dem sechseckigen Gerüst Honig eingelagert.

Beckmanns wichtigste Tugend als ganzheitlicher Imker ist wohl die Geduld. „Mindestens zwei, drei Jahre lasse ich die Bienen einfach mal machen. Die brauchen niemanden, der ihnen erklärt, was sie tun sollen.“ Haben die Bienen eine Kiste gefüllt, ergänzt er sie durch eine neue. So entsteht über die Jahre ein Turm, den die Bienen ganz in ihrem eigenen Tempo entwickeln können und der im Optimalfall so gut wie nie von Menschenhand geöffnet wird. Lediglich zur Kontrolle im Krisenfall schaut Beckmann hinein, ansonsten reicht der regelmäßige Blick auf den Teststreifen, der am unteren Rand wie eine flache Schublade eingelegt ist. Erst wenn zwei Kisten voll Honig sind und die Bienen in eine der neueren umziehen, schlägt seine Stunde. Von den beiden Kisten wird nur eine geerntet, die andere bleibt bei den Tieren. Was Beckmann hier in den Waben vorfindet, ist etwas gänzlich anderes als der Honig in herkömmlichen Waben. Durch die lange Lagerdauer ist der Honig in Teilen

„Ein gesundes Bienenvolk baut sich immer nur so viele Waben, wie es gerade braucht.“

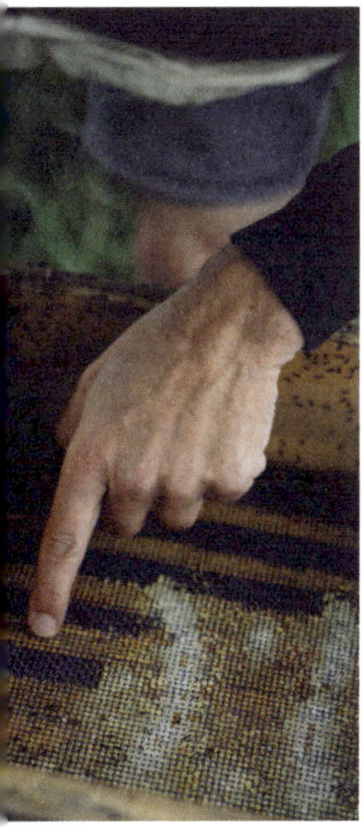

fermentiert, was zu einem komplexen und tiefen Geschmacksbild führt. Das Konzept des turmartigen Bienenstocks aus Kisten geht auf den französischen Geistlichen Émile Warré zurück, der im 19. und 20. Jahrhundert den tierschonenden Brutraum entwickelte. Die sogenannte Warréimkerei ist zwar wesentlich zeitintensiver und ertragsärmer, bringt aber ein völlig anderes Produkt hervor als die industrielle Honigerzeugung. Die ausbleibende Existenzangst der Bienen kann man herausschmecken. Durch den Dauerstress beim konventionellen Imkern unterdrücken die Tiere ihren Bruttrieb, da der durch die vermeintlich leeren Vorräte ausgelöste Überlebensinstinkt alles andere überlagert. „Wenn man das den Tieren erspart, können sie sich wieder um den Erhalt einer stabilen, gesunden Bevölkerung kümmern. Das erhält die natürliche Zusammensetzung der Wabe und damit auch den ursprünglichen Geschmack des Honigs“, erklärt Beckmann.

Die Waben, die normalerweise geschleudert werden, presst er. Dadurch bleiben allerlei volatile Aromen erhalten, die sonst dem Schleuderprozess zum Opfer fallen. Zwei Bestandteile zeichnen den Presshonig besonders aus: der hohe Gehalt an immunstärkendem Propolis und das sogenannte Bienenbrot. Letzteres dient den Bienen als Eiweißquelle und sei für

„Beckmanns Konzept lautet: Honig machen, ohne den Bienen welchen wegzunehmen.“

Menschen „so ziemlich das wertvollste Lebensmittel überhaupt", schwärmt der Imker. Zusätzlich bleiben beim Pressen kleine Pollen zurück, die das Aroma der Region in den Honig bringen.

Diese Zusammenhänge lassen sich nicht ohne Weiteres zwischen Tür und Angel ausführen. Deshalb kann man den Honig auch nur über die Website oder am Marktstand von Wilmars Gaerten beziehen, wo einige einordnende Worte möglich sind. Das ist auch nötig, um den Preis von rund 15 Euro für ein 250-Gramm-Glas nachzuvollziehen. Vor diesem Hintergrund ist für die Verbrauchenden auch ein behutsamer Umgang mit dem kostbaren goldgelben Gut klar: „Das schaufelt man sich eben nicht löffelweise in den Tee", erklärt Maria Giménez von Wilmars Gaerten (→ S. 104) einer Kundin auf dem Akazienmarkt.

In Brandenburg sieht Beckmann noch großen Handlungsbedarf in Sachen verträglicher Imkerei. Obwohl einiges im Wandel sei, kann er sich über manchen Aktionismus nur wundern – etwa wenn große Betriebe mobile Bienenvölker zum Bestäuben mieten, damit stolz in den sozialen Medien werben und anschließend eigenen Honig vermarkten. „Da werden die Bienen fortlaufend umgesetzt, um Sortenhonig auf Bestellung zu produzieren", kritisiert der Imker. Dauerhafte Strukturen und attraktiver Lebensraum für wilde oder halbwilde Bienen würde so nicht geschaffen. Im Vergleich zu seinen rund 70 standorttreuen Bienenvölkern in Märkisch Wilmersdorf wirken die georderten Tagesgäste eher wie flüchtige Eintagsfliegen.

Bevor er zum kompromisslosen Sonderling unter den Imker:innen wurde, studierte Beckmann Pädagogik und Psychologie und arbeitete dann 15 Jahre als Regisseur und Manager am Theater. Eine der Brücken in die Welt der Bienen fand sich auf dem Dach des Schlosspark Theaters in Steglitz: Hier kümmerte er sich um die 20 Bienenstöcke, die auf dem Dach des Hauses angesiedelt waren. 2015 gründete er dann Beckmann Urtracht. Seitdem produziert er regionalen Presshonig. Der Herkunftshinweis auf Honiggläsern im konventionellen Handel ist hingegen mit Vorsicht zu behandeln, weit verbreitet ist etwa der Verpackungshinweis „Honig aus EU- und Nicht-EU-Ländern", der an Aussagekraft kaum zu unterbieten ist. Die Angabe lässt Kund:innen immerhin wissen, dass der Honig nicht auf dem Mond gewonnen wurde, über Produktionsort oder -art gibt er aber in aller Regel keinen Aufschluss. Am besten lässt man sich daher von Imker:innen selbst erklären, woher ihr Honig stammt – zum Beispiel bei einem Workshop von Beckmann in Trebbin.

Drei Eichen

Ökosystemdienstleister

Lage
→ Osten | Buckow (Märkische Schweiz), Märkisch-Oderland
Karte: 22
48 km von Berlin

Empfehlungen
→ Käsekuchen im Umweltzentrum Drei Eichen essen, am Zeidlerworkshop teilnehmen und bei Pflanzaktionen mitmachen

Durch den Naturpark Märkische Schweiz wandern, einen Ausflug an den Kulturhafen Groß Neuendorf machen, das Oderbruch Museum besuchen

Kontakt
→hodlwood.eu
dreichen.de
Instagram: @hodlwood.eu
@drei_eichen

Nicht weit von Buckow, eine gute halbe Stunde östlich von Berlin, passiert man einsame Seen, hohe Wiesen und einen dunklen, hochgewachsenen Forst, bevor der Blick auf das Naturzentrum Drei Eichen frei wird. Die letzten Kilometer durch den Wald müssen dabei zu Fuß oder mit dem Fahrrad zurückgelegt werden. Hier bauen Bernd Schock und sein Team Baumhöhlen und installieren diese auf Pfählen und an Bäumen im Wald. Damit gehört der 50-Jährige zur aussterbenden Zunft der Zeidler:innen, also zu den Imker:innen, die wilde oder halbwilde Bienenvölker pflegen. Mit seinem Öko-Start-up Hodlwood entwickelt Schock regionale Umwelt- und Naturschutzprojekte und legt etwa Streuobstwiesenbiotope und weiträumige Blühflächen an. Ein Schwerpunkt ist dabei der Erhalt von Lebensräumen für wild lebende Honigbienen.

Bernd Schock versteht sich als Ökosystemdienstleister, er ist ein Kämpfer für die Biodiversität und die Natur selbst. Sein dazugehöriger Job verläuft zwischen Büro und Wiese, zwischen Hauptstadt und Hinterland, zwischen Anträgen, Workshops, Bienenvölkern und Vorträgen. Ab und zu kommen sogar Influencer:innen zu Besuch. „Die liefen hier mit kurzen Hosen durchs hohe Gras, nach ein paar Minuten waren ihre Beine rot und voller Insekten, alles hat gekribbelt", schmunzelt Schock. „Aber saucool, dass sie von unserer Mission erzählen." Die Mission besteht allem voran in der Schaffung von lokalen Hotspots für Biodiversität.

Schock denkt groß. Er will der Natur wieder mehr Raum geben und diese Biodiversitäts-Hotspots in den Rahmenbedingungen des kapitalistischen Systems in Wert setzen. Im Umweltsponsoring begann seine Reise in die professionelle Verwilderung: Damals vermittelte er Deals zwischen großen Einzelhandelsfirmen und deutschen Naturparks. So ist er schließlich Anfang der 2000er-Jahre über Umwege auch zu Streuobstwiesen gekommen – zu einer Zeit, in der sich noch niemand so recht für diesen artenreichen Lebensraum interessierte. Schock gründete den Getränkehersteller Ostmost (→ S. 302) und den gemeinnützigen Verein Äpfel und Konsorten, der sich für den Erhalt von wilden Obstflächen engagiert, und rückte mit Claims wie „Austrinken und Aufbäumen" die Streuobstwiese wieder in den Fokus der Hauptstädter:innen. Die Symbiose beider Organisationen war recht durchschlagskräftig und hatte mit dem Konzept „Schutz durch Nutzung" Erfolg. Mittlerweile ist er aus diesem Geschäft ausgeschieden und widmet sich neuen Projekten. Im Zentrum für Natur- und Umweltbildung Drei Eichen gibt er angehenden Naturschützer:innen Zeidlerworkshops, betreut Studierende und macht Wald und Bienen für Schulklassen erlebbar. Von hier aus baut, pflegt und schützt Schock lokale Biotope. Rund um Berlin arbeitet er an einer Vielzahl von Vorhaben, damit die Natur dort wieder wachsen und blühen kann, wo sie bereits verloren gegangen ist.

Zu den Bienen kam er vor über einem Jahrzehnt, als ein Freund ihm riet: „Wenn du schon diese Streuobstgeschichte machst, dann ist es wichtig, dass du dich auch mit den natürlichen Prozessen dahinter auseinandersetzt." Wer diesen Weg ernsthaft beschreitet, kommt an der Imkerei nicht vorbei. Zwischenzeitlich ließ er das Thema ruhen, und eigene Bienenvölker hat er nie gehalten. Seit einigen Jahren hat er sich dem Thema wieder angenommen, betrachtet es nun allerdings aus einer anderen Perspektive und kritisiert: „Imkerei, das ist die kleinste Massentierhaltung der Welt." Die Honigbiene werde in eine falsche

„Die Mission besteht allem voran in der Schaffung von lokalen Hotspots für Biodiversität."

Kategorie einsortiert. Eigentlich sei sie ein wildes Insekt, das in Baumhöhlen lebt. „Wir haben sie vom Wildschwein zum Hausschwein umfunktioniert und wundern uns, dass sie gegen allerlei Krankheiten anfällig ist", prangert er an. Würden wir den tatsächlichen Wert der Tiere anerkennen und ihr die Einordnung als Nutztier zugestehen, wären wir plötzlich gezwungen, sie auch adäquat zu schützen, argumentiert Schock. Das sei einer der Gründe, warum Verantwortungsträger:innen von derlei Überlegungen auch nichts wissen wollten.

Tatsächlich schrumpft der natürliche Lebensraum der Honigbienen immer weiter und die fleißigen Bestäuberinnen sind heutzutage kaum noch in ihrem natürlichen Habitat anzutreffen. „Pro Hektar Wald fehlen fünf bis zehn Baumhöhlen. Sie entstehen in der Regel in alten Bäumen – in unseren Wirtschaftswäldern werden die Bäume allerdings meistens schon vorher gefällt. So fällt ein wichtiger Lebensraum für alle möglichen Tierarten weg", merkt Schock an. Um diesem Problem Abhilfe zu schaffen, baut er nun mit traditionell geschmiedetem Zeidlerwerkzeug Baumhöhlen und installiert sie in den Wäldern. Einige Forstbetriebe haben ihm schon Bäume geschenkt, an denen er die Klotzbeuten anbringen kann. Bäume mit diesen Behausungen werden in Zukunft vom Fällen verschont. Damit entgeht den Waldbesitzer:innen zwar der Holzwert des Baumes, dafür kehrt das Leben zurück. Schocks übergeordnetes Ziel besteht darin, gemeinsam mit der Initiative Rewilding Oder Delta einen durchgehenden Baumhöhlenkorridor von Berlin bis nach Polen zu installieren, um mehr Räume für die wilden Honigbienen zu schaffen.

Unweit des Helenesees hat Schock ein Streuobstbiotop neu angelegt, mitten in Brandenburgs zweitgrößtem Apfelanbaugebiet direkt vor den Toren von Frankfurt an der Oder. Die Region, die einst Brandenburgs blühender Obstgarten war, sieht heute mancherorts verwaist aus. Abgestorbene und gerodete Plantagenbäume säumen den Weg, denn das Geschäft mit dem Obstbau ist häufig nicht mehr rentabel. Zu groß ist die Konkurrenz aus dem benachbarten Polen, wo das Obst zu niedrigeren Preisen produziert wird. Hinzu kommen der immense Aufwand für die künstliche Bewässerung und die fehlende Nachfolge in vielen Betrieben. Erst im letzten Jahr hat

„Imkerei, das ist die kleinste Massentierhaltung der Welt.“

Schock hier eine neue Streuobstwiese in Kooperation mit einem Unternehmen angelegt. Gezahlt werden Aufbau, Pflege und Erhalt der Wiese, im Gegenzug kann die Firma mit dem Dienst an der Natur werben. Über den neu geschaffenen Lebensraum freuen sich die vielen Insekten, Vögel und Säugetiere. Der hiesige Schwarm Bienen hat den Winter leider nicht überlebt. Schock hofft, dass in diesem Sommer ein neuer Schwarm in die Klotzbeute einziehen und im nächsten Jahr die vielen neuen Bäume bestäuben wird.

Bei Schocks Projekt handelt es sich um ein Langzeitvorhaben: „Das ist kein Projekt, das von heute auf morgen funktioniert, hierfür brauchst du Geduld. Die ersten Apfelbäume werden so in zehn Jahren ertragsreif sein.“ Generell plant er eher in Generationen als in Jahren. In der Region hat er große Pläne: „Wenn jeder der vier Millionen Berliner eine Baumpatenschaft übernehmen würde, könnten wir die ganze Stadt von dieser Fläche hier easy mit richtig geilem Obst aus der Region versorgen.“

Vertiefung

Geschichte der Bienenhaltung in Deutschland

Im Mittelalter entwickelte sich in Deutschland eine Blüte der Bienenhaltung. Vor allem die Dunkle Biene, eine Unterart der Honigbiene, war damals weit verbreitet. Die katholische Kirche benötigte Unmengen an Wachs für ihre Kerzen, und Honig galt bei Klerus und Adel als Luxusprodukt. Lange war der Honig das einzige bekannte Süßungsmittel in unseren Breitengraden, doch mit dem Import von Zuckerrohr aus Südamerika nahm seine Bedeutung ab. Der Zucker aus hiesigen Zuckerrüben wurde in Deutschland dann im 18. Jahrhundert entdeckt.

Die Bienen gehörten dem Kaiser; Staat und Kirche profitierten von einer Honigsteuer und einem Wachszins. Die Zeidler, sogenannte Waldimker, bekamen die Nutzungsrechte an den Bienen und ihren Produkten, zudem genossen sie besondere Privilegien: Sie waren freie Männer und durften Waffen tragen. In Deutschland geht der Beruf des Zeidlers bis ins Frühmittelalter zurück. Im Unterschied zur modernen Imkerei wurden die Bienen nicht in gezimmerten Bienenstöcken, sondern in ihren Naturnistplätzen, etwa in Baumhöhlen, gehalten. Die Nistplätze der Bienen bezeichnet man als Beuten. Zeidler:innen nehmen stets nur einen Teil des Honigs, sodass die Bienen sich weiterhin selbst versorgen können. Heutzutage ist das traditionelle Handwerk der Zeidlerei beinahe ausgestorben.

Bienen und Kolonialismus

Ab dem 16. Jahrhundert entwickelte sich das Schicksal der Europäischen Honigbiene parallel zur Kolonialisierung der Welt. Sie begleitete die Europäer auf ihren Eroberungsfeldzügen rund um den Globus. Mit den Portugiesen gelangte sie im 17. Jahrhundert nach Nordamerika und wurde dort von den Indigenen als die „Fliege des weißen Mannes" bezeichnet.

Auch die Ureinwohner:innen des Kontinents kannten Honig, allerdings stammte dieser nicht von der Honigbiene, sondern von ihrer Verwandten, der Stachellosen Biene. Ohne den gezielten Import der Honigbiene und ihre Bestäubungsleistung hätten die großen Prärieflächen Amerikas nicht dauerhaft in Ackerland und Obstwiesen umgewandelt werden können. Zwar gab es auch vor der Kolonisation einige Insekten, die fleißig bestäubten, aber bei Weitem nicht in einem Ausmaß, das ausgereicht hätte. Insofern gehörten Bienenstöcke zur Grundausstattung auf den Schiffen der Kolonialisten. Zeitgleich zu ihrer Expansion nach Westen überquerte die Honigbiene mit den Kosaken den Ural und war Zeugin der russischen Eroberung Sibiriens. Von hier aus gelangte sie nach und nach in die Steppen Zentralasiens. Nach Australien fand sie ihren Weg im 18. Jahrhundert mit den europäischen Ausgewanderten.

Bienen in Maos China

Maos Glaube an den wissenschaftlichen Sozialismus und den Fortschritt stürzte das Land in eine verheerende Krise. Der Weg in den Abgrund begann mit dem absurden Befehl, die Spatzen zu töten, da die Vögel durch das Fressen des Saatguts vermeintlich die Getreideernte des Proletariats bedrohten. Bewaffnet mit Gewehren und Steinschleudern vertrieb ebendieses die Spatzen schnell aus China – mit dramatischen Folgen. Es entstand ein regelrechter Insektenboom und die Felder wurden von den kleinen Sechsbeinern erst recht leer gefressen. Mao hatte nicht mit einkalkuliert, dass durch das Töten der Spatzen die Insekten ihre Hauptfressfeinde verloren und sich munter und ungehemmt vermehren konnten. Doch die Chemie schuf Abhilfe und das ganze Land wurde mit Pestiziden überschwemmt – mit dem Resultat, dass fast alle Insekten gestorben sind, auch die Bienen.

Von Blütezeit zu Blütezeit reisen heute rund 300.000 Imker:innen mit einer Vielzahl an Bienenvölkern durch das Land. Weiterhin belastet ist die Situation durch den exzessiven Einsatz von Pestiziden, besonders Neonikotinoiden, die nicht nur in China immer noch zugelassen sind. Chinas Aufstieg im Honigbusiness ist heute insofern verblüffend, als dass die Honigmenge schneller zunimmt als die Zahl der Bienenstöcke. Das hat den einfachen Grund, dass der Honig oft mit Reissirup gestreckt wird. Wer wissen möchte, ob er im Supermarkt echten oder gestreckten Honig kauft, kann sich am Preis orientieren. Je teurer das Produkt, desto wahrscheinlicher ist es, dass der Honig echt ist.

Der Preis der Honigqualität

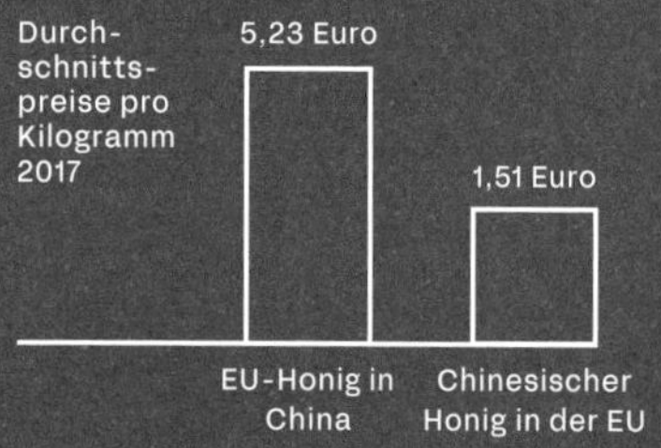

Funfacts

Das Sammelgebiet eines Bienenvolks erstreckt sich über annähernd 50 Quadratkilometer. Es ist damit etwa so groß wie das Innenstadtgebiet von Köln.

Für 500 Gramm Honig müssen Arbeitsbienen rund 40.000-mal ausfliegen und dabei eine Flugstrecke von rund 120.000 Kilometern zurücklegen.

An guten Tagen können die Sammlerinnen eines Volks mehrere Kilogramm Blütennektar einfliegen.

Ein:e Imker:in hält durchschnittlich 6,7 Bienenvölker. Weniger als ein Prozent betreiben die Imkerei in Deutschland erwerbsmäßig.

Es gibt etwa 130.000 Imker:innen in Deutschland, davon sind 20 Prozent Frauen.

Honigbienen sind fähig, als Volk zu überwintern. Ein gesundes Volk startet mit etwa 4000 bis 8000 Arbeiterinnen ins neue Jahr.

Eine Biene bestäubt bis zu 1000 Blüten pro Tag, fliegt bis zu 30-mal aus und besucht auf jedem Gang 200 bis 300 Blüten.

Honigbienen fliegen bis zu fünf Kilometer, um Tracht zu sammeln; Wildbienen teilweise nur 50 Meter.

Probleme für Bienen: Monokulturen

Weil in vielen Teilen der Welt nur noch Monokulturen angebaut werden, können Bienen nicht mehr selbstständig überleben. Die Mandelblüte etwa erstreckt sich über gerade einmal zwei Wochen im Jahr, anschließend blüht nichts mehr und die Bienen würden verhungern. Durch dieses agrarindustrielle System ist der Biorhythmus der Tiere völlig durcheinander. Sie sind anfälliger für Krankheiten und sterben früh, trotz Zuckersirup und Antibiotika. Viele Völker überleben den Winter nicht mehr. Im neuen Jahr werden die Bienenvölker dann durch importierte Völker aus Australien oder Argentinien ersetzt. Insgesamt schrumpft zwar die Zahl der Wildbienen und anderer Insekten dramatisch, die Zahl der Honigbienenvölker jedoch steigt weltweit gesehen sogar.

Honigbienenzahl seit 1961

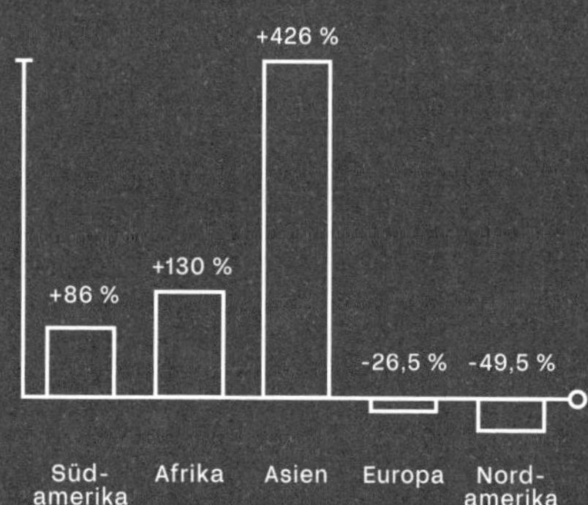

Quelle: Food and Agricultural Organization, 2021

Probleme für Bienen: die Varroamilbe

Hauptfeind der Honigbiene ist neben den Pestiziden die Varroamilbe. In den 1970er-Jahren ist sie von Java nach Europa gelangt und hat von dort die Welt erobert. Auf allen Kontinenten, Australien ausgenommen, macht dieser Parasit den Bienen das Leben schwer. Bei einem hohen Varroamilbenbefall im Herbst ist ein Volk dem Tode geweiht und wird den Winter nicht überleben. Hierzulande sterben 10 bis 20 Prozent der Bienenvölker (etwa 150.000) jedes Jahr im Winter. Zwar tötet die Milbe ihren Wirt nicht direkt, sie schwächt jedoch das Immunsystem erwachsener Bienen, die empfindlich auf Pestizide und andere chemische Stoffe reagieren. Zusätzlich schleppen die Varroamilben Viren und Bakterien in den Stock ein, die den Bienen ebenfalls zu schaffen machen.

Bekämpft wird sie von den Imker:innen mit chemischen Mitteln wie Ameisensäure. Die Bienen werden in der Zeit behandelt, in der sie keinen Honig produzieren, um keine chemischen Rückstände im Produkt zu hinterlassen. Doch auch diese Behandlung schwächt die Bienen, weshalb fleißig nach Alternativen gesucht wird. Möglichkeiten sind der Einsatz von Nützlingen, die Zucht von resistenten Bienenvölkern oder der Einsatz von Gentechnik. Gerade Bienen in der freien Natur mit altem genetischem Material scheinen sich gegen die Milben besser behaupten zu können. Wir dürfen nicht vergessen, dass die Bienenzucht – ähnlich wie die Zucht von Milchkühen – vor allen Dingen an Ertrag und einfacher Handhabung interessiert ist, nicht unbedingt an Resistenzen.

Männliche und weibliche Bienen

Weil die Biene von mehreren männlichen Tieren befruchtet wird, ist das Genmaterial für ihr Volk recht heterogen und bringt verschiedene Typen von Bienen hervor. Aus unbefruchteten Eiern entstehen nach 24 Tagen männliche Drohnen ohne Stachel, deren einzige Aufgabe es ist, die Königinnen auf ihrem Jungfernflug zu begatten. Sobald ihre Aufgabe erfüllt ist, werden sie von den Arbeiterinnen im Rahmen der sogenannten Drohnenschlacht nicht mehr in den Bienenstock gelassen und sterben bald darauf. Im Winter würden sie nur unnötigerweise die Honigvorräte des Volkes belasten – das ist die brutale Effizienz der Natur.

Weibliche Bienen, die einen Stachel tragen, schlüpfen aus den befruchteten Eiern der Bienenkönigin. Im Normalfall pflegen die Bienen die befruchteten Eier, sodass daraus eine Arbeiterin wird. Die ersten drei Tage werden die Larven mit sogenanntem Gelée royale gefüttert (einem besonders nahrhaften Sekret, das von Arbeiterinnen in speziellen Fruchtsaftdrüsen produziert und in Zellen im Bienenstock eingelagert wird), nach und nach wird die Nahrung mit Pollen gestreckt. An Tag 21 schlüpft die Arbeiterbiene. In ihrem Leben erfüllt eine weibliche Biene vielerlei Aufgaben im Volk. Frisch geschlüpft putzt sie die Zellen und übernimmt Aufgaben als Amme und Honigputzerin. Anschließend wird sie Wachbiene und am Ende ihres Lebens zur Sammelbiene, die Pflanzen bestäubt und Honig mit nach Hause bringt. Das ist der Idealfall, aber ein Bienenvolk ist weitaus dynamischer und je nach Situation können die Aufgaben schnell wechseln. Honigbienen sind nämlich kommunikationsfähig. Mit Bienentänzen geben sie etwa die Position für eine Futterquelle präzise wieder.

Die Königin

Die Königin ist das einzige geschlechtsreife weibliche Tier im Bienenvolk. Sie allein legt Eier und steuert so das Fortbestehen des Biens. Sie kommuniziert und dirigiert ihr Volk durch Pheromone und Berührungen. Auf ihrem Jungfernflug wird sie von zahlreichen Drohnen befruchtet, das Spermium reicht bis an ihr Lebensende. Ob aus einem Ei eine Königin entsteht, entscheiden die Bienen allein über die Futterzufuhr. Sie schlüpft bereits am 16. Tag nach Eiablage aus einem befruchteten Ei, das ausschließlich mit Gelée royale gefüttert wird. Nur wenn ein Volk schwärmen möchte, die Legeleistung der alten Königin nicht mehr ausreichend ist oder die amtierende Königin gestorben ist, ziehen die Bienen aus einem befruchteten Ei eine neue Königin heran.

Als vermeintliche Herrscherin über das Volk kann sie bis zu fünf Jahre alt werden und legt pro Tag bis zu 2000 Eier, was ihr eigenes Körpergewicht übersteigt. Es kann durchaus passieren, dass mehrere Königinnen in einem Volk gleichzeitig schlüpfen. Dieser Zustand währt aber nicht lange, da die verschiedenen Königinnen sich gegenseitig „abstechen". Sie führen einen Stachel ohne Widerhaken. Daher sterben sie nach einem Stich nicht wie die einfachen Arbeiterbienen. Übrig bleibt die stärkste Königin, die nun die Verantwortung für das Fortbestehen des Volks trägt und sich schon bald auf ihren Jungfernflug begeben wird, um von den Drohnen begattet zu werden.

Schwärmen

Beim Schwärmen teilt sich der Bien. Die alte Königin verlässt den Bau mit rund der Hälfte der Bienen und sucht ein neues Zuhause für sich und ihr Volk. Im alten Bau wird eine neue Königin herangezogen und das Leben beginnt von Neuem.

Zuerst schwirren Sucherbienen von einem Zwischenbiwak aus und erkunden die Umgebung. Dabei fliegen sie sogar in die potenziellen Behausungen rein und gehen sie zu Fuß ab, um zu erkennen, wie groß sie sind. Sie messen das Nest also tatsächlich aus. Anschließend fliegen sie zurück in den Schwarm und stellen ihren Fund per Schwänzeltanz vor. Im Schwarm wird entschieden, welches das beste aller Ziele ist. Wurde ein geeigneter Platz gefunden, schwärmt die alte Königin mit rund der Hälfte ihres Hofstaats aus und errichtet in dem neuen Zuhause ihr frisches Wabenwerk. Diese Waben bilden den Lebensmittelpunkt. Sie sind Produktionsstätte für Nachwuchs, Speicherraum für Honig, Kinderstube für Larven und das allgemeine Kommunikationsnetz des Volkes. Die Waben tragen chemische Orientierungsmarken, die im dunklen Nest als Wegweiser dienen. Die einzelnen Zellen der Waben sind fein säuberlich geordnet. Und wer plant und koordiniert dieses System so fein säuberlich? Niemand. Das große Ganze ist das Resultat von den jeweiligen Entscheidungen jeder einzelnen Biene.

Die Anfangszeit in der neuen Kolonie ist besonders heikel, denn ins erste Jahr fällt der Aufbau der Waben. Die meisten überleben diese Zeit nicht, ähnlich ergeht es Hummeln. Wenn sie es doch schaffen, können sie über viele Jahre hinweg dort überleben, sofern kein Unglück über sie kommt. Imker:innen versuchen, das Schwärmen der Bienen zu unterdrücken, damit sie ihren Ertrag nicht verlieren. In dieser Zeit ist das Volk geschwächt, mit sich selbst beschäftigt und produziert keinen Honig. Zudem verlieren Imker:innen dabei ja die Hälfte ihres Volkes.

Bienen und Jahreszeiten

Bienen müssen im Frühjahr alles auf eine Karte setzen, denn ein erneuter Wintereinbruch bedeutet, dass die Tiere keine Vorräte mehr haben und verhungern. Ab Mai beginnt die Phase des Überschwangs mit ausreichend Nahrung, und die Bienen können anfangen zu schwärmen. Im Muttervolk schlüpft etwa eine Woche nach dem Auszug der alten Königin eine junge Monarchin. Sie braucht ein paar Tage, um sich zurechtzufinden, und tritt dann ihren Jungfernflug an. Bis Juni gibt es eine reiche Tracht. Im Hochsommer blüht dann immer weniger und die Bienen hören auf zu brüten. Im späteren Verlauf des Jahres muss die Arbeiterinnenzahl auf mindestens 5000 gehalten werden, um gut über den Winter zu kommen. Nach dem Efeu ist Mitte Oktober das Nahrungsangebot für die Bienen ausgeschöpft und sie ziehen sich zurück. Gegen Kälte hilft Bewegung: Ihre Flugmuskulatur wärmt die Tiere. Diese wird als Heizung in der kalten Jahreszeit einge-

setzt. Schließlich bilden die Tiere eine Wintertraube und harren der Dinge, bis der nächste Frühling kommt.

Die Fortpflanzung von Wildbienen

Die befruchteten Larven überwintern meist im Boden oder in Röhren von Insektenhotels und schlüpfen im nächsten Jahr. 14 Tage vor dem Schlüpftermin fangen sie an, sich zu verpuppen. Von Anfang März bis Ende September kommen verschiedene Arten auf die Welt. Viele von ihnen sind Spezialistinnen und ernähren sich nur von einer Pflanzenart. Sie müssen genau dann schlüpfen, wenn die Pflanzen, die sie bestäuben, blühen. Diese Abstimmung wird durch den Klimawandel erschwert. Viel wird davon abhängen, ob die Wildbienen ihren Biorhythmus an die Verschiebung der Vegetationsperioden anpassen können. Streuobstwiesenbesitzer:innen haben gern Wildbienen auf ihrem Land, da sie ein anderes Bestäubungsverhalten an den Tag legen als Honigbienen. Sie fliegen auch bei schlechtem Wetter und gehen tiefer in die Baumkronen hinein, an Stellen, die nicht von Honigbienen angeflogen werden.

Honigbienen im Wald

Ursprünglich war die Honigbiene ein Waldinsekt. Sie baute ihre kuscheligen Nester am liebsten in hohle Bäume. Das war ihr natürliches Lebensumfeld, bevor der Mensch anfing, sie als „Haustier" zu halten und ihr neue Behausungen anzubieten. Honigbienen sind Universalgenies und nicht auf eine Pflanze spezialisiert. Außerdem haben sie einen viel weiteren Flugradius als viele Wildbienen. Dieser kann mehrere Kilometer weit reichen. Im Wald finden Bienen vom Frühjahr bis in den Herbst hinein sichere Nahrungsquellen, anders als im Freiland, wo die moderne Landwirtschaft das Angebot auf ein Minimum reduziert.

Honigbienen wurden auf einfache Handhabung und maximalen Honigertrag getrimmt. Obwohl viele Wälder in ihrer ursprünglichen Form abgeholzt wurden und überwiegend wirtschaftlich als genau abgezirkelte Monokulturen genutzt werden, leben dort auch in unseren Breiten noch vermehrt Honigbienen. Sie bevorzugen naturnahe Wälder mit intakten Ökosystemen wie beispielsweise im bayerischen Steigerwald oder den Urwäldern Polens. Die Tiere leben dort autark, ihre genetischen Eigenschaften und Fähigkeiten wurden über Generationen hinweg geformt. Kaum verwunderlich also, dass die Waldbewohnerinnen mit Krankheiten und Parasiten besser zurechtkommen als die konventionellen Honigbienen der modernen Imkerei. Diese Bienen haben schließlich niemanden an ihrer Seite, der sie im Krankheitsfall mit Antibiotika pflegt.

Bienenbehausungen im Wald

Damit Bienen im Winter nicht erfrieren, sind sie auf Behausungen angewiesen. Am Anfang dieser Kette steht, wie so oft, der Specht. Er ist der Baumeister des Waldes und viele Bewohner sind auf seine Arbeit angewiesen. Mit seinem robusten Schnabel zimmert er Baumhöhlen für sich und seinen Nachwuchs. Ist eine Spechthöhle verwaist, gibt es viele Interessenten für eine Nachmiete, darunter die Honigbiene. Am liebsten mag sie es, wenn die neue

Wohnung mindestens sechs Meter über dem Waldboden ist, wo sie vor Bären und sonstigem Fußvolk sicher ist. Kaum eingezogen, beginnen die Bienen mit der Einrichtung ihres neuen Zuhauses. So eine Baumhöhle entwickelt sich schnell zu einem eigenen Ökosystem mit einem besonderen Mikroklima. Hier stehen viele verschiedene Arten miteinander in Beziehung und regulieren einander gegenseitig.

Ökosystem: Bienenfreunde und -feinde

Einer der besten Freunde der Bienen ist der Bücherskorpion, eine Spinnenart, die aussieht wie ein winziger Skorpion. Früher war er in den traditionellen Beuten aus Stroh bei Imker:innen ein gern gesehener Gast, heute ist er gänzlich aus den modernen Beuten verschwunden, die ihm keine Nistplätze und kein Futter für seine Jungtiere mehr bieten. Zudem überlebt er den Einsatz von chemischen Mitteln gegen die recht resistente Varroamilbe nicht. Ursprünglich war der Bücherskorpion auf die Tracheenmilbe spezialisiert, doch künstliche Experimente haben gezeigt, dass auch die Varroamilbe auf seinem Speiseplan steht. Bis zu zehn Milben können sie pro Tag vertilgen, sodass die Milbenpopulation schnell auf Talfahrt geht.

Die Biene selbst ist eine leckere Mahlzeit für viele Waldbewohner wie Ameisen, Vögel oder Wespen. Ein Bienenstaat produziert bis zu 20 Kilogramm an Biomasse, von denen die meisten Tiere über das Jahr hinweg sterben. Wichtig für den intakten Lebensraum Wald ist eine Vielfalt von Arten, Pflanzen und Mikroorganismen, die miteinander vernetzt sind und gleichzeitig voneinander abhängen. So sind Bienen seit jeher Bestandteil eines gesunden Waldes.

Hintergrundwissen Insekten

Die sechsbeinigen Gliederfüßer leben unter Stock und Stein. Sie fliegen, summen, buddeln, krabbeln und beißen. In nahezu jedem Ökosystem der Welt (außer dem offenen Meer) sind sie zu finden – von der Küste bis ins Hochgebirge. Charakteristisch ist ihr immer gleicher Körperbau, bestehend aus drei Abschnitten: dem Kopf, der Brust und dem Hinterleib. Dazu kommen gegebenenfalls noch Flügel. Sie besitzen kein Skelett, sondern eine Chitinschicht, die ihren Körper umschließt. Und noch etwas haben sie alle gemein: Sie räumen auf, bestäuben, reinigen Gewässer, zersetzen abgestorbenes organisches Material und verbessern so die Qualität der Böden. Sie sind also die Hausmeister unserer Erde, arbeiten aber vollkommen unentgeltlich.

Wir Menschen assoziieren meist wenig Positives mit den Krabbeltieren. Schon in der Bibel werden sie als Ursache mancher Plagen bezeichnet und nicht etwa als Klasse, die den Planeten am Laufen hält. Würden wir sie zählen, kämen auf jeden Menschen etwa 1,4 Milliarden Insekten. Fast sechs Millionen Arten sind heute beschrieben, damit machen Insekten über drei Viertel der gesamten bekannten Tierarten weltweit aus.

Geschichte der Pestizide

Die Idee, Schädlinge im Ackerbau zu bekämpfen, existiert, seit der Mensch

sesshaft geworden ist. Schon Plinius der Ältere schrieb im 1. Jahrhundert n. Chr. über den Einsatz von Arsen als Insektizid, ohne seine giftigen Eigenschaften zu kennen. Aus der Idee, die Ernte vor Schädlingen zu schützen, ist in den letzten beiden Jahrhunderten dann innerhalb von 150 Jahren eine riesige Industrie geworden.

Einen Meilenstein für die moderne Umweltbewegung bedeutete das 1962 erschienene Buch *Der stumme Frühling* (*Silent Spring* im Original) von Rachel Carson. Seitdem sind viele Pestizide wie beispielsweise DDT vom Markt genommen worden, dafür kamen andere Mittel mit großen neuen Versprechungen dazu, die allerdings nur selten eingehalten werden. Weltweit werden heute so viele Pestizide verwendet wie nie zuvor – Tendenz steigend. Auch in Deutschland ist der Pestizideinsatz in den letzten Jahrzehnten nur minimal zurückgegangen. Durchschnittlich werden pro Hektar knapp drei Liter Pestizide ausgebracht. Neonikotinoide, eine Gruppe von Insektiziden, die für Bienen besonders gefährlich sind, scheinen 7000-mal giftiger zu sein als DDT. Sie töten alle Insekten, egal ob Nützlinge oder Schädlinge.

Die politische Reaktion der EU gegenüber den Chemiekonzernen ist ernüchternd. Nur drei der sieben bekannten Neonikotinoide, die für das Bienensterben verantwortlich sind, wurden verboten. Zusätzlich kommen neue, unerforschte Mittel auf den Markt. Ganz vorn dabei sind zwei große deutsche Chemiekonzerne. Die Wachstumsmärkte der Agrochemie liegen vor allem in Afrika, Lateinamerika und Asien.

Pestizide und Insektensterben

Manche Insektenarten bedrohen die weltweiten Ernten und werden deshalb als zentrale Feinde der Landwirtschaft gesehen. Chemische Cocktails, sogenannte Pestizide, werden auf den Feldern ausgebracht, um sie zu töten. Die Folge ist ein gewaltiges globales Insektensterben, dessen Ausmaß aufgrund der unzureichenden Datenlage außerhalb Europas und Nordamerikas nur schwer zu beziffern ist. In nicht einmal 300 Jahren haben sich die Flächen von Acker- und Weideland verfünffacht. Menschen legten Feuchtgebiete trocken, rodeten Wälder und brachen Steppen in Weideland um. Große Teile dieser Gebiete werden heute industriell bewirtschaftet, was den Lebensraum vieler Arten zunichtegemacht hat.

Neben den Insektiziden sind vor allem Herbizide wie Glyphosat für die Tiere gefährlich. Auf 40 Prozent der deutschen Äcker ist das Breitbandherbizid zu Hause. Durch das Ausbringen stirbt die ganze Ackerbeiflora und nur die gewünschten Kulturpflanzen gedeihen. Das wiederum führt zu einer Verknappung des Nahrungsangebots für Bestäuber und in Beikräutern lebende Insekten. Das Resultat ist der drastische Rückgang sämtlicher Arten in der Agrarlandschaft.

Kanadische Forschende untersuchten 2017 in einer Vielzahl von deutschen Schutzgebieten das Insektenaufkommen. Das alarmierende Ergebnis der Studie: Mehr als 75 Prozent der Fluginsekten sind innerhalb von nur einem Vierteljahrhundert verschwunden. Von den 561 in Deutschland bekannten Wildbienenarten ist mehr als die Hälfte rückläufig. Zurückzuführen ist das auf den Verlust ihrer Habitate sowie den Einsatz von Neonikotinoiden, die für Bienen besonders gefährlich sind. Sie sterben nicht direkt, werden aber immer schwächer und so anfällig für Krankheiten und Fressfeinde. Weltweit wurden in 75 Prozent des Honigs Rückstände von Neonikotinoiden festgestellt.

Pestizide und Politik

Um nach Jahrzehnten verfehlter Agrarpolitik die Biodiversitätsziele zu erreichen, will die EU bis 2030 den Einsatz von Pestiziden halbieren. Bereits 1992 hatte sich Deutschland auf dem Erdgipfel in Rio de Janeiro zur Einhaltung dieser Ziele verpflichtet.

Geschehen ist seitdem allerdings kaum etwas. Für Landwirt:innen gibt es schlicht keine Anreize, dem Artensterben entgegenzusteuern. Es liegt also an der Gemeinsamen Agrarpolitik, finanzielle Anreize zu schaffen, um die Tiere zu schützen. Gerade weil die Landwirtschaft hauptverantwortlich für den Biodiversitätsverlust ist, muss sie Teil der Lösung sein.

Nützlinge

Eine Lösung liegt im Einsatz von Nützlingen: Jeder Schädling hat in der Natur rund 10 bis 15 natürliche Feinde. Im biologischen Anbau werden 90 verschiedene Arten zum Pflanzenschutz eingesetzt. Ein bekanntes Beispiel ist der Marienkäfer: Er und seine Larven lieben Blattläuse. In seinem Leben isst der gepunktete Käfer bis zu 40.000 Blattläuse. Allerdings reicht das einmalige Ausbringen von Nützlingen nicht aus, denn ohne den nötigen Lebensraum sterben sie schnell. Momentan arbeitet die industrielle Landwirtschaft völlig abgekoppelt von der Natur. Es werden kaum abwechslungsreiche Fruchtfolgen, ein paar wenige Kulturpflanzen und viele Pestizide genutzt. Es muss Aufgabe der Landwirtschaft sein, Strukturen zu schaffen, in denen Tiere dauerhaft überlebensfähig sind und so das Gleichgewicht im Ökosystem Acker größtenteils selbstständig regulieren können. Geeignete Maßnahmen wären kleinteilige Felder sowie das Pflanzen von Hecken, Blühstreifen und abwechslungsreichen Feldsäumen. Darin können Nützlinge dauerhaft angesiedelt werden. Das hilft der Natur und spart gleichzeitig Geld, weil weniger Pflanzenschutzmittel gekauft werden müssen. Auch im urbanen Raum brauchen die Bienen Unterstützung, indem die Städte begrünt werden. Wir wissen genau, warum die Insekten sterben, tun aber nicht wirklich etwas dagegen.

08 STREUOBST

Einführung

Das bei Weitem beliebteste Obst Deutschlands ist der Apfel: Knappe 25 Kilogramm werden davon durchschnittlich im Jahr pro Kopf verzehrt. In der Regel handelt es sich dabei um Tafelobst von industriell bewirtschafteten Plantagen. Auf Platz zwei liegt die Banane, gefolgt von der Tafeltraube. Weltweit gibt es mehr als 20.000 verschiedene Apfelsorten, allein in Deutschland über 2000 – ob kirschgroß, sauer, süß, für Saft oder für Kuchen geeignet oder allergiker:innenfreundlich. Doch die alten Sorten sind mittlerweile mitunter schwer zu bekommen und vom Aussterben bedroht. Ihr Anbau ist häufig nicht wirtschaftlich, denn die Bäume brauchen lange, bis sie das erste Mal Früchte tragen und die Ernte von den hochstämmigen Bäumen ist beschwerlich. Dabei stellen sie einen enormen genetischen Schatz dar.

Der Obstbaum

Der Obstbaum ist ein Kunstprodukt. Steckt man einen Kirschkern in den Boden, so hat dessen Sprössling nicht mehr die gleichen Merkmale wie die Mutterpflanze, denn die Kirschblüte wurde mit den Pollen einer anderen Pflanze bestäubt. Es entsteht ein unbekannter Sämling mit unbekannten Eigenschaften. Auch die Vermehrung über einen Steckling ist nicht möglich, weil dieser keine Wurzeln ausbildet. Deshalb werden die meisten Obstbäume veredelt. Allein durch diese Methode können Sorte, Ertrag und Wachstum genau kontrolliert werden. Auch bei bestehenden Bäumen im Garten ist es möglich, sie nachträglich zu ① veredeln und so zukünftig die gewünschte Sorte zu ernten. An einem Baum können auch mehrere Sorten wachsen.

Obstanbau im 20. Jahrhundert

Anfang der 1920er-Jahre wurden die ersten Obstbaumplantagen in Europa gepflanzt und die Sortenvielfalt begann zu schrumpfen. Zu dieser Zeit war das ② Wissen über Obstsorten aber noch weit verbreitet. Mit dem Ende des Zweiten Weltkriegs setzte zumindest in ③ Westdeutschland ein Paradigmenwechsel in der Landwirtschaft ein. Die Säge wurde an Alleen und Streuobstwiesen gesetzt, die Rodung sogar staatlich subventioniert. Obstbäume würden gefällt, um den Markt von alten Obstsorten zu entlasten, hieß es damals. Drei von vier Bäumen mussten weichen. Von diesem Zeitpunkt an wurde es ein mühsames Geschäft, mit regionalem Obst wirtschaftlich bestehen zu können. Die Branche wurde effizienter und ökonomischer umgebaut, kurzum: Sie wurde industrialisiert. Das Ergebnis waren ④ niedrigstämmige Bäume mit schwächeren Wurzelunterlagen, die stets in hohen Stückzahlen der gleichen Sorte angepflanzt wurden. Diese Entwicklung hängt vor allem damit zusammen, wie sich der Handel entwickelt hat: weg vom Tante-Emma-Laden hin zum standardisierten Markt. Eine Normierung des Obstes war ausdrücklich gewünscht – egal ob in Büsum oder Garmisch, das Obst sollte überall gleich aussehen und möglichst identisch schmecken.

01 → S. 315: Veredelung
02 → S. 315: Geschichte des Obstanbaus
03 → S. 316 Streuobstwiesen in der DDR
04 → S. 315: Hochstämmige Bäume vs. Plantagenbäume

Alte Sorten vs. kommerzieller Anbau

Mehrere Tausend alte Apfel- und Birnensorten wurden bislang entdeckt und identifiziert. Sie sind für bestimmte Anbauregionen oder bestimmte Verwendungszwecke in der Küche prädestiniert. Darüber hinaus sind sie häufig resistent gegen Krankheiten und kommen besser mit den veränderten klimatischen Bedingungen zurecht. Ihr Wurzelwachstum ist beispielsweise ausgeprägter als bei Plantagenobst, somit sind sie weniger anfällig bei heißen und trockenen Wetterlagen. Wassermangel und Hitze sind nämlich die größten Probleme im Intensivobstbau. Äpfel und Birnen bekommen Sonnenbrand und ihre Früchte sind dann nicht mehr für den Verzehr geeignet. Ohne künstliche Bewässerung lässt sich der kommerzielle Obstbau mit Plantagenobst heutzutage nicht mehr wirtschaftlich betreiben. Zu klein wären die Früchte ohne zusätzliches Wasser. Anders verhält sich das bei Streuobstwiesen, da die Hochstammbäume dort tiefer wurzeln und somit resistenter gegen Trockenheit sind.

„Der Obstbaum ist ein Kunstprodukt."

Der Apfelmarkt

Fast der gesamte Apfelmarkt konzentriert sich auf einige wenige Sorten. Meist sind es gezüchtete Apfelsorten, die die Ansprüche des Lebensmitteleinzelhandels erfüllen. Einzig der Boskoop gilt als eine immer noch im Handel verbreitete alte Sorte. Alle anderen modernen Kulturäpfel sind durch einen Prozess der Selektion entstanden und wurden über lange Zeit ausgelesen, bis sie schließlich die erwünschten Eigenschaften trugen. Viele Wildarten haben mit ihren Sorten dazu beigetragen, die heute gängigen Apfelsorten zu züchten. Welcher Apfel am Ende überhaupt im Handel landet, regelt eine spezifische Apfelvermarktungsnorm. Darin wird alles fein säuberlich geregelt: Mindestens 60 Millimeter Durchmesser und ein Gewicht von 90 Gramm muss ein Apfel haben; jeder Apfel, der mehr als einen Quadratzentimeter Schalenfehler aufweist, darf nicht mehr als Tafelobst vermarktet werden. Nichts wird dem Zufall überlassen. Dementsprechend pflanzen die Obstbäuerinnen und -bauern auf ihren Plantagen die Früchte, die auch die gewünschten Eigenschaften im Absatz mitbringen. Sie sollen makellos aussehen, gut schmecken, ertragsstark und möglichst lange lagerfähig sein – Attribute, bei denen nicht alle alten Sorten mithalten können.

Obstbäuerinnen und -bauern unter Druck

Trotz einer rekordverdächtigen Apfelernte 2022 stehen die konventionellen Obstbäuerinnen und -bauern hierzulande unter Druck. Verbrauchende sind aus den Supermärkten niedrige Preise gewohnt, und dieses Argument bringen die Großhändler auch gegenüber den Obstbäuerinnen und -bauern vor. In schlechten Zeiten bekommen sie gerade einmal 20 Cent für ihr Kilogramm Äpfel, der Selbstkostenpreis liegt allerdings bei durchschnittlich 45 Cent. Die Misere ist also ähnlich wie bei der Milch. Gehen Landwirt:innen bei den gezahlten Preisen nicht mit, werden ihre Plätze im Regal ganz einfach mit Ware aus dem Ausland ersetzt. Obst aus Italien, Frankreich und Polen oder gar aus Übersee ist stets bereit. Aufgrund der höheren Produktionskosten durch den Mindestlohn oder der weltweit strengsten Umweltstandards sehen viele Expert:innen die deutschen Obstbäuerinnen und -bauern auf lange Sicht als schlicht nicht konkurrenzfähig an.

Obstanbau in Deutschland

Der Selbstversorgungsgrad von Obst liegt in Deutschland bei gerade einmal 20 Prozent. Vier von fünf Früchten stammen also aus dem Ausland. Politisch passiert in dieser Hinsicht wenig und so liegt es mal wieder an den Verbrauchenden, den Markt zugunsten von regionalem Obst zu beeinflussen. Trotz der großen Obstanbaugebiete am Bodensee und im Alten Land südlich der Hamburger Elbe ist Deutschland selbst beim Apfelanbau auf den Import angewiesen. Etwa ein Drittel wird jedes Jahr importiert.

Lange galt Werder an der Havel als Obstgarten Berlins, doch nach der Wende wurden vielen Bäuerinnen und Bauern Rodungsprämien für ihre Plantagen bezahlt, da die Äpfel nach der Wende nicht der gewünschten Norm entsprachen. Seitdem ist der regionale Obstbau rückläufig und eine Trendumkehr ist nicht in Sicht. Nur noch jeder vierte in Berlin verzehrte Apfel stammt aus der Region, wobei „regional" ein dehnbarer Begriff ist. Die Äpfel werden zwar noch in Werder gelagert, angebaut aber zumeist in Mecklenburg oder Sachsen-Anhalt. Übrigens: Wenn im Juni oder Juli die regionalen Äpfel der Vorjahresernte langsam in die Regale kommen, wurden sie bis dahin in energieintensiven Kühlhäusern gelagert. Das führt dazu, dass ihre Klimabilanz zu diesem Zeitpunkt schlechter ist als die eines eingeflogenen Apfels aus Neuseeland.

„Obwohl das Prinzip der Streuobstwiese sehr alt ist, ist es dennoch innovativ."

Streuobstwiesen

⑤ Streuobstanbau gilt als traditionelle Landnutzungsform und gehört zum Immateriellen Kulturerbe der UNESCO. Als prägenden Bestandteil der mitteleuropäischen Kulturlandschaft gibt es Streuobstwiesen in Deutschland, Nordspanien, Frankreich, Slowenien, Luxemburg, der Schweiz und Österreich. Deutschlandweit werden noch etwa 300.000 Hektar bewirtschaftet. Als Streuobstanbau gilt eine Form des Anbaus, bei der frei von chemisch-synthetischen Pestiziden und künstlichem Dünger auf hochstämmigen Baumformen Obst erzeugt wird.

Auf diesen Flächen wird zwar weniger Ertrag erwirtschaftet, der Naturschutzaspekt dieser Lebensräume steht jedoch ohnehin im Vordergrund. Streuobstwiesen gelten als wahre ⑥ Biodiversitäts-Hotspots. Auf ihnen sind bis zu 5000 verschiedene Pflanzen-, Tier- und Pilzarten zu Hause. Menschen, die sich für Streuobstwiesen engagieren, sprechen deshalb manchmal von den „Regenwäldern unserer Breitengrade".

05 → S. 316: Das Anbau- und Erntejahr
06 → S. 316: Ökosystemdienstleistungen von Streuobstwiesen auf einen Blick

Vorteile von Streuobstwiesen

Obwohl das Prinzip der Streuobstwiese sehr alt ist, ist es dennoch innovativ. Denn es ermöglicht eine Doppelnutzung. Durch ihre Mehrdimensionalität können auf einer Streuobstwiese Grünlandbewirtschaftung am Boden und Obstanbau in der Luft betrieben werden – alles auf einer Fläche. So kann einerseits Heu gewonnen werden oder das Land als Weide für Rinder und Schafe dienen. Das geerntete Obst wiederum lässt sich direktvermarkten oder vermosten. Allerdings ist diese Anbauform keine taugliche Praxis für den Massenmarkt, da Logistik und Vertrieb fehlen. Dennoch bietet sie durchaus Potenzial für Liebhaber:innen von Natur und Genuss. Auf Streuobstwiesen entstehen qualitativ hochwertige Lebensmittel mit einer extrem diversen Geschmackspalette – weit entfernt von der Eintönigkeit, die in der konventionellen Landwirtschaft üblich ist.

Die Zukunft von Streuobstwiesen

Der (7) regionale Streuobsttrend hält in Deutschland zwar seit Jahren an, aber es macht sich bitter bemerkbar, dass in den Jahrzehnten zuvor keine neuen Wiesen angelegt wurden – mit dem Resultat, dass in den nächsten Jahren rund die Hälfte der Wiesen auszufallen droht. Diese Langzeitperspektive ist in unserem klassischen Wirtschaftsverständnis ein Hindernis und der Grund, aus dem Streuobstwiesen oft nur noch aus Liebhaberei bewirtschaftet werden.

Trotz ihrer positiven Effekte in Bezug auf Umwelt, Geschmack und Zukunftsfähigkeit bleibt die Frage offen, wie wir Streuobstwiesen wieder so in Alltag und Erzeugerkreisläufe integrieren können, dass es normal ist, Obst von diesen regionalen Flächen zu bekommen. Klar ist: Es muss für die Menschen, die solche Biotope anlegen und pflegen, auch wirtschaftlich rentabel sein. Auf reine Liebhaberei können wir uns nicht für immer verlassen. Durch ihre Arbeit leisten Baumwart:innen einen wichtigen Beitrag für Biodiversität und binden durch ihre Flächen gleichzeitig CO_2. Mit mehr öffentlichen Fördermaßnahmen aus dem Bereich Umwelt und Kultur könnten viele Leuchtturmprojekte entstehen. Gleichzeitig ist es wichtig, lokale Strukturen und Betriebe aufzubauen, die das gewonnene Obst verarbeiten, veredeln und vermarkten. So profitieren Mensch, Tier, Natur und der gute Geschmack.

07 → S. 317: Regionale Baumschulen

Ostmost

Saft von Streuobstwiesen

→ Lage
Berlin | Treptow
Karte: 23

→ Empfehlungen
Paradiessschorle, Apfelcider und Apfel-Rhabarber-Schorle probieren

Im Berliner Berg Biergarten einkehren, Pizza essen im Antica Roma, durch den Plänterwald spazieren und das Eierhäuschen besuchen

→ Kontakt
ostmost.berlin
Instagram: @ostmost

Fast 250 Jahre nach der Unterzeichnung der US-amerikanischen Unabhängigkeitserklärung in Philadelphia arbeitet der Berliner Safthersteller Ostmost in einem Brandenburger Örtchen, das ebenfalls Philadelphia heißt, an einem ähnlichen Vorhaben. Der Fokus liegt dabei jedoch auf Obst statt auf Staatsgründung, denn es geht um regionale Autonomie und eine grundlegende Systemfrage. „Wir wollen nicht weniger, als das Wirtschaftssystem rund um den Apfel verändern", erklärt Geschäftsführer Dennis Meier. Viele der knorrigen Apfelbäume im hohen Gras, die der 47-Jährige mit seinem Team anbaut, sind inzwischen vom Aussterben bedroht. Die alten Sorten tragen Namen wie Geflammter Kardinal, Adams Parmäne oder Minister von Hammerstein, und kaum ein Apfel gleicht dem anderen.

Der Anbau auf einer Streuobstwiese ist so ziemlich das Gegenteil von konventionellen Methoden. Die Sorten bilden eine bunte Mischung. Oft sind die einstigen Unterlagen durchgetrieben und daraus andere Früchte hervorgegangen, als sie die effizienzgetriebene Saftproduktion eigentlich erfordert. Zudem sind die Bäume hochstämmig, lassen sich also nur per Leiter oder mit größeren Geräten bearbeiten und sind damit umständlicher als niedrigstämmiges, stets gleich wachsendes Plantagenobst. „Für den konventionellen Handel ist das natürlich undenkbar“, führt Dennis Meier aus, „da kommt als Tafelobst nur standardisierte Ware infrage, um eine möglichst unkomplizierte Ernte und konstante Geschmacksbilder hinzukriegen.“

Kaum ein Biotop hat bundesweit eine größere Biodiversität als Streuobstwiesen. Sie sind Heimat von bis zu 5000 Tier- und Pflanzenarten und werden daher gern als „kleine Regenwälder Deutschlands“ bezeichnet. Diese zu erhalten und zu pflegen, hat sich Ostmost indirekt zur Aufgabe gemacht. Meiers Ziel besteht darin, „Rohstoffe aus naturverträglichem Streuobstanbau eine bessere Wertschätzung und Wertschöpfung erfahren“ zu lassen. Das Konzept dafür lässt sich in drei Worten zusammenfassen: Schutz durch Nutzung.

Für den ersten Teil dieses Konzepts arbeitet der Betrieb mit dem Verein Äpfel und Konsorten zusammen, mit dem er seit der Gründung 2014 untrennbar verbunden ist. Die Streuobstenthusiast:innen spüren die verwilderten und oft übersehenen Streuobstwiesen auf, klären Besitzverhältnisse und pflegen den Bestand. Dazu gehört das Beschneiden der bestehenden Bäume, genauso wie das Anpflanzen neuer. Meist sind die Flächen für Landwirt:innen unattraktiv: Die Bäume werfen bei Weitem nicht genug ab, dass sich eine Bewirtschaftung lohnen würde. Ostmost hat sich dafür ein Aufpreismodell ausgedacht, bei dem die Landwirt:innen für die Ökosystemdienstleistung mitentlohnt werden. Sie erhalten für ihre Äpfel zwischen 16 und 40 Euro je 100 Kilogramm, was im Schnitt in etwa das Doppelte vom gängigen Preis für das Bioobst ist. Die Entlohnung für den Dienst an der Umwelt, den der Markt ausgeklammert hat, wird so wieder eingepreist.

Hauptprofiteurin dieses Deals ist aber die Natur. Artenreiche Biotope bleiben erhalten und der Einsatz von Pflanzenschutzmitteln verhindert, der selbst im Bioanbau gang und gäbe ist. Das ist möglich, weil die alten Sorten widerstandsfähiger gegen Schädlinge und Umwelteinflüsse sind. So sollten Streuobstwiesen auch in

„Der Anbau auf einer Streuobstwiese ist so ziemlich das Gegenteil von konventionellen Methoden.“

Anpassungsfragen an den Klimawandel eine wichtige Rolle spielen. Doch obwohl sie so wichtige Puzzlestücke für Biodiversität und Klimaresilienz sind, ist ihr Bestand in dramatischem Ausmaß rückläufig. Seit 1955 ist der Bestand von Streuobstwiesen um etwa 80 Prozent zurückgegangen. Unter dem Slogan „Reclaim Streuobstwiesen" haben die Ostmoster Konsort:innen dieser Entwicklung den Kampf angesagt.

Die Nutzung der Wiesen – der zweite Teil des Konzepts – erfolgt in flüssiger Form, mit und ohne Alkohol. Säfte, Schorlen und Cider gehören zum Sortiment, das neben bekannten Klassikern wie dem naturtrüben Apfeldirektsaft Wiedehopf auch die Apfel-Minz-Schorle Grünspecht, die Apfel-Johannisbeer-Schorle Pirol, die Paradiesschorle Einhorn und den feinherben Outcider Rotfuchs beinhaltet. Um die steigende Nachfrage nach wilden Säften bedienen zu können, reichen mittlerweile die regionalen Flächen nicht mehr aus. Und so findet auch Streuobst aus anderen Bundesländern den Weg in die Berliner Mosterei.

Wenn in Philadelphia Erntezeit ist, wackeln dort die Bäume. Helfer:innen mit starken Armen schütteln dann die Stämme, andere Konsort:innen mit belastbarem Kreuz sammeln die Äpfel von den Planen, die zuvor dafür ausgelegt wurden. Und alle Augen sind gefragt, wenn es um die Unterscheidung geht: Ist der Apfel gerade gefallen oder lag er bereits hier? Entgegen der verbreiteten Annahme ist Streuobst nämlich kein Fallobst – der Begriff geht vielmehr auf die verstreute Anordnung der Bäume auf der Wiese zurück. Sobald Früchte für handelsüblichen Saft verwendet werden, kommen

„Kaum ein Biotop hat bundesweit eine größere Biodiversität als Streuobstwiesen."

unkontrolliert gefallene Äpfel nicht mehr infrage. Schließlich kann niemand mit Gewissheit sagen, wie lange das Obst bereits im hohen Gras liegt und für wen es zwischenzeitlich zum Zuhause geworden ist.

Die geernteten Früchte werden manchmal auch in einer mobilen Mosterei gewaschen, gehäckselt und gepresst. Am Ende folgt das Pasteurisieren: Der Saft wird dabei auf 80 Grad erhitzt, um den Mikroorganismen den Garaus zu machen. Wer den noch warmen Saft probiert, versteht, warum sich Meier und sein Team die ganze Arbeit machen. Die süß-sauren, wilden Aromen der Wiese hinterlassen einen unverkennbaren Eindruck am Gaumen. Normalerweise wird aber nicht auf der Wiese gemostet, sondern in industriellen Anlagen. Dort kommen noch mehr unterschiedliche Sorten zusammen – zu Hochzeiten bis zu 200 verschiedene. Beim Erhitzen wird die Temperatur hier noch ein wenig mehr hochgedreht, sodass der noch heiß abgefüllte Saft in versiegelten Edelstahlfässern problemlos ein Jahr ungekühlt haltbar bleibt. Das ist ein entscheidender Vorteil im Vergleich zur Lagerung von Äpfeln: Kauft man nämlich einen hier gewachsenen Apfel im Sommer, kurz vor der Ernte, dann hat dieser unweigerlich die letzten zehn Monate in einer Kühlkammer verbracht. Die schlechte Energiebilanz eines solchen Apfels führt dazu, dass es in manchen Fällen aus Klimaperspektive tatsächlich sinnvoller sein kann, in eine eingeflogene Alternative zu beißen.

Gut zwei Millionen Flaschen hat Ostmost 2022 im Einzelhandel und in der Gastronomie verkauft, 2023 in etwa doppelt so viele. 2024 sollen sogar acht Millionen Flaschen mit dem bezeichnenden Papercut-Design über die Ladentheken gehen. Möglich macht das Ganze ein Crowdinvesting, bei dem alle Interessierten einen Teil zur Wachstumsfinanzierung beitragen können. „Reclaim Streuobstwiesen“ funktioniert so mittlerweile auch vom Sofa aus mit einem kühlen Glas Cider in der Hand, ohne auf einer summenden Wiese Brandenburgs gebückt Streuobst aufzulesen.

Gutshof Kraatz

Spezialitäten aus Streuobst

→ Lage
Norden | Kraatz, Uckermark
Karte: 24
99 km von Berlin

→ Empfehlungen
Den Eisapfel von Croncels, den Birnencider und den gemischten Wilde Kerle probieren und Apfelkuchen auf der Terrasse der Weinschänke essen

Auf dem Gutshof übernachten, Boitzenburg besichtigen, einen Auflug zur Feldberger Seenlandschaft machen, im Dammsee baden

→ Kontakt
gutshof-kraatz.de
Instagram: @gutshof_kraatz

Über die Zäune konnten Florian Profitlich und seine Frau Edda Müller beobachten, wie in der Kraatzer Nachbarschaft Äpfel und Birnen von den Zweigen fielen und sich niemand darum kümmerte. Es dauerte nicht lange, bis die beiden kurzerhand klingelten und sich des Fallobstes annahmen. „Zuschauen zu müssen, wie das ganze tolle Obst da einfach runterfällt und verrottet, das bricht einem doch das Herz“, erinnert sich Profitlich an seine erste bewusste Begegnung mit den Uckermärker Früchten. Mithilfe einer Lohnmosterei wurde aus den Früchten Saft, bevor einige Zeit später die Idee zu reifen begann, Apfelweine zu produzieren. Die Möglichkeit, die technische Ausstattung einer kleinen Mosterei zu übernehmen, gab schließlich den Ausschlag zum Vollzeitbekenntnis zu Streuobst und der Kelterei. Wenige Jahre später räumen Apfelwein und Birnensecco internationale Auszeichnungen ab – wer sie probiert, weiß warum.

Mit über 500 Seen, ihren sanften Hügellandschaften und weiten Feldern gilt die Uckermark als Toskana des Nordens. Kraatz liegt im Nordwesten dieser Landschaft, auf halbem Weg zwischen Berlin und der Ostsee, an der nördlichen Grenze Brandenburgs. So malerisch der Landstrich in den Sommermonaten ist, so herausfordernd sind die demografischen Trends seit dem Mauerfall. Florian Profitlich ist in eine Gegend gezogen, die in den letzten Jahrzehnten viele verlassen haben. Gemeinsam mit der Prignitz zählt sie zu Deutschlands am dünnsten besiedelten Landkreisen, zwischen 1990 und 2016 ist fast ein Drittel der Einheimischen weggezogen.

Als Profitlich seinem Berliner Job als Architekturfotograf den Rücken kehrte und sein Wochenenddomizil zum Lebensmittelpunkt machte, ist er also in eine Gegend gekommen, die in den letzten Jahrzehnten viele verlassen haben. Profitlich begreift das eher als Chance: „Das Gute daran ist: Du hast echt Möglichkeiten, was zu machen. Interessanten Apfelwein zum Beispiel." Mittlerweile ist er nicht mehr der Einzige, der die Potenziale der Region erkennt. Seit einigen Jahren macht sich ein vorsichtiger Wandel bemerkbar: Viele Berliner:innen entdecken die Gegend nordöstlich der Hauptstadt als Zufluchtsort, manche nennen die Uckermark schon schmunzelnd „Berlins 13. Bezirk". Im nicht weit entfernten Großen Garten Gerswalde, der Heimat von Permakulturprojekten und sich abwechselnden Pop-up-Restaurants, finden sich sogar Sticker, auf denen durchgestrichen „Hamptons" zu lesen ist, darunter steht gekritzelt: „Uckermark". Der Trend reicht mitunter so weit, dass es angebracht ist, kritisch über die Verträglichkeit dieses Eskapismus zu sprechen. Eine Kreuzberger Diskussionsveranstaltung widmete sich dem Thema vor einigen Jahren unter dem treffenden Titel „Hipsterdörfer und Yuppisierung in Brandenburg".

Dass die Uckermark derart in den Fokus gerückt ist, liegt auch an Menschen wie Profitlich, die hier Schritte ins Ungewisse gegangen sind und Betriebe aufgebaut haben, die regionales Kulturgut neu in den Fokus rücken. Letzteres ist in diesem Fall die Verarbeitung von Straßenobst. Profitlich entdeckt ständig neue Bäume von alten Sorten, die an Feldwegen, auf weiten Flurstücken oder verwilderten Streuobstwiesen stehen. Wo möglich, nimmt er Kontakt zu Besitzer:innen, Gemeinden oder der Straßenmeisterei auf, um die Erlaubnis einzuholen, sich der Bäume anzunehmen. Das bedeutet in den meisten Fällen auch, dass er die Bäume nicht nur beerntet, sondern auch pflegt und beschneidet. „Erhalt durch Nutzung, keine neue Erfindung", kommentiert Profitlich. Es stellt sich die Frage, warum das sonst niemand

„Erhalt durch Nutzung, das ist keine neue Erfindung."

„Mit orangefarbenem Fahrzeug und Warnblinker kannst du an jedem Baum halten und niemand schaut dich schief an.“

macht. Der Saftmacher stellt fest: „Weil es sich nicht lohnt.“ Die Erntekosten sind für Bäuerinnen und Bauern enorm gestiegen und der technisch perfektionierte, auf Effizienz getrimmte moderne Obstbau bestimmt die Preise für Most- wie Tafelobst. Plantagen können zu einem Bruchteil der Kosten bewirtschaftet werden, die bei der Arbeit mit Streuobst anfallen. Als Ausweg aus dem Preisdilemma nennt Profitlich seine Spezialisierung auf „die Verarbeitung zu Nischenprodukten, die die großen Keltereien im Massengeschäft nicht herstellen können. Dann hat man meistens bessere Qualitäten und erzielt höhere Preise.“

Von Sommer bis Herbst ist er mit einem kleinen Team im Umkreis von 20 bis 30 Kilometern um Kraatz unterwegs, um zu ernten, was er kann. Dafür hat er vor einiger Zeit ein ausrangiertes Baustellenfahrzeug gefunden, das er günstig übernehmen konnte. Für orangefarbene Autos interessiere sich niemand, deshalb seien sie wunderbar günstig, außerdem gebe es einen weiteren Vorteil: „Mit Warnblinker kannst du an jedem Baum halten und niemand schaut dich schief an.“ Mit dem auffälligen Kastenwagen fährt er zum Beispiel zu einem verwilderten Feldweg am Waldrand, einem der Kraatzer Geheimtipps. Links und rechts stehen alleeförmig über 50 unterschiedliche alte Apfelsorten mit unterhaltsamen Namen: Geflammter Kardinal, Minister von Hammerstein, Roter Altländer Pfannkuchenapfel. Das Gras auf dem Weg steht kniehoch; man sieht sofort, dass lange niemand mehr hier war. „Alle sind sich einig, dass Sortenvielfalt wichtig und erhaltenswert ist. Aber keiner will sich kümmern“, gibt Profitlich zu bedenken. Und die Herausforderungen würden größer, je länger ein Baum sich selbst überlassen werde. Die meisten Früchte dieser Allee werden zu einem Wein mit dem Namen Vor dem Walde, einige andere – gepaart mit weiteren Fundstücken aus dem Kraatzer Umland – zum Wilde

Kerle, einem Apfelwein, für den die Sorten sich so ausbalancieren, dass eine kräftig gelbe, tanninhaltige und würzige Cuvée entsteht, die fast an einen leichten Rotwein erinnert. Die Unplanbarkeit im Ausgangsmaterial sei manchen Verarbeitenden ein Dorn im Auge – der optimistische Weinmacher aus Kraatz sieht die geschmackliche Vielfalt der Zufallssämlinge jedoch eher als künstlerische Herausforderung: „Wenn man die richtigen unterschiedlichen Stimmen zusammenbringt, kann man mit ihnen einen guten Chor singen", findet er.

Apfel-, Birnen- und Quittensäfte, Obstweine, Brände und Essig zählen heute zum Repertoire des 56-Jährigen. Schon mit dem ersten Jahrgang 2011 produzierte er 7000 Liter Apfelwein, die schnell vergriffen waren. Als „Anfängerglück" tut er den Erfolg aus dem Stegreif heute ab. Zu den stillen Weinen und Ciders gesellen sich auch Perl- und Schaumweine. Bis zur Abfüllung ist es allerdings ein weiter Weg. Zunächst werden die Früchte sortiert, gewaschen, gemahlen und gepresst. Die erste Gärung erfolgt im Tank, die zweite dann nach der Abfüllung in der Flasche. Ein Beispiel dafür ist der Schaumwein Schöner von Boskoop 2018 extra brut, der wegen der süßen Ausgangsfrucht auf 9,5 Prozent Alkohol kommt. In traditioneller Flaschengärung liegt er 20 Monate auf der Hefe und wird kurz vor dem Degorgieren, also der Entfernung der Hefe aus dem Flaschenhals, von Hand gerüttelt. Auf der wohl wichtigsten Branchenmesse Cider World in Frankfurt, dem Mekka für Apfelweine, wurde er 2020 mit der silbernen Medaille ausgezeichnet – ein Ritterschlag für den Kraatzer Tropfen.

Das flüssige Obst kann auch am Ort des Geschehens verkostet werden. Dafür betreibt Profitlich eine Gastwirtschaft, die Weinschänke, Café und Restaurant vereint. Neben Kaffee und Kuchen gibt es hier auch einen Hofladen und von Donnerstag bis Sonntag warme Küche. Mehrere Ferienwohnungen und ein Wohnmobilstellplatz machen den Gutshof Kraatz zu einem guten Ziel für einen Wochenendausflug oder Zwischenstopp auf dem Weg zur Ostsee.

Vertiefung

Geschichte des Obstanbaus

Einst brachten die Römer im dritten Jahrhundert Apfel-, Birn- und Kirschbäume in alle Territorien, in denen sie herrschten. In diesen Gebieten hielten sich die Bäume bis heute. Allerdings geriet der Obstbau durch den Zerfall des Römischen Reiches und die anschließende Völkerwanderung etwas in Vergessenheit. Erst mit Karl dem Großen im Jahre 812 n. Chr. nahm er wieder Fahrt auf. Der als Wanderkönig bekannte Karolinger wollte sich und seine Truppen stets gut gepflegt wissen. Dafür erließ er einige Reformen in der Landgüterverordnung, dem *Capitulare de villis*. Anschließend verliert sich die Spur des organisierten Obstanbaus wieder bis in das 17. Jahrhundert. Zu dieser Zeit fanden sich dann besonders in den Klöstern artenreiche Gärten. Die Mönche waren bis dato die einzigen, die den Obstanbau planmäßig betrieben.

Einige Jahre später beschloss Kurfürst August von Sachsen die sogenannten Ehestandsbaumgesetze, die jedes Brautpaar dazu verpflichteten, vor der Hochzeit Obstbäume zu pflanzen. Friedrich der Große wiederum veranlasste den Bau vieler Alleen, für die Brandenburg noch heute bekannt ist. Die Bäume lieferten den Menschen Obst und Brennholz und sorgten dafür, dass die sandigen Straßen stabiler wurden. Im darauffolgenden Jahrhundert wurden auch mehr und mehr Bäume auf freie Fläche gepflanzt. Die Pomologie (Obstbaukunde) erlebte ihre Hochzeit mit deutschlandweit geschätzten 20.000 Apfelsorten Mitte des 19. Jahrhunderts.

Expert:innen gehen davon aus, dass über die Jahre 90 Prozent des alten Saatguts verloren gegangen sind. Vor nicht allzu langer Zeit war es noch gang und gäbe, dass jede Familie ihren eigenen Garten hatte und Saatgut untereinander ausgetauscht wurde. Ähnlich verhielt es sich auch mit Streuobstwiesen. Werden diese erhalten, werden auch das kulturelle Erbe und die geschmackliche Identität einer Region bewahrt. Bei Wein und Weintrauben gibt es ein Bewusstsein für Qualität, verbunden mit der Bereitschaft, für diese auch hohe Preise zu zahlen. Wieso sollte das also nicht auch bei Streuobstgetränken wie Birnencider, Apfelsaft oder Kirschwein der Fall sein können?

Hochstämmige Bäume vs. Plantagenbäume

Bei Plantagenobstbäumen beginnt die Krone teilweise schon auf Kniehöhe. Sie werden nicht höher als drei Meter, damit sie leicht abzuernten sind. Diese Pflanzen sind derart mit großen Früchten überladen, dass kaum Geäst oder Blattwerk zu sehen ist. Hochstämmige Bäume hingegen sind die Art von Bäumen, die wir intuitiv malen, wenn wir einen Apfelbaum darstellen möchten. Als Hochstamm bezeichnet man Bäume mit mindestens 160 Zentimeter Stammhöhe, erst darüber fängt ihre Krone an – denkbar ungeeignet für schnelles Ernten und außerdem langsam im Wachstum. Erst nach zehn Jahren tragen sie in der Regel die ersten Früchte, teilweise sind sie auch erst nach 25 Jahren voll ertragsfähig. Wer heute eine Streuobstwiese anlegt, tut das also eigentlich für die nächste Generation.

Im Zuge der Industrialisierung im Obstanbau wurde sich darauf verständigt, nicht weiter auf Hochstammbäume zu setzen, sondern stattdessen auf Niederstammbäume und Plantagenwirtschaft umzustellen. Wo einst auf einem Hektar 200 Bäume auf einer Streuobstwiese standen, stehen heute 3000 kleine heckenartige Bäume in Reih und Glied. Obst von Plantagen wird im Schnitt 20-mal pro Jahr gespritzt.

Veredelung

Bei der Veredelung handelt es sich um eine uralte gärtnerische Technik, die einfach anzuwenden ist. Je nach Jahreszeit gibt es dabei verschiedene Verfahren. Eines ist die sogenannte Okulation: Im Sommer wird eine ruhende Knospe der gewünschten Obstsorte unter die Rinde eines Baumes eingesetzt. Aus dieser Knospe entwickelt sich dann ein Ast. Eine andere Methode ist die Kopulation: Dafür werden im Winter zwei genau passende Schnittflächen an Edelreiser und Unterlage zusammengefügt. Sie wachsen senkrecht aufeinander und bilden den gewünschten Baum aus. Als Unterlage bezeichnet man die Pflanze, die die Wurzel für den späteren Baum liefert; der Edelreis ist ein einjährig verholzter Zweig der gewünschten Nutzpflanze.

Das Anbau- und Erntejahr

Die Zeit zwischen Januar und März eignet sich gut, um den Baum zu schneiden. Im April beginnt der Baum, die ersten Blätter und Blüten zu bilden. Ab Mai steht er in seiner vollen Pracht und die Bienen und andere Insekten beginnen, die Blüten zu bestäuben. Nur aus bestäubten Blüten kann eine Frucht entstehen. Während des Sommers reifen die Früchte heran. Gerade in dieser Zeit braucht der Baum viel Sonne und Wasser. Ab August beginnt schließlich die Ernte, die bis in den Herbst hinein andauert. Anschließend färben sich die Blätter bunt und der Baum beginnt, sie zu verlieren.

Man könnte meinen, als Nächstes wäre die Zeit für regionale Äpfel im Handel gekommen. Fast alle Früchte werden jedoch erst einmal eingelagert und die Ware aus Übersee und dem europäischen Ausland wird zunächst abverkauft, damit die Händler einigermaßen vernünftige Preise für die hiesigen Äpfel bekommen. Als regionale Alternative zum Einzelhandel empfiehlt es sich, auf Märkten oder Hofläden vorbeizuschauen und direktvermarktete Produkte zu erstehen.

Streuobstwiesen in der DDR

In der DDR nahm die Geschichte der Streuobstwiesen einen anderen Verlauf als in der Bundesrepublik. In Brandenburg gab es, anders als etwa auf der schwäbischen Alb, keine großen, zusammenhängenden Streuobstlandschaften. Die Bäume mit den alten Sorten standen vielmehr punktuell an Grundstücken und Häusern. Im Zuge der Volksversorgung wurden die Streuobstwiesen im Osten erhalten und bewirtschaftet. Mit der Wiedervereinigung fand das jedoch ein Ende. Auf einmal fanden sich alle erdenklichen Obstsorten vergleichsweise billig im Supermarkt und die Bäume rotteten vor sich hin – bis heute, denn Obstbäume brauchen Pflege. Nur so werden sie alt und tragen weiterhin viele Früchte. Der Beruf des Obstbaumwarts beziehungsweise der Obstbaumwartin war vor nicht allzu langer Zeit noch gängig, heute ist es eine aufwendige Zusatzqualifikation. Es gibt nur noch wenige Menschen, die dieses Handwerk beherrschen, geschweige denn neu erlernen. Dieser Mangel an Fachwissen und der Fakt, dass zwischen 1990 und 2010 kaum Streuobstwiesen in der Region gepflanzt wurden, führen dazu, dass eine große Lücke entstanden ist. Bäume sind abgestorben, während keine neuen nachwuchsen.

Ökosystemdienstleistungen von Streuobstwiesen auf einen Blick

In jedem Lebensstadium eines Baumes gibt es verschiedene Tierarten, die auf ihm wohnen. So ist es für die Wiesen ein großer Mehrwert, Bäume mit heterogener Altersstruktur angesiedelt zu haben. Wenn Bäume anfangen zu überaltern und schlechter tragen, werden sie zu wertvollen Lebensräumen für eine Vielzahl von Arten. Jeder einzelne Baum ist mit seinen vielen großen und kleinen Bewohnern ein eigenes kleines Ökosystem in sich.

Die Bewirtschaftungsweise der Wiese hat einen großen Einfluss darauf, welche Arten dort leben. Es gibt keine optimale Nutzungsform; auch der Satz „je höher das Gras, desto besser“ ist nicht unbedingt richtig. Viele Pflanzen und Tiere profitieren auch von mehrfachem Grasschnitt. Dennoch gibt es ein paar Handgriffe, mit denen Tieren geholfen werden kann: einen Kranz mit Gras um den

Ökosystemleistungen Streuobstwiesen		
BASISLEISTUNGEN: → Biotop, Nährstoffkreislauf, Bodenbildung		
KULTURELL BEDEUTSAME LEISTUNGEN	MATERIELLE VERSORGUNGSLEISTUNG	REGULIERUNGSLEISTUNGEN
→ Kulturerbe und Identifikation → Ästhetisches Erleben → Erholungsfunktion → Landschaftsbild	→ Obst und Verarbeitungsprodukte → Selbstversorgung → Brenn- und Wertholz → Heu und Silage	→ Sorten- beziehungsweise Genreservoire → Wasserhaushalt & Erosionsschutz → Klimaregulation und CO_2-Speicher → Nützlinge und Bestäubung

Quelle: Hochstamm Deutschland e. V. – Welche konkreten Ökosystemdienstleistungen erbringen Streuobstwiesen?

Baum erhalten etwa, Totholz auf der Wiese belassen sowie das Errichten von Stein- und Reisighaufen. So bleiben den Tieren trotz Grasschnitt Habitate des Rückzuges. Jede Streuobstwiese wird anders bewirtschaftet und das macht sie in ihrer Artenzusammensetzung einzigartig.

Regionale Baumschulen

Wer Lust auf alte Obstsorten bekommen hat, findet in der Tabelle unten einige Adressen. Der anhaltende Regionalitätstrend und die Corona-Pandemie haben das Interesse an Selbstversorgung und heimischen Produkten wieder in den Fokus gerückt. Darum kann es zu Wartezeiten beim Pflanzmaterial kommen. Nur noch wenige Baumschulen bieten die gewünschte Auswahl an. Zudem sind die wenigen Pomologenvereine und Obstbaumwart:innen gefragter denn je.

Baumschulen mit Obstbaumsortiment, das für die Region Berlin-Brandenburg geeignet ist

NAME	ADRESSE
Arboterra GmbH	Hugo-Wolf-Straße 2, 14513 Teltow, Potsdam-Mittelmark
Barnimer Baumschulen Biesenthal	Sydower Feld 1, 16359 Biesenthal, Barnim
Baumschule am Apfeltraum	Seitenstraße 2, 15374 Müncheberg OT Eggersdorf, Märkisch-Oderland
Baumschule des Arbeitskreis Gatow	Kladower Damm 14B, 14089 Berlin
Baumschule Ewald Fischer	Lettberger Straße 95, 12355 Berlin
Baumschule Graeff	Am Friedhof 6, 04924 Zeischa, Elbe-Elster
Baumschule S. Puchert	Seestraße 32, 15711 Zeesen-Körbiskrug, Dahme-Spreewald
Baumschule Scheerer	Vogelsdorfer Straße 69, 15370 Fredersdorf, Märkisch Oderland
Baumschulen Conrad Appel	Straße zum Roten Luch 9A, 15377 Waldsieversdorf, Märkisch-Oderland
Baumschulen Nauen GmbH	Am Kudamm 3, 14641 Nauen, Havelland
Bioland Baumschule Pflanzlust	Niederelsungerstraße 23, 34466 Wolfhagen-Nothfelden, Kassel (überregional)
Dubrauer Baumschule	Jether Weg 3, 03149 Wiesengrund OT Dubrau, Spree-Neiße
Friedersdorfer Baumschulen Müller & Twisselmann GbR	Berliner Straße 38, 15754 Heidsee OT Friedersdorf, Dahme-Spreewald
Havelländische Baumschulen Schägg + Tschiskale GbR	An der B1 13A, Werder OT Plessow, Potsdam-Mittelmark, 14542 Werder (Havel)
Schneider Gartenbaumschule	Verlängerte Uferpromenade 7, 14089 Berlin
Späth'sche Baumschulen-Handel GmbH	Späthstraße 80, 12437 Berlin
Walnussmeisterei Böllersen	Im Eicholz 33, 16835 Herzberg, Ostprignitz-Ruppin

Quellen

Allgemein

Agrar-Atlas: Daten und Fakten zur EU-landwirtschaft. (2019).

Bäuerliche und industrielle Landwirtschaft. (o. D.). https://www.weltagrarbericht.de/themen-des-weltagrarberichts/baeuerliche-und-industrielle-landwirtschaft.html

Barber, D. (2014). The third plate: Field Notes on the Future of Food. Penguin.

Benton, T. G. & Bailey, R. (2019). The paradox of productivity: agricultural productivity promotes food system inefficiency. Global Sustainability, 2. https://doi.org/10.1017/sus.2019.3

BOELW Branchenatlas: Ökologische Lebensmittelwirtschaft (2023).

deutschlandfunk.de. (o. D.). Landgrabbing in Ostdeutschland - Der Kampf um die letzten freien Hektar. Deutschlandfunk. https://www.deutschlandfunk.de/landgrabbing-in-ostdeutschland-der-kampf-um-die-letzten-100.html

deutschlandfunk.de. (o. D.-a). Landgrabbing - Ausverkauf der ostdeutschen Landwirtschaft. Deutschlandfunk. https://www.deutschlandfunk.de/landgrabbing-ausverkauf-der-ostdeutschen-landwirtschaft-100.html

Die wahren Kosten unserer Lebensmittel: Wir müssen über Lebensmittelpreise reden! (2021, 9. November). Oxfam Deutschland. https://www.oxfam.de/blog/lebensmittelpreise

Essen wir das Klima auf? (o. D.). WWF. https://www.wwf.de/themen-projekte/landwirtschaft/ernaehrung-konsum/essen-wir-das-klima-auf

Friedel, R. (2022). Meilensteine der ökologischen und nachhaltigen Landwirtschaft: Erinnerungen & Zukunftsszenarien. BoD – Books on Demand.

Global Land Inequality Report. (o. D.). Welthungerhilfe.de - Für eine Welt ohne Hunger und Armut https://www.welthungerhilfe.de/presse/pressemitteilungen/2020/global-land-inequality-report

Ministerium für Landwirtschaft, Umwelt und Klimaschutz (MLUK) (2023). Waldzustandsbericht 2022 des Landes Brandenburgs. https://forst.brandenburg.de/lfb/de/service/publikationen/detail/~12-12-2022-waldzustandsbericht-2022-des-landes-brandenburg#

Ministerium für Landwirtschaft, Umwelt und Klimaschutz (MLUK) (2023). Bio-Markbericht Brandenburg Berlin. https://mluk.brandenburg.de/mluk/de/ueber-uns/oeffentlichkeitsarbeit/veroeffentlichungen

Pollan, M. (2009). In Defense of Food: An Eater's Manifesto. Penguin.

Spektrum der Wissenschaft Kompakt: Nachhaltige Ernährung (06/2021)

WBAE - Wissenschaftlicher Beirat für Agrarpolitik, Ernährung und gesundheitlichen Verbraucherschutz beim BMEL (2020). Politik für eine nachhaltigere Ernährung: Eine integrierte Ernährungspolitik entwickeln und feiere Ernährungsumgebungen gestalten. Gutachten, Berlin

Wie ist die Ökologische Landwirtschaft entstanden? (o. D.). Bund Ökologische Lebensmittelwirtschaft. https://www.boelw.de/service/bio-faq/bio-basics/artikel/wie-ist-die-oekologische-landwirtschaft-entstanden/

Willett et al., (2019). Food in the Anthropocene: the EAT–Lancet Commission on healthy diets from sustainable food systems. The Lancet, 393(10170), 447–492. https://doi.org/10.1016/s0140-6736(18)31788-4

Wilke, S. (2023, 8. Oktober). Gesellschaftliche Kosten von Umweltbelastungen. Umweltbundesamt. https://www.umweltbundesamt.de/daten/umwelt-wirtschaft/gesellschaftliche-kosten-von-umweltbelastungen#gesamtwirtschaftliche-bedeutung-der-umweltkosten

Wissenschaftlicher Beirat für Agrarpolitik, Ernährung und gesundheitlichen Verbraucherschutz (WBAE) (2020) Politik für eine nachhaltigere Ernährung: Eine integrierte Ernährungspolitk entwickeln und faire Ernährungsumgebungen gestalten. https://www.bmel.de/SharedDocs/Downloads/DE/_Ministerium/Beiraete/agrarpolitik/wbae-gutachten-nachhaltige-ernaehrung.html

WWF (2021) Driven To Waste (The Global Impact Of Food Loss And Waste On Farms. https://wwf.panda.org/discover/our_focus/food_practice/food_loss_and_waste/driven_to_waste_global_food_loss_on_farms/

Zinke, O. (2021b, Dezember 27). Die reichsten Bauern in Deutschland – sind gar keine Bauern | agrarheute.com. Agrarheute. https://www.agrarheute.com/management/finanzen/reichsten-bauern-deutschland-gar-keine-bauern-588842

Zinke, O. (2021, 11. Mai). Direktzahlungen und Subventionen: Wo bekommen die Bauern am meisten? | agrarheute.com. Agrarheute. https://www.agrarheute.com/management/finanzen/direktzahlungen-subventionen-bekommen-bauern-meisten-581147

Boden

„Alarm auf dem Acker" (ZDF-Beitrag): AgrarFakten. (o. D.). https://www.agrarfakten.de/alarm-auf-dem-acker/

Brandenburger Böden leicht erklärt | Startseite | LfU. (o. D.). https://lfu.brandenburg.de/lfu/de/aufgaben/boden/bodenschutz/brandenbruger-boeden-leicht-erklaert/#

Deutsche Energie-Agentur (Hrsg.) (dena, 2021) Natürliche Senken - Kurzgutachten um Rahmen der dena- Leitstudie Aufbruch Klimaneutralität, erstellt vom Ökoinstitut e.V.

Dewitz, I., Heinrich-Böll-Stiftung, Deutschland, B. F. U. U. N. & Natur, M. Z. S. D. (2023). Mooratlas: Daten und Fakten zu nassen Klimaschützern: ein Kooperationsprojekt von Heinrich-Böll-Stiftung, Bund für Umwelt und Naturschutz Deutschland und der Michael Succow Stiftung, Partner im Greifswald Moor Centrum.

Frey, A. (2022, 23. Februar). Das Düngerdilemma, das keins sein muss. www.spektrum.de. https://www.spektrum.de/news/landwirtschaft-das-duengerdilemma-das-keines-ist/1987294

Gülle und Co: Böden in gefahr. (2023, 10. Juli). Albert Schweitzer Stiftung für Unsere Mitwelt. https://albert-schweitzer-stiftung.de/themen/umwelt/boeden

Humifizierung. (o. D.). https://hypersoil.uni-muenster.de/0/04/05.htm

Landesamt für Umwelt (LfU) Brandenburg (2021): Aspekte landwirtschaftlicher Bodennutzung im Land Brandenburg von 1999 bis 2020 - Darstellung der Flächenentwicklung. MLUK (Hrsg.)

Heinrich-Böll-Stiftung, Deutschland, BUND & TMG. (2024). Bodenatlas: Daten und Fakten über eine lebenswichtige Ressource: ein Kooperationsprojekt von Heinrich-Böll-Stiftung, Bund für Umwelt und Naturschutz Deutschland und der Michael Succow Stiftung, Partner im Greifswald Moor Centrum.

NABU - Moore und Klimawandel. (o. D.). NABU - Naturschutzbund Deutschland e.V. https://www.nabu.de/natur-und-landschaft/moore/moore-und-klimawandel/

Planetary boundaries. (o. D.). Stockholm Resilience Centre. https://www.stockholmresilience.org/research/planetary-boundaries/the-nine-planetary-boundaries.html

Näser, D. (2020). Regenerative Landwirtschaft.

Ozeanversauerung - Der böse Zwilling der Klimaerwärmung - AWI. (o. D.). https://www.awi.de/im-fokus/ozeanversauerung/ozeanversauerung-der-boese-zwilling-der-klimaerwaermung.html

Umweltbundesamt. (o. D.). Wie verändert der Mensch den natürlichen Stickstoffkreislauf? Umweltbundesamt. https://www.umweltbundesamt.de/umweltatlas/reaktiver-stickstoff/einfuehrung/gestatten-reaktiver-stickstoff/wie-veraendert-der-mensch-den-natuerlichen

Stewart, A. (2015). Der Regenwurm ist immer der Gärtner.

Korn

2000m2. (2023, 18. Oktober). Getreide - 2000m2. https://www.2000m2.eu/de/getreide/

Becker, A. (2022, 14. Juni). Wie entsteht der Weizenpreis? dw.com. https://www.dw.com/de/wie-entsteht-der-weizenpreis/a-62113505

Berwyn, B. (2019, 15. Februar). Braucht es wirklich eine neue Generation von Lebensmitteln? dw.com. https://www.dw.com/de/brauchen-wir-wirklich-neuartige-genetisch-ver%C3%A4nderte-lebensmittel-um-die-welt-zu-ern%C3%A4hren/a-44758615

Mühle, D. (o. D.). Drax Mühle - Von Korn zum Mehl. https://www.drax-muehle.de/unser-mehl/von-korn-zum-mehl/

Rauschecker, L. (2024, 5. Januar). Mehl-Typen: Was bedeuten die Zahlen auf dem Mehl? Oekotest.de. https://www.oekotest.de/essen-trinken/Mehl-Typen-Was-bedeuten-die-Zahlen-auf-dem-Mehl_11593_1.html

Shield, C. (2024, 8. Januar). Saatgut - die Macht der Agrarkonzerne. dw.com. https://www.dw.com/de/saatgut-monopol-saatgut-gesetz-agrarkonzerne-ern%C3%A4hrungssicherheit-bayer-corteva-chemchina-limagrain/a-57110489

Shiva, V. (2021). Wer ernährt die Welt wirklich?: Das Versagen der Agrarindustrie und die notwendige Wende zur Agrarökologie. Neue Erde.

Zinke, O. (2022, 15. März). Hat Deutschland genug Getreide – um sich zu versorgen? - Die Fakten | agrarheute.com. Agrarheute. https://www.agrarheute.com/markt/marktfruechte/hat-deutschland-genug-getreide-um-versorgen-fakten-591301

Gemüse

Gesa Maschkowski, BLE; Rüdiger Lobitz, Bonn; überarbeitet von Dr. Christina Rempe, Berlin. (o. D.). Gemüse. BZfE. https://www.bzfe.de/lebensmittel/lebensmittelkunde/gemuese

Feldmann, F., & Vogler, U. (2023). Themenheft: Urbane Landwirtschaft. In Journal für Kulturpflanzen (Vol. 75, Issue 01–02, pp. 1–76). Julius Kühn-Institut, Deutschland. https://doi.org/10.5073/JfK.2023.01-02

Holzer, S., Holzer, C. & Holzer, J. A. (2004). Sepp Holzers Permakultur: praktische Anwendung für Garten, Obst und Landwirtschaft.

Kleber, E. W. & Kleber, G. (1999). Gärtnern im Biotop mit Mensch: das praktische Biogarten-Handbuch für zukunftsfähiges Leben.

Ministerium für Landwirtschaft, Umwelt und Klimaschutz (MLUK) (2022). Gute Luise und Berliner Aal - Neue Initiativen für alte Sorten. https://mluk.brandenburg.de/sixcms/media.php/9/Gute-Luise-und-Berliner-Aal.pdf

SaatGut-Erhalter-Netzwerk Ost. (2023, 8. Mai). Bedeutung alter Gemüsesorten – SaatGut-Erhalter-Netzwerk Ost. SaatGut-Erhalter-Netzwerk Ost - Wir Bringen Alte Gemüsesorten Aus der Genbank Zurück Auf den Teller! https://alte-gemuesesorten-erhalten.de/unsere-arbeit/bedeutung-alter-gemuesesorten/

Sortenschutz - Bundessortenamt. (o. D.). Bundessortenamt. https://www.bundessortenamt.de/bsa/sorten/sortenschutz

Bundesministerium für Ernährung und Landwirtschaft (2018). Nationale Strategie für nachhaltige operationelle Programme der Erzeugerorganisation für Obst und Gemüse in Deutschland https://www.bmel.de/SharedDocs/Downloads/DE/Broschueren/NationaleStrategieObstGemuese.html

Milch

Bildung, B. F. P. (2022, 16. Februar). Die Entwicklung der gemeinsamen Agrarpolitik der EU. bpb.de. https://www.bpb.de/themen/umwelt/landwirtschaft/327284/die-entwicklung-der-gemeinsamen-agrarpolitik-der-eu/

Climate, G. (2022, 29. August). Milch Statistiken: Produktion, Verbrauch, Export & mehr | GoClimate. goClimate.de. https://www.goclimate.de/statistik/milch/

Fink-Keßler, A., Lenkert-Hörrmann, A. (2019). Umweltgerechtigkeit und Nachhaltigkeit in der Milchwirtschaft. Slowfood Deutschland e.V. für das Umweltbundesamt

Milchkühe. (2023, 14. Juli). Albert Schweitzer Stiftung für Unsere Mitwelt. https://albert-schweitzer-stiftung.de/massentierhaltung/rinder/milchkuehe

Pichler, A. (2017) Das System Milch

Sicard, T. (2019). Der Käse-Atlas: Geschichte & Produktion, Sorten & Herkunftsregionen, Aromen & Verkostung.

Statista. (2024, 2. Januar). Betriebe mit Milchkuhhaltung in Deutschland bis 2023. https://de.statista.com/statistik/daten/studie/153056/umfrage/anzahl-der-milcherzeu-

genden-betriebe-in-deutschland-seit-2000/
The Lancet (2023, 11. Februar) Unveiling the predatory tactics of the formula milk industry. https://www.thelancet.com/journals/lancet/article/PIIS0140-6736(23)00118-6/fulltext
Viehhaltung im letzten Jahrzehnt: Weniger, aber größere Betriebe. (o. D.). Statistisches Bundesamt. https://www.destatis.de/DE/Presse/Pressemitteilungen/2021/07/PD21_N043_41.html
Zur Ökobilanz von Pflanzenmilch. (2018, 9. März). Albert Schweitzer Stiftung für Unsere Mitwelt. https://albert-schweitzer-stiftung.de/aktuell/oekobilanz-pflanzenmilch

Fleisch

Ammer, C., Vor, T., Knoke, T. & Wagner, Ş. (2010). Der Wald-Wild-Konflikt. In Göttinger Forstwissenschaften. https://doi.org/10.17875/gup2010-280
Benning, R. (2021). Fleischatlas: Daten und Fakten über Tiere als Nahrungsmittel.
BUND (2022) Weniger Fleisch Essen - Was wir mit mehr Pflanzlicher Ernährung gewinnen. https://www.bund.net/fileadmin/user_upload_bund/publikationen/massentierhaltung/massentierhaltung-weniger-fleisch-essen.pdf
Greenpeace. Feeding the problem: The Dangerous Intensification Of Animal Farming In Europe (2019)
Ebert, V., Gering, E., Strecker, O., (2021) Marktanalyse der Wildfleischvermarktung im Land Brandenburg.
Idel, A. (2016). Die Kuh ist kein Klimakiller!: Wie die Agrarindustrie die Erde verwüstet und was wir dagegen tun können.
Iss was?!: Tiere, Fleisch und ich. (2016).
Johns, J., Andersson, R., Bielicke, M., Brinkmann, J., Frieten, D., Gröner, C., Heil, N., Hillmann, E., Kauselmann, K., Kernberger-Fischer, I., Klase, K., Koch, M., Krieter, J., Krugmann, K., Lugert, V., Lühken, S., Magierski, V., Magner, R., March, S., et al. (2023). Abschlussbericht Nationales Tierwohl-Monitoring. Konsortium des Projektes Nationales Tierwohl-Monitoring (NaTiMon). https://www.nationales-tierwohl-monitoring.de/fileadmin/nationales_tierwohl_monitoring/Berichte/Allgemeiner_Bericht/NaTiMon_Abschlussbericht.pdf
Hörz, M. (2019, 9. Dezember). Rinderhaltung in Deutschland: ein Überblick in Zahlen. Süddeutsche.de. https://www.sueddeutsche.de/wirtschaft/rinderhaltung-deutschland-zahlen-1.4682585
Mottet, A., De Haan, C., Falcucci, A., Tempio, G., Opio, C. & Gerber, P. (2017). Livestock: On our plates or eating at our table? A new analysis of the feed/food debate. Global Food Security, 14, 1–8. https://doi.org/10.1016/j.gfs.2017.01.001
Schütte J, Davier Z von, Efken J (2021) Steckbriefe zur Tierhaltung in Deutschland: Mastrinder. Braunschweig: Thünen-Institut für Betriebswirtschaft
Settele, V. (2022). Deutsche Fleischarbeit. https://doi.org/10.17104/9783406790942

Thünen: Treibhausgas-Emissionen aus der Landwirtschaft. (o. D.-b). https://www.thuenen.de/de/themenfelder/klima-und-luft/emissionsinventare-buchhaltung-fuer-den-klimaschutz/treibhausgas-emissionen-aus-der-landwirtschaft

Fisch

Bestehorn, F. (2021). Die geschichtliche Entwicklung des märkischen Fischereiwesens: Ein Beitrag zur Kultur- und Wirtschaftsgeschichte der Mark Brandenburg. BoD – Books on Demand.
Brämick U., Schiewe S. (2023). Jahresbericht zur Deutschen Binnenfischerei und Binnenaquakultur 2022. Institut für Binnenfischerei e.V. Potsdam-Sacrow
Brämick, U. (2021) Brandenburger Aquakultur im Vergleich zur Situation und den Perspektiven in Europa. Institut für Binnenfischerei e.V. Potsdam-Sacrow
Fladung, E. & Ebeling, M. W. (2016): Struktur und betriebwirtschaftliche Situation der Seen und Flussfischerei Brandenburgs. Schriften des Instituts für Binnenfischerei e.V. Potsdam-Sacrow, Band 43
Keller, M. D. & Kess, S. (2022). Fischwirtschaft: Daten und Fakten 2022.
Lasner, Tobias. (2015). Forellenzucht in Deutschland : haben lokale Betriebe im internationalen Vergleich eine langfristige Perspektive? Forschungsreport Ernährung, Landwirtschaft, Verbraucherschutz : die Zeitschrift des Senats der Bundesforschungsanstalten, 1, 24–27. https://www.openagrar.de/receive/timport_mods_00026222
Symposium der Blauen Bioökonomie 2023. (2023). Blaue Bioökonomie - Symposium 2023 (Oldenburg, Deutschland; 2023.09.11–13). https://blaue-biooekonomie.de/de/aktuell/symposium-2023-alle-infos-unterlagen
Hoffmann, J., & Wahrenberg, T. (2021). Effects of cultivation practice on floristic and flowering diversity of spontaneously growing plant species on arable fields. Ecology and Evolution, 11(21), 15351–15363. https://doi.org/10.1002/ece3.8223
Zander, Katrin, Feucht, Yvonne, Risius, Antje, & Hamm, Ulrich. (2015). Welche Marktchancen hat Fisch aus nachhaltiger deutscher Aquakultur. Auf auf : Aquakultur- und Fischereiinformationen, 1(1), 12–15.

Bienen & Streuobst:

Arndt, I. & Tautz, J. (2020). Honigbienen - geheimnisvolle Waldbewohner.
Bier, N., Guth M., Neumann A.-L et al. (2021) Förderung von Streuobstwiesen in Brandenburg - Ein Leitfaden. Hochschule für Nachhaltige Entwicklung Eberswalde (HNEE)
Blind, S. (2020). Die alten Obstsorten: Von Ananasrenette bis Zitronenbirne. Geschichten, Rezepte und Anbautipps.
Brandt, K. (2017). Sag mir wo die Bienen sind. Feld : Magazin des Leibniz-Zentrum für Agrarlandschaftsforschung (ZALF) e.V., 3, 3–9. https://www.quer-feld-ein.blog/wp-content/uploads/2019/10/ZALF_FELD_03-2017.pdf
Die Klimabilanz von regionalen und importierten Äpfeln. (o. D.). FoodUnfolded. https://www.foodunfolded.com/de/artikel/die-klimabilanz-aepfeln

Herz, A., Kleespies, R. G., Stephan, D., Ehrich, C., & Pfitzner, H. (2020). Schlussbericht zum Thema Biologischer Pflanzenschutz als Ökosystemleistung im integrierten Kernobstanbau. Bundesanstalt für Landwirtschaft und Ernährung. https://orgprints.org/id/eprint/39244/1/AB%20gesamt.pdf

Hoffmann, J. (2023). Kurzfassung der Ergebnisse „Biodiversität im Zeitvergleich. Strukturelemente und Nutzungen räumlich identischer Ackerbaugebiete 1991–1993 und 2018–2021. Auswirkungen auf die Biodiversität". In J. Hoffmann (ed.), Biodiversität im Zeitvergleich. Strukturelemente und Nutzungen räumlich identischer Ackerbaugebiete 1991-1993 und 2018–2021: Auswirkungen auf die Biodiversität (Vol. 224, pp. 24–60). Julius Kühn-Institut. https://doi.org/10.5073/20230719-142513-0

Hoffmann, J., & Wahrenberg, T. (2021). Effects of cultivation practice on floristic and flowering diversity of spontaneously growing plant species on arable fields. Ecology and Evolution, 11(21), 15351–15363. https://doi.org/10.1002/ece3.8223

Imhoof, M. (2012) More Than Honey

Insektenatlas: Daten und Fakten über Nütz- und Schädlinge in der Landwirtschaft. (2020).

Pestizidatlas: Daten und Fakten zu Giften in der Landwirtschaft. (2022).

Schmid, A. (2021). Obstbäume verstehen: Was alle Gärtnerinnen und Gärtner wissen sollten.

Danksagung

Die hier aufgelisteten Expert:innen haben uns bei der nicht immer einfachen Datenbeschaffung und der Diskussion von Annahmen und Ergebnissen in Hintergrundgesprächen unterstützt. Dafür möchten wir uns an dieser Stelle herzlich bedanken!

Die Nennung der unten aufgeführten Personen bedeutet nicht, dass diese in irgendeiner Form Verantwortung für jegliche Inhalte in diesem Buch tragen. Diese liegt ausschließlich bei den beiden Autoren.

Unser Dank gilt: Jan-Ole Boness, Lutz Geißler, Arno Krause, Romuald Schaber, Marc-Albrecht Seidel, Lars Dettmann, Uwe Brämick, Rocco Buchta, Marcel Weichenhan, Oliver Exner, Claudia Normann, Achim Spiller, Claus Dalchow, Christopher Poeplau, Kornelia Dobias, Tobias Cremer, Anna-Marie Häring, Holger Ackermann, Melanie Von Orlow, Sepp Rinner, Sassa Franke, Frank Ellmer, Christian Ulrichs, Rainer Friedel, Ruwen Hener, Jörg Hoffmann, Eva Maria Angelbauer, Ida Wetekam, Guido Segler, Nahleen Lemke, Christian Rehmer, Stephanie Wunder, Boris Laufer, Gunilla Lissek-Wolf, Christian Ulrichs, Erik Grüneberg, Jörg Lewandowski, Barbara Maria Rudolf, Uwe Tröger und Lavinia Roveran.

Danke für das Autorenporträt an Magnus Winter und Jana Edisonga. Weiterhin danke für den Support an Hanna Gintrowski. Ein spezieller Dank gilt Silke Mäder.

Danke Sabrina und Susen für eure unendliche Geduld und Unterstützung.

Impressum

Dieses Buch wurde von
The Gentle Temper gestaltet und
herausgegeben.

Verleger
Karolina Rosina-Meisen und
Dr. Nils D. Kraiczy

Text und Bilder
Felix Fröhlich und Lukas Freitag
www.vomgutenessen.de

Lektorat
Cyra Pfennings
www.inotherwords.xyz

Gestaltung
Karolina Rosina-Meisen

Verlag
The Gentle Temper GmbH & Co. KG
Annastraße 74, 45130 Essen
www.thegentletemper.com

Druck
Europrint Medien GmbH, Berlin

Papier
Gedruckt auf PEFC-zertifiziertem
Papier aus verantwortungsvollen Quellen.

Schriftarten
Kalice, Acid Grotesk

ISBN: 978-3-947747-27-6
Vom guten Essen
Anbau und Genuss in Berlin und Brandenburg
1. Auflage, Juni 2024

Druckprodukt mit finanziellem
Klimabeitrag
ClimatePartner.com/10884-2404-1007

Made in Berlin

Die Deutsche Nationalbibliothek verzeichnet diese Publikation in der Deutschen Nationalbibliografie; detaillierte bibliografische Daten sind im Internet über http://dnb.dnb.de abrufbar.

THE GENTLE TEMPER